SERIES OF PROJECT TEXTBOOKS IN HIGHER VOCATIONAL AND TECHNICAL EDUCATION

高等职业技术教育项目化教学系列教材

水工建筑物设计技术

The Design Technology Of Hydraulic Structures

主　编：刘亚莲　李　存　晏成明
副主编：刘咏梅　李一宁　王胜源
主　审：李扬红

华南理工大学出版社
SOUTH CHINA UNIVERSITY OF TECHNOLOGY PRESS
·广州·

内容简介

本书依据高等职业技术院校水利类专业水工建筑物设计技术的要求，采用以行动为导向、基于工作过程的教学理念，将知识学习和技能培养融入项目任务中，通过完成某一个任务来学习相关的知识和技能。

本书选取了重力坝、土石坝、水闸、溢洪道、水工隧洞和渠道与渠系建筑物等实际工程项目作为载体，以水工建筑物设计过程为主线，根据项目任务组织课程教学内容，使学生在完成项目任务的过程中掌握课程的知识内容。

本书可作为水利类专业水工建筑物课程教材和其他课程辅助教材，也可以作为水利工程设计和施工技术人员培训学习的参考书。

图书在版编目（CIP）数据

水工建筑物设计技术/刘亚莲，李存，晏成明主编 . —广州：华南理工大学出版社，2012.6（2021.3 重印）

高等职业技术教育项目化教学系列教材

ISBN 978 - 7 - 5623 - 3675 - 4

Ⅰ.①水　Ⅱ.①刘…　②李…　③晏…Ⅲ.①水工建筑物-建筑设计-高等职业教育-教材

Ⅳ. TV6

中国版本图书馆 CIP 数据核字（2012）第 118007 号

水工建筑物设计技术

刘亚莲　李存　晏成明　主编

出版发行：华南理工大学出版社
（广州五山华南理工大学 17 号楼，邮编 510640）
http://www. scutpress. com. cn　E-mail：scutc13@ scut. edu. cn
营销部电话：020 - 87113487　87111048（传真）

策划编辑：王魁葵
责任编辑：何小敏
印　刷　者：广东虎彩云印刷有限公司
开　　本：787mm×1092mm　1/16　**印张：**14.5　**字数：**362 千
版　　次：2012 年 6 月第 1 版　2021 年 3 月第 7 次印刷
印　　数：4 801～5 800 册
定　　价：30.00 元

前　　言

　　高等职业技术教育是培养适应生产、建设、管理及服务第一线需要的，德智体美全面发展的高等技术应用型人才。水工建筑物设计技术是水利工程类专业需要掌握的基本技能。

　　水工建筑物是水利水电建筑工程专业的一门主要专业课程，也是水利工程施工、水利工程监理等专业的一门专业基础学科。其任务是培养学生的资料分析能力、水工建筑物结构尺寸拟定能力、稳定计算能力、基本结构计算能力、报告编写能力、视图绘图能力等水工建筑物设计和管理的基本技能。

　　本书根据中小型水利工程水工建筑物设计和管理工作所需的知识和技能，打破传统教学理念，采用以职业能力为导向，以项目为载体，任务驱动，基于系统化的工作过程来组织教学内容。在项目任务教学中，将知识的学习与单项技能训练结合在一起，围绕工作任务，开展知识学习和技能训练。根据完成项目工作任务的过程，将综合技能分解为几个单项技能，并根据单项技能所需知识序化教学内容。

　　全书通过实际工程案例、项目进行教学，将理论知识融入实际工程项目任务中，在完成任务的同时，学习知识和掌握技能，克服了学生对枯燥的理论知识的畏惧和厌烦，能起到事半功倍的效果。本书加"＊"的内容为知识拓展，供教学时参考。

　　本书由广东水利电力职业技术学院刘亚莲教授、李存高级工程师、晏成明博士担任主编，湖南水利水电职业技术学院刘咏梅副教授、广东水利电力规划勘测设计研究院李一宁工程师、广东水利电力职业技术学院王胜源高级工程师任副主编。

　　由于编者水平有限，书中存在的不足之处敬请使用本书的师生与读者批评指正，以便修订时改进。如读者在使用本书的过程中有其他意见和建议，恳请向编者（liuyla306@163.com）提出宝贵意见，不胜感谢！

编　者
2011 年 12 月

目 录

项目一　水工建筑物概述

了解我国的水资源状况、水利工程的任务和分类；掌握水利枢纽的组成，水工建筑物的分类、作用和特点；掌握水利枢纽分等和水工建筑物分级。

教学要求

知识要点	能力目标	权重
水利工程的任务和类型	理解水利工程的概念，了解水利工程的任务和类型	10%
水利枢纽的组成	了解水利枢纽的组成，能识读简单的枢纽总平面图	10%
水工建筑物的作用、分类和特点	（1）理解水工建筑物的概念 （2）了解水工建筑物的作用、分类和特点	20%
水利枢纽分等和水工建筑物分级	（1）理解水利枢纽分等和水工建筑物分级目的 （2）掌握水利枢纽分等和水工建筑物分级方法 （3）能依据规范确定水利枢纽的等别和水工建筑物级别	60%

引例

广东省飞来峡水利枢纽

飞来峡水利枢纽（图1-1）位于清远市东北约40km的北江河段上，目前是广东省最大的综合性水利枢纽工程，其主要以防洪为主，同时兼具发电、航运、供水和改善生态环境等作用，是北江流域综合治理的关键工程。控制流域面积34 097km²，水库总库容为19.04×10⁸m³。主要建筑物有拦河坝、船闸、发电厂房和变电站。拦河坝有主、副坝各一座，最大坝高为52.3m，坝顶高程为34.8m，主、副坝坝顶总长2 952m，坝顶为8m宽公路。水电站是北江干支流上最大的水电站，属于低水头径流式电站。厂房为河床式，厂内安装了奥地利生产的四台单机容量为3.5×10⁴kW的灯泡贯流式水轮发电机组，总装机容量为14×10⁴kW，多年平均发电量为5.55×10⁸kW·h。飞来峡枢纽与北江大堤联合组成北江中下游防洪体系，水库可以起到泄洪调峰的作用，使北江大堤可防御300年一遇的洪水，为下游及珠江三角洲提供了可靠的防洪安全保障。

图 1-1　飞来峡水利枢纽实景

飞来峡水利枢纽工程是一个具有防洪、发电、航运、供水和改善生态环境的综合利用水利工程，下面我们将通过本例对水利工程的作用、任务、分类和水利枢纽的组成，水工建筑物的类型、特点以及水利枢纽的分等，水工建筑物的分级等相关知识进行讲解。

基本知识学习

1.1　水利工程及其建设

1.1.1　水利工程

水利工程是指对自然界的水资源在时间上和空间上进行重新调配，以解决来水与用水不相适应的矛盾，达到除害兴利的目的而修建的工程。

水利工程按其所承担的任务可分为：防洪工程、农田水利工程、水力发电工程、供水和排水工程、航运与港口工程、环境水利工程等。一项工程同时兼有几种任务时成为综合利用水利工程。

水利工程按其对水的作用分为：蓄水工程、排水工程、取水工程、输水工程、提水（扬水）工程、水质净化和污水处理工程等。

1.1.2 水利工程建设

我国幅员辽阔,江河纵横。几千年以来,我国人民在治理水患、开发水利方面取得了辉煌的成就。图1-2为全国重点水利工程分布图。

图1-2 全国重点水利工程分布图

1.2 水利枢纽与水工建筑物

1.2.1 基本概念

水工建筑物:水利工程中的各种建筑物称为水工建筑物。

水利枢纽:多种水工建筑物组成的综合体就称为水利枢纽。如引例中的广东省飞来峡水利枢纽有:挡水建筑物——拦河大坝、泄水建筑物——溢流孔、发电建筑物——水电站厂房、通航建筑物——船闸等。

1.2.2 水工建筑物的分类

1. 水工建筑物按其作用可分为一般水工建筑物和专门水工建筑物两大类

一般水工建筑物有如下几种。

(1) 挡水建筑物:用以拦截或约束水流,壅高水位或形成水库的建筑物。如拦河坝和闸以及修筑于江河两岸的堤防、施工围堰等。

（2）泄水建筑物：用以排泄水库、湖泊、河渠等容纳不了的多余水量，或为必要时降低水库水位乃至放空水库以保证工程安全而设置的建筑物。如设于河床的溢流坝、泄水闸、泄水孔，设于河岸的溢洪道、泄水隧洞等。

（3）输水建筑物：为满足用水需要，将水自水源向另一处或用户输送的建筑物。如渠道、隧洞、涵管、渡槽、倒虹吸管等。

（4）取水建筑物：输水建筑物的上游首部建筑物。如取水口、进水闸、扬水站等。

（5）整治建筑物：用以改善河道水流条件，调整河势，稳定河槽，维护航道和保护河岸的各种建筑物。如丁坝、顺坝、潜坝、导流堤、防波堤、护岸等。

专门性水工建筑物是为水利工程中某些特定单项任务而设置的建筑物。如专用于水电站的前池、调压室、压力管道、厂房；专用于通航过坝的船闸、升船机、鱼道、筏道；专用于给水防沙的沉沙池等。

2. 水工建筑物按其使用的时间长短可分为永久性建筑物和临时性建筑物

（1）永久性建筑物：在运用期长期使用的建筑物。根据其在工程中的重要性又分为主要建筑物和次要建筑物。主要建筑物是指失事后将造成下游灾害或严重影响工程效益的建筑物，如：闸、坝、泄水建筑物、输水建筑物及水电站厂房等；次要建筑物是指失事后不致造成下游灾害或对工程效益影响不大且易于检修的建筑物，如：挡土墙、导流墙、护岸等。

（2）临时性建筑物：仅在工程施工期使用，如：围堰、导流建筑物等。

1.2.3　水工建筑物的特点

与一般工业和民用建筑物相比，水工建筑物除了具有工程量大、工期长、投资多等特点外，还具有以下几方面的特点。

1. 工作条件的复杂性

由于水的作用和影响，水工建筑物的工作条件比一般工业与民用建筑物复杂。首先，水工建筑物承受着水的作用，产生各种作用力，如：水压力、浪压力、冰压力、浮托力以及渗流产生的渗透压力等，这些水作用力对建筑物的稳定和结构产生极大影响；其次，渗入建筑物内部或堤基中的渗流还可能产生侵蚀和渗流破坏；此外，泄水建筑物的过水部分还承受着水流的动水压力及磨蚀作用，高速水流还可能对建筑物产生空蚀、振动及对河床产生冲刷，且水流的作用是随机的，难以准确计算。所以进行水工建筑物设计时，往往需借助模型试验或工程经验，并在实际工程中进行观测，以提高其安全可靠性。

2. 施工条件的复杂性

水工建筑物的施工首先要解决施工导流问题，保证施工时基坑及施工设施不被洪水淹没，同时，保证施工期河道航运或木材浮运不致中断。其次，由于水利工程工程量大、工期长，为了确保施工顺利进行，按期完工，截流、度汛需要抢时间、争进度；此外，大体积混凝土施工的温控问题、复杂堤基的处理问题、地下或水下施工的基坑排水问题等都增加了水利工程施工的难度。

3. 对国民经济和环境影响巨大

水利工程建设不仅投资大，而且对周围的自然环境和社会环境产生较大影响。例如：

一个综合利用水利工程可以防洪、发电、灌溉、改良航道、美化周围环境，发展旅游、养殖等。但由于水库蓄水，也会造成大量移民和迁建，还可能由于库区周围地下水位的抬高，直接影响工农业生产。堤坝等挡水建筑物如果失事，将会给下游带来巨大的灾害，其损失将远远超过工程本身的价值。

1.3 水利水电枢纽工程等级划分及设计洪水标准

1.3.1 水利水电枢纽工程等级划分

工程建设中，安全性和经济性是一对矛盾，安全性高就会使工程造价增加，经济性差；反之，经济性好的工程安全性就会降低。为使工程的安全可靠性与其造价的经济合理性适当统一起来，水利工程及其组成建筑物要分等分级。《SL 252—2000 水利水电枢纽工程等级划分及洪水标准》规定，水利水电枢纽工程按其工程的规模、效益及其在国民经济中的重要性划分为五等，按表1-1确定。对于综合利用的水利水电枢纽工程，当分等指标分属几个不同的等别时，应按最高等别确定。规模巨大且在国民经济中占有特别重要地位的枢纽工程，经上级领导部门批准，其等别与设计标准另行规定。

枢纽中各组成建筑物按其所属枢纽工程等别及建筑物在工程中的作用和重要性划分为5级，按表1-2确定。失事后损失巨大或影响十分严重的水利水电枢纽工程中的2～5级水工建筑物，经技术经济论证，可提高一级，洪水标准相应提高，但抗震设计标准不提高。

如果坝高超过表1-3所列的指标，按表1-2确定的2～5级壅水建筑物级别宜提高一级，洪水标准相应提高，但抗震设计标准不提高。

当水工建筑物堤基的工程地质条件特别复杂或采用实践经验较少的新型结构时，挡水、泄水建筑物的级别可提高一级，但洪水标准和抗震设计标准不提高。

不同级别的水工建筑物，在以下四个方面应有不同的要求。

①抗御洪水能力不同，如洪水标准、坝顶安全超高等不同；

②强度和稳定性不同，如建筑物的强度和抗滑稳定安全系数不同，防止裂缝发生或限制裂缝开展的要求不同；

③建筑材料选用的品种、质量、标号及耐久性等不同；

④运行可靠性不同，如建筑物各部分尺寸裕度大小等不同。

表1-1 山区、丘陵区水利水电枢纽工程分等指标表

工程等别	工程规模	分 等 指 标				
		水库总库容 $(10^8 m^3)$	防洪		灌溉面积 $(10^7 m^2)$	水电站装机容量 $(10^7 kW)$
			保护城镇及工矿企业	保护农田面积 $(10^7 m^2)$		
一	大（1）型	≥10	特别重要	≥333.33	≥100	≥120
二	大（2）型	10～1.0	重要	333.33～66.67	100～33.3	120～30
三	中型	1.0～0.1	中等	66.67～20	33.3～3.33	30～5

工程等别	工程规模	分 等 指 标				
		水库总库容（$10^8 m^3$）	防洪		灌溉面积（$10^7 m^2$）	水电站装机容量（$10^7 kW$）
			保护城镇及工矿企业	保护农田面积（$10^7 m^2$）		
四	小（1）型	0.1～0.01	一般	20～3.33	3.33～0.33	5～1
五	小（2）型	0.01～0.001		<3.33	<0.33	<1

表 1-2　水工建筑物级别的划分

工程等别	永久性建筑物级别		临时性建筑物级别
	主要建筑物	次要建筑物	
一	1	3	4
二	2	3	4
三	3	4	5
四	4	5	5
五	5	5	5

表 1-3　需要提高级别的坝高界限

坝的级别		2	3	4	5
坝高（m）	土坝、堆石坝、干砌石坝	90	70	50	30
	混凝土坝、浆砌石坝	130	100	70	40

1.3.2　设计洪水标准

（1）永久性水工建筑物的设计洪水标准

设计永久性水工建筑物所采用的洪水标准分为正常运用（设计情况）和非常运用（校核情况）两种情况。详见表 1-4。

平原地区河道堤上建筑物的洪水标准，应不低于该段堤防的洪水标准。

表 1-4　永久性水工建筑物洪水标准

建筑物级别			1	2	3	4	5
洪水重现期（年）	正常运用	山区、丘陵区	1 000～500	500～100	100～50	50～30	30～20
		平原、滨海区　水库工程	300～100	100～50	50～20	20～10	10
		拦河闸	100～50	50～30	30～20	20～10	<10

建筑物级别			1	2	3	4	5
洪水重现期（年）	非常运用	山区、丘陵区	石坝、干砌石坝	10 000 或可能最大洪水	5 000～2 000	2 000～1 000	1 000～300	300～200
			混凝土坝、浆砌石坝	5 000～2 000	2 000～1 000	1 000～500	500～200	200～100
		平原、滨海区	水库工程	2000～1 000	1 000～300	300～100	100～50	50～20
			拦河闸	300～200	200～100	100～50	50～20	20

（2）临时性水工建筑物的设计洪水标准

平原地区临时性水工建筑物的防洪标准，应根据被保护工程的结构特点、工期长短、淹没影响及河流水文特性等情况，按表 1－5 分析确定。山区坝体施工期临时度汛的防洪标准，应根据坝体升高而形成的拦洪蓄水库容，按表 1－6 规定的幅度内分析确定。根据失事后对下游的影响，还可适当提高或降低防洪标准。

表 1－5　平原临时性水工建筑物洪水标准

临时性建筑物类型	临时性水工建筑物级别			
	2	3	4	5
	洪水重现期（年）			
土石建筑物	>25	25～15	15～10	10～5
混凝土、浆砌石建筑物	>10	10～5	5～3	3

表 1－6　坝体施工期临时度汛洪水标准

坝型	拦洪库容（$10^8 m^3$）		
	>1.0	1.0～0.1	<0.1
	洪水重现期（年）		
土石坝、干砌石坝	>100	100～50	50～20
混凝土坝、浆砌石坝	>50	50～20	20～10

引例分析

飞来峡水利枢纽总库容为 $19.04 \times 10^8 m^3$，按库容、保护广州市特别重要城市两项查表 1－1 知该工程应为一等工程，工程规模为大（1）型；按装机容量 $14 \times 10^4 kW$，查表 1－1 得该工程为三等工程，工程规模为中型。根据规范规定，对于综合利用工程当按表中指标分属几个不同等别时，整个枢纽的等级应以其中的最高等别为准，所以本工程应为一等工程。根据表 1－2 确定本工程主要建筑物级别为 1 级，次要建筑物级别为 3 级，临时性建筑物级别为 4 级。

技能训练

一、填空题

1. 所谓水利工程，是指对自然界的＿＿＿＿＿＿＿＿和地下水进行＿＿＿＿＿＿＿和调配，以达到＿＿＿＿＿＿＿＿目的而修建的工程。

2. 水利工程的根本任务是＿＿＿＿＿＿＿＿和＿＿＿＿＿＿＿＿。

3. 水利水电枢纽工程按其＿＿＿＿＿＿＿＿、＿＿＿＿＿＿＿＿和在国民经济中的＿＿＿＿＿＿＿＿分为＿＿＿＿＿等。

4. 水工建筑物按其所属枢纽工程的＿＿＿＿＿＿＿＿及其在工程中的＿＿＿＿＿＿和＿＿＿＿＿＿＿分为＿＿＿＿＿＿级。

二、简答题

1. 简述水工建筑物的特点。

2. 为什么要对水利枢纽和水工建筑物进行分等分级？

三、案例分析

某水库总库容 $1.1 \times 10^8 \text{m}^3$，拦河坝为混凝土重力坝，最大坝高 148m，大坝建筑物级别是多少？

项目二　混凝土重力坝设计

教学目标

　　了解重力坝的工作原理和特点；掌握重力坝结构设计和计算方法；熟悉碾压混凝土重力坝的材料性能、构造要求、地基处理及施工特点。

教学要求

知识要点	能力目标	权重
非溢流重力坝剖面设计	了解重力坝的特点、工作原理，能拟定非溢流重力坝剖面形式、尺寸	20%
溢流坝剖面设计	能确定溢流坝孔口尺寸，选择消能形式，进行消能计算	25%
重力坝稳定、应力计算	能计算重力坝的荷载，对重力坝进行稳定和应力分析	35%
混凝土重力坝的材料性能、构造要求及地基处理	熟悉混凝土材料性能、构造要求和地基处理方法	20%

引例

　　某水库枢纽工程是以灌溉为主兼顾发电和供水的综合利用工程，经坝型比较，拦河坝拟采用混凝土重力坝，水库总库容为 $3.5 \times 10^8 m^3$，灌溉农田 $12 \times 10^7 m^2$。电站采用坝后式厂房，装机容量为 $4 \times 0.32 = 1.28 \times 10^4 kW$，拦河坝高42m。根据《SL 252—2000 水利水电工程等级划分及洪水标准》的有关规定，本工程等别为"Ⅱ"等，主要建筑物按2级设计。大坝设计洪水标准为100年一遇（$P = 1\%$），设计洪水位183.00m，设计洪峰流量为 $2243 m^3/s$，下泄设计洪水时相应下游水位为151.30m；校核洪水标准为1000年一遇（$P = 0.1\%$），校核洪水位为184.73m，校核洪峰流量为 $3124 m^3/s$，相应下游水位为153.10m。水库正常蓄水位为182.0m，下游水位144.80m；水库死水位172.00m。坝址实测最大风速20m/s，年平均最大风速14.1m/s，50年一遇风速21.15m/s。

　　本流域属亚热带季风区，多年平均最大风力8级，风速19m/s，风向多北风，吹程为3000m。

　　坝址位于燕山期花岗岩浸入体边缘，可大致分为新鲜岩石、微风化、半风化、全风化及残积层。河床部位为半风化花岗岩，具有足够的抗压强度。两岸风化较深呈带状，残积层较少，仅见于左岸181.0m高程以上，厚度约2m。全风化层厚5～8m，半风化层右岸深7～13m，左岸9m。最大坝高处河床基底高程143.0m，坝基岩石允许承载力为4000kPa，坝体混凝土与坝基的接触面间的抗剪断摩擦系数为0.8，坝体混凝土与坝基接触面间的抗剪断凝聚力为500kPa。

根据《GB 18306—2001中国地震动参数区划图》可知，该工程区的地震动峰值加速度小于$0.05g$，故不考虑地震设防。

设计要求：①非溢流重力坝剖面尺寸拟定及重力坝细部构造设计（坝顶细部结构、坝体材料分区、坝体及坝基防渗排水、坝基处理）；②坝体稳定分析、坝基应力计算；③溢流重力坝剖面设计。

本例是一个重力坝枢纽工程，下面将通过本例对重力坝的特点、工作原理、剖面尺寸拟定、稳定和应力计算、细部构造设计、地基处理等相关知识进行讲解。

基本知识学习

2.1 重力坝概述

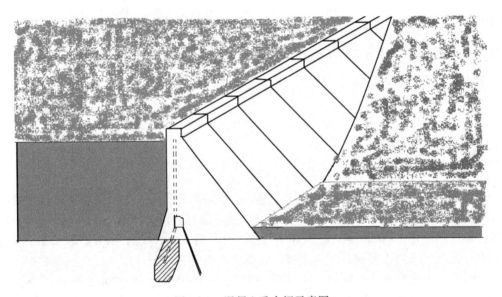

图2-1 混凝土重力坝示意图

2.1.1 重力坝的工作原理及其特点

重力坝主要依靠自重在坝基面产生的摩擦力以及坝与地基间的凝聚力来抵抗水平水压力从而维持稳定，同时也依靠自重引起的压应力来抵消由水压力产生的拉应力。

重力坝有以下特点：

（1）断面尺寸大，混凝土材料抗冲刷能力强，可坝顶溢流和在坝身设置泄水孔，因此，泄洪和施工导流比较容易解决。但由于剖面尺寸大，坝体内部应力比较小，坝体材料强度不能充分发挥。

（2）重力坝沿坝轴线用横缝分成若干坝段，各坝段独立工作，在荷载作用下，可以看作悬臂梁，结构作用明确，设计方法简便，安全可靠。

（3）对地形、地质条件适应性强。几乎任何形状河谷均可修建重力坝。重力坝对地基条件的要求比土石坝高，但比拱坝低，在无重大缺陷的一般岩基上均可修建。

（4）由于坝体与地基接触面积大，坝底扬压力大，对稳定和坝踵应力不利。

（5）由于体积大，水泥用量多，水化热不易散发，温控要求高。

2.1.2 重力坝的设计原则及安全控制标准

2.1.2.1 重力坝的设计原则

（1）坝体结构应根据坝的受力条件以及坝址的地形地质、水文气象、建筑材料、施工工期等条件，通过综合技术经济比较确定。

（2）各个坝段上游面宜协调一致，使坝段两侧止水设施呈对称布置，廊道距上游面的距离也保持一致。各溢流坝段和非溢流坝段下游面应分别保持一致，但溢流坝段与非溢流坝段间用导墙分隔，可采用不同的下游坝坡。

（3）建在地震区的混凝土重力坝坝体结构的抗震设计应符合《SL 203—1997 水工建筑物抗震设计规范》（或 DL 5073—2000）的规定。

（4）经技术经济比较，坝型除采用实体混凝土重力坝外，也可采用宽缝重力坝、大头坝、空腹重力坝等。

（5）重力坝的断面原则上应由持久状况控制，并以偶然状况复核，此外，可考虑坝体的空间作用或采取其他适当措施，不宜由偶然状况控制设计断面。

（6）有横缝的重力坝，其强度和稳定计算应按平面问题考虑，可取一个坝段或取单位坝长进行计算。不设横缝或横缝灌浆的整体式重力坝的稳定计算可按整体式进行，其强度计算可用试载法；在复杂空间受力条件下（河谷断面、基础反力不对称等），其应力状态可按空间问题用有限元法或通过试验确定。

2.1.2.2 重力坝的安全控制标准

（1）坝体抗滑稳定安全控制标准

①按抗剪强度计算的坝基面抗滑稳定安全系数 k 不应小于表 2 - 1 的规定。

表 2 - 1 坝基面抗滑稳定安全系数 k

荷载组合		坝的级别		
		1	2	3
基本组合		1.10	1.05	1.05
特殊组合	①	1.05	1.00	1.00
	②	1.00	1.00	1.00

②按抗剪断强度计算的坝基面抗滑稳定安全系数 k' 应不小于表 2 - 2 的规定。

表2-2 坝基面抗滑稳定安全系数 k'

荷载组合		k'
基本组合		3.0
特殊组合	①	2.5
	②	2.3

（2）坝基、坝体应力安全控制标准

① 坝基面垂直正应力控制标准

运行期：在各种荷载组合下（地震荷载除外），坝基面坝踵垂直应力不应出现拉应力，坝趾垂直应力应小于坝基容许压应力；在地震荷载作用下，坝踵、坝趾的垂直应力应符合《SL 203—1997 水工建筑物抗震设计规范》（或 DL 5073—2000）的规定。

施工期：坝趾垂直应力允许有小于 0.1MPa 的拉应力。

② 坝体应力控制标准

运用期：坝体上游面的垂直应力不出现拉应力（计扬压力）；坝体最大主压应力不大于混凝土的允许压应力值；溢流坝的堰顶部分出现拉应力时，应配置钢筋；对廊道及其孔洞周边的拉应力区，宜配置钢筋，有论证时可少配或不配。

施工期：坝内任何截面上的主压应力不大于混凝土的允许压应力；在坝体的下游面，允许有不大于 0.2MPa 的主拉应力。

2.2 非溢流重力坝剖面设计

2.2.1 设计原则

非溢流重力坝剖面设计原则为：

（1）安全：满足稳定和强度要求。

（2）经济：尽可能节省工程量，使剖面尺寸最小，造价最低。

（3）外部形状简单，便于施工。

（4）运行管理方便。

2.2.2 基本剖面

定义：基本剖面是指坝体在自重、库水压力和扬压力三个主要荷载作用下，满足稳定和应力要求并使其剖面最小的三角形剖面，见图 2-2。

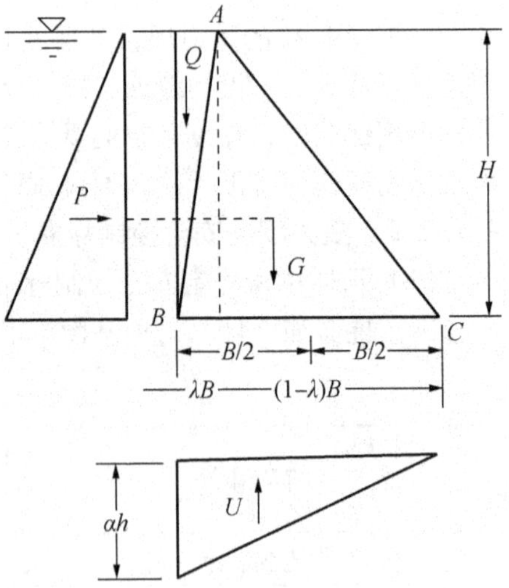

图 2-2 重力坝的基本剖面

2.2.3 实用剖面

2.2.3.1 坝顶高程

坝顶应高于校核洪水位，其与正常蓄水位或校核洪水位的高差，可由式（2-1）计算，坝顶高程应选择正常蓄水情况和校核洪水情况计算的坝顶高程中较大者。

$$\Delta h = h_{1\%} + h_z + h_c \qquad (2-1)$$

式中　　Δh——防浪墙顶至正常蓄水位或校核洪水位的高差，m；

　　　　$h_{1\%}$——累积频率为 1% 的波浪高度，m；

　　　　h_z——波浪中心线至正常蓄水位或校核洪水位的高差，m；

　　　　h_c——安全超高，按表 2-3 采用。

表 2-3　安全超高 h_c　　　　　　　　　　（单位：m）

相应水位	坝的级别			
	1	2	3	4、5
正常蓄水位	0.7	0.5	0.4	0.3
校核洪水位	0.5	0.4	0.3	0.2

波浪三要素（波高、波长、波浪中心线距静水面的距离）如图 2-3 所示。波高 $2h_L$ 系指波峰到波谷的高差；波长 $2L_L$ 系指相邻两波峰或波谷之间的距离。当波推进到坝前时，由于直立坝面的反射作用，发生驻波，其高度为正常波高的两倍（$4h_L$），而波长不变。

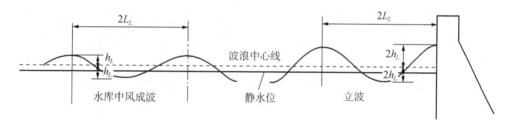

图 2-3　立波示意图

由于影响波浪的因素很多，目前主要用半经验公式确定波浪要素，规范对山区峡谷水库，当风速在 4~16m/s，吹程为 1~13km 时，推荐按官厅水库公式计算。

$$2h_L = 0.0166 v_0^{\frac{5}{4}} D^{\frac{1}{3}} \qquad (2-2)$$

$$2L_L = 10.4 (2h_L)^{0.8} \qquad (2-3)$$

$$h_z = \frac{\pi (2h_L)^2}{2L_L} \mathrm{cth} \frac{\pi H_1}{L_L} \qquad (2-4)$$

式中　　v_0——计算风速，m。是指水面以上 10m 处 10min 的多年风速平均值，水库为正常蓄水位和设计洪水位时，宜采用相应洪水期多年平均最大风速的 1.5~2.0 倍；校核洪水位时，宜采用相应洪水期最大风速的多年平均值。

　　　　D——吹程（风区长度），m。是指风作用于水域的长度，为自坝前沿风向到对岸的距离；当风区长度内水面由局部缩窄，且缩窄处的宽度 B 小于 12 倍计算波长时，取吹程 $D = 5B$（且不小于坝前到缩窄处的距离）。

　　　　H_1——坝前水深，m。

因波浪系列为随机的，相应波高是随机变动的，常用累积频率表示其统计特征。官厅水库公式计算的波高（$2h_L$）为累积频率为 5% 的波高 $h_{5\%}$，推算累积频率为 1% 的波高需乘以 1.43，即 $h_{1\%} = 1.43 (2h_L)$。

因设计与校核情况计算 $2h_L$ 和 h_z 用的计算风速不同，查出的安全超高 h_c 也不同，故坝顶超高 Δh 的计算结果不同，坝顶高程不同，因此坝顶高程应分别按正常蓄水情况和校核洪水情况计算，选择其中较大者。即

$$坝顶或防浪墙顶高程 = 正常蓄水位 + \Delta h_正$$
$$坝顶或防浪墙顶高程 = 校核洪水位 + \Delta h_校$$

式中，$\Delta h_正$、$\Delta h_校$ 按式（2-1）计算。当坝顶设防浪墙时，坝顶高程不低于校核洪水位。

2.2.3.2 坝顶宽度

坝顶宽度需满足设备布置、运行、交通及施工的要求，非溢流坝的坝顶宽度一般可取坝高的 8%～10%，且不小于 2m；若作交通要道或有移动式启闭机设施时，应根据实际需要确定；当有较大的冰压力或漂浮物撞击力时，坝顶最小宽度还应满足强度的要求。

2.2.3.3 坝顶结构

坝体一般用实体结构（图2-4a），顶面按路面设计，在坝顶上布置排水系统和栏杆或防浪墙等以及照明设备。坝体也可采用轻型结构，如图2-4b所示。

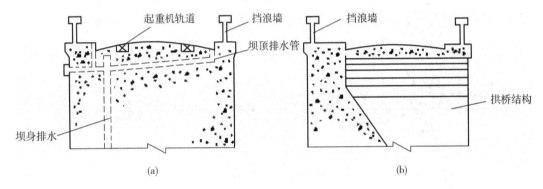

图 2-4 坝顶结构布置

坝体常用的实用剖面形态如图2-5所示。图2-5a采用铅直的上游坝面，适用于坝基摩擦系数较大，由应力条件控制坝体剖面的情况。优点：便于布置和操作坝身过水管道进口控制设备；缺点：由于在上游面为铅直的基本三角形剖面上增加坝顶重量，空库时下游坝面可能产生拉应力。

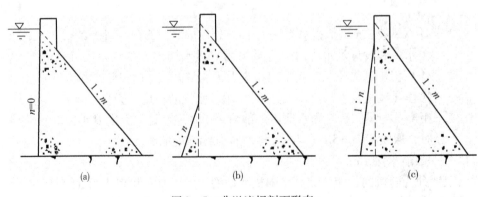

图 2-5 非溢流坝剖面形态

图 2-5b 所示坝体在工程中经常采用。特点：上游坝面上部铅直而下部呈倾斜，既可利用部分水重来增加稳定性，又可保留铅直的上部便于管道进口布置设备和操作。上游折坡的起坡点位置应结合应力控制条件和引水、泄水建筑物的进口高程来选定。一般在坝高的 1/3 ~ 2/3 的范围内。设计时要验算起坡点高程水平截面的强度和稳定条件。

图 2-5c 所示坝体为上游面呈倾斜的基本三角形上加坝顶而成，适用于坝基础摩擦系数较小的情况，倾斜的上游坝面可以增加坝体自重和利用一部分水重，以满足抗滑稳定的要求。修建在地震区的重力坝，可采用此种剖面。

2.2.4　剖面优化设计

重力坝的最优设计剖面是既满足稳定和强度要求，又满足运用要求的最小剖面。如图 2-6 为一重力坝剖面，其优化设计步骤如下：

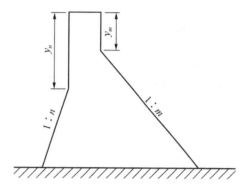

图 2-6　重力坝剖面优化设计

①根据布置和施工要求规定 y_n、y_m 的上、下限；

②给定一组上游面的（y_n、n）值，对每个坝段按稳定和强度要求，确定不同的 y_m 的 m 值；

③根据相同的 y_n、n 值和不同的 y_m、m 值计算每个坝段的一系列混凝土体积 V_0 值；

④对每个坝段，根据 y_m 与 V_0 的关系，用线性规划方法找出每个坝段使 V_0 为最小的最优 y_m，再计算相应最优 y_m 的体积 V_m；

⑤叠加各坝段的 V_m 得到重力坝的总体积 V；

⑥给出一系列（y_n、n）值，按上述步骤得出一系列 V，根据（y_n、n）与 V 的关系，应用非线性规划方法找出使重力坝总体积 V 为最小的（y_n、n）值，即为最优（y_n、n）值，再计算相应于最优（y_n、n）值的每个坝段的 y_m、m 值，这便是所求的最优设计方案。

上述计算可利用计算机程序迅速得出最优设计方案。

2.2.5　坝体构造

2.2.5.1　坝体分缝

为适应施工期砼的浇筑能力和温度控制以及防止地基可能产生不均匀沉陷而引起裂缝，因而要分缝。常设垂直于坝轴线的分缝为横缝，平行于坝轴线的分缝为纵缝，横缝是永久缝，纵缝则属于临时缝；有时砼分层浇筑的层面也是一种临时性水平施工缝，如图 2-7所示。

①横缝及止水：垂直于坝轴线，将坝体沿坝轴线分成若干坝段，缝距一般为 15 ~ 20m，缝宽一般为 0.01 ~ 0.02m。

永久性横缝缝面常为平面，缝内不设键槽，不灌浆，但要设置止水。止水形式与坝的级别和高度有关，一般高坝应采用两道金属止水片，中间设沥青井。中低坝可以适当简化。

临时性横缝在缝面设置键槽，埋设灌浆系统，施工后灌浆连成整体。临时性横缝主要

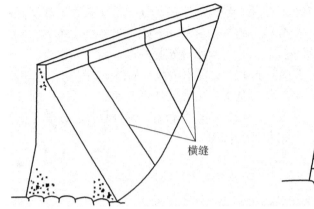
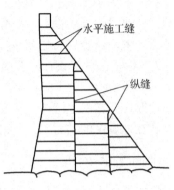

图 2 - 7　重力坝分缝示意图

用于以下几种情况：河谷狭窄，做成整体利用岸坡支撑坝体，提高强度，增加稳定或岸坡较陡时各坝段连成整体，改善岸坡坝段的稳定性；软弱破碎带上的各坝段，横缝灌浆后连成整体，增加坝体刚度或强地震区的坝体连成整体提高坝体的抗震性。当岸坡坝基开挖成台阶状且坡度陡于 1:1 时，应按临时性横缝处理。

②纵缝：平行于坝轴线的缝称纵缝。设置纵缝的目的是为适应砼的浇筑能力和减小施工期温度应力。纵缝是临时缝，待温度正常之后进行接缝灌浆。纵缝的布置形式有三种：垂直纵缝、斜缝和错缝（图 2 - 8）。

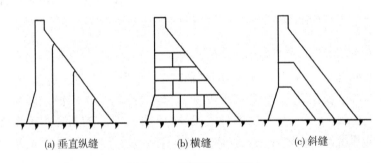

(a) 垂直纵缝　　　　　(b) 横缝　　　　　(c) 斜缝

图 2 - 8　纵缝形式示意图

纵缝间距根据混凝土浇筑能力和温度控制要求确定，一般为 15～30m，纵缝不宜过多。为了很好地传递压力和剪力，纵缝面上设三角形键槽，槽面与主应力方向垂直，纵缝键槽形式如图 2 - 9 所示。

在缝面上布置灌浆系统，待坝体温度稳定，缝张开到 0.5mm 以上时进行灌浆，灌浆沿高度 10～15m 分区，缝体四周设置止浆片，止浆片用镀锌铁片或塑料片。严格控制灌浆压力为 0.35～0.45MPa，回浆压力为 0.2～0.25MPa。

斜缝大致按库满时的最大主应力方向布置，因缝面剪应力小，不需要灌浆。

错缝是浇筑块之间像砌砖一样错开，每块厚度 3～4m，基岩面附近减至 1.5～2m，错缝间距为 10～15m，缝位错距为 1/3～1/2 浇筑块的厚度。错缝不需要灌浆，施工简便，但整体性差，用于中小型重力坝中。

③水平施工缝：坝体上下层浇筑块之间的接合面称水平施工缝。一般浇筑块厚度为

1.5～4.0m，靠近岩基面用0.75～1.0m的薄层浇筑，利于散热，防止开裂。纵缝两侧相邻坝块水平施工缝不宜设在同一高程，以增强水平截面的抗剪强度。

2.2.5.2　坝体防渗

在混凝土重力坝坝体上游面和下游面最高水位以下部分，多采用一层具有防渗、抗冻、抗侵蚀的混凝土作为坝体防渗层，防渗层厚度一般为$1/10～1/20$水头，且不小于2m。

2.2.5.3　坝体排水

为了减小渗水对坝体和坝基的有害影响，降低坝体和坝基的渗透压力，在靠近上游面处设置排水管，将渗水通过排水管排入廊道，汇集于集水井内，用水泵或自流排向下游。坝内排水管布置在距上游坝面约为水头$\frac{1}{15}～\frac{1}{25}$处，且不小于2m，

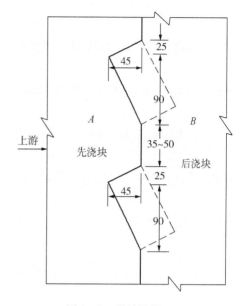

图2-9　纵缝键槽

排水管间距为2～3m，管径为0.15～0.20m，沿坝轴线一字排列，管孔铅直，与廊道相通，上下端与坝顶和廊道直通。排水管一般用无砂混凝土做成（见图2-10）。排水管施工时必须防止水泥浆漏入，防止堵塞。

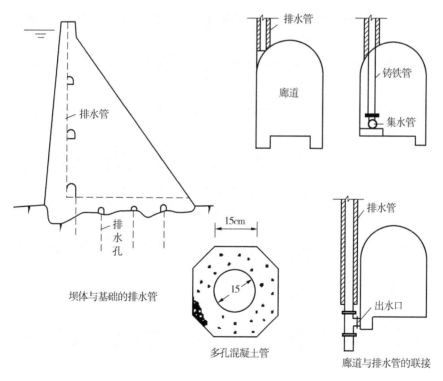

图2-10　坝体排水管

2.2.5.4 坝内廊道系统

①基础灌浆廊道：在坝内靠近上游坝踵部位设基础（帷幕）灌浆廊道。为保证灌浆质量，提高灌浆压力，要求距上游面应有 $0.05 \sim 0.1$ 倍作用水头，且不小于 $4 \sim 5m$；距基岩面不小于 1.5 倍廊道宽度，一般取 5m 以上。廊道断面为城门洞形，宽度为 $2.5 \sim 3m$，高度 $3 \sim 4m$，以便满足灌浆作业的要求。廊道上游侧设排水沟，下游侧设排水孔及扬压力观测孔，在廊道最低处设集水井，以便自流或抽排坝体渗水。

基础灌浆廊道随坝基面由河床向两岸逐渐升高，坡度不宜陡于 $40° \sim 45°$，以便钻孔、灌浆及其设备的搬运。当岸坡较长时，每隔适当的距离设一段平洞；为了灌浆施工方便，每隔 $50 \sim 100m$，宜设置横向灌浆机室。

②坝体检查和排水廊道：为了便于检查和排除坝体渗水，在靠近坝体上游面沿高度每隔 $15 \sim 30m$ 设置检查、排水廊道。廊道断面采用城门洞形，其上游侧距离上游坝面的距离应不小于 $0.05 \sim 0.07$ 倍水头，且不小于 3m，廊道最小宽度为 1.2m，最小高度为 2.2m。各层廊道在左右两岸应各有一个出口，各层廊道之间用竖井或电梯井连通。

廊道的存在局部破坏了坝体结构的连续性，改变了廊道周边应力的分布，并引起局部应力集中。但一般只影响其附近小部分区域的应力分布，并不使原大坝截面上的应力分布发生质的变化。根据应力集中情况可在廊道周边配置钢筋。

2.2.6 混凝土重力坝的材料

2.2.6.1 混凝土的强度

混凝土标准立方体极限强度分为 12 种强度等级，重力坝常用 C10、C15、C20、C25 等级别，混凝土强度随龄期增长，因此，在规定设计等级时应同时规定设计龄期。大坝的大体积混凝土其抗压强度一般用 90 天（最多不超过 180 天）龄期80% 保证率的用标准实验方法测得的抗压强度，同时还规定 28 天龄期的抗压强度不得低于 7.5MPa，抗拉强度采用 28 天龄期，一般不采用后期强度。

2.2.6.2 混凝土的耐久性

混凝土的耐久性包括抗渗性、抗冻性、抗磨性和抗侵蚀性等。

① 抗渗性：是指混凝土抵抗压力水渗透作用的能力。抗渗性的大小用抗渗标号来表示。大坝混凝土的抗渗标号可根据渗透坡降大小参照表 2-4 选定。

表 2-4 混凝土抗渗标号的选择

渗透坡降	<5	$5 \sim 10$	$10 \sim 30$	$30 \sim 50$	>50
抗渗标号	S_4	S_6	S_8	S_{10}	S_{12}

②抗冻性：抗冻性是指饱和状态下能经受多次冻融循环而不被破坏，也不会严重降低强度的能力。坝体水位变化区或水位变化区以上的外部混凝土容易受到干湿、冻融变化，应有一定的抗冻强度。混凝土的抗冻性以抗冻标号来表示。在混凝土中掺加气剂有利于提高其抗冻性。

③抗磨性：抗磨性是指砼抵抗高速水流或挟沙水流的冲刷和磨损的性能。根据我国的经验，采用高标号硅酸盐水泥或硅酸盐大坝水泥所控制的砼其抗磨性较好，其混凝土抗压

强度等级不应低于 C20 号，且要求骨料质地坚硬，施工振摇密实，以提高其耐磨性。

④抗侵蚀性：大坝砼可能与环境水中某些物质发生化学反应，引起侵蚀破坏。如有抗侵蚀性要求时，应选择恰当的水泥品种，并尽量提高砼的密实性。

2.2.7　施工期温度应力及防裂措施

2.2.7.1　坝体砼的温度变化

坝体砼的温度变化规律如图 2-11 所示。开始浇筑砼的温度为入仓温度，水泥硬化，产生水化热，使温度增高，热量不断散失，温度呈下降趋势，这一段时间为冷却期。这段时间较长。冷却达到稳定温度，仅随外界气温而变化，称为稳定期。

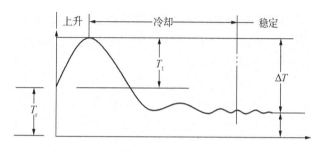

图 2-11　坝体混凝土温度变化过程线

2.2.7.2　温度应力和温度裂缝的成因

砼温度发生变化，其体积也随着胀缩，由于砼坝体不能自由伸缩，从而产生温度应力，而当拉应力超过砼的抗拉能力时，出现裂缝。基础温差引起的应力和裂缝如图 2-12 所示。

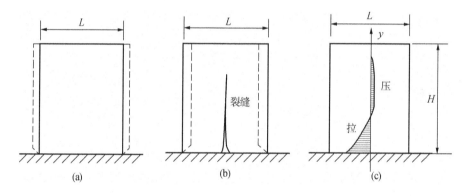

图 2-12　基础温差应力及裂缝示意图

砼块体在温度变化过程中，其温度分布实际上是不均匀的，施工期的温度应力则是由在散热过程中所形成的内外温差引起的。由于内部砼的膨胀受到外部砼的约束，产生压应力，而外部砼受到内部砼的约束，产生拉应力，若拉应力超过砼的抗拉强度，就产生裂缝。温度裂缝一般发生在砼表面。

2.2.7.3　防止温度裂缝的措施

①加强温度控制；

②提高砼的抗裂强度；

③保证砼的施工质量和采用合理的分缝、分块等。

2.3 重力坝的荷载及其组合

2.3.1 荷载及其计算

荷载也称作用，是指外界环境对水工建筑物的影响。重力坝所受的荷载主要有：坝体自重及永久设备重、静水压力和动水压力、扬压力、浪压力或冰压力、泥沙压力以及地震荷载等，如图 2-13 所示。

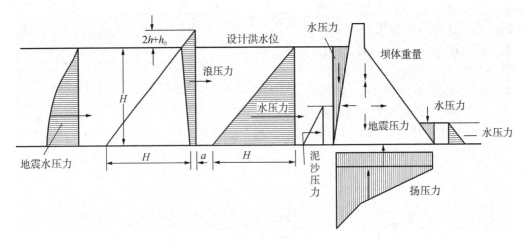

图 2-13 重力坝上作用力示意图

2.3.1.1 自重

坝体自重是重力坝的主要荷载之一。

$$W = \gamma \times V + \omega \qquad (2-5)$$

式中　ω——坝上永久设备重；

　　　V——坝的体积，m^3；

　　　γ——材料重度，kN/m^3。

2.3.1.2 水压力

①静水压力：可按静水力学原理计算。为了计算方便，常将作用在坝面上的水压力分为水平水压力 p_H 和垂直水压力 p_V 两部分计算，如图 2-14 所示。

②动水压力：溢流坝泄水时，在溢流坝面上作用有脉动水压力，其大小对坝体稳定和坝内应力影响较小，可以忽略不计。下游反弧段上的动水压力可根据水流的动量方程求得。若假定水流为均匀流，忽略水重和侧面水压力，则作用在单位坝长反弧段上的水平方向动水压力 p_H 和竖直方向动水压力 p_V 可按下式计算。

$$p_H = \frac{\gamma_0 q}{g} v (\cos\alpha_2 - \cos\alpha_1) \qquad (2-6)$$

$$p_V = \frac{\gamma_0 q}{g} v (\sin\alpha_1 + \sin\alpha_2) \qquad (2-7)$$

式中　γ_0——水的重度，kN/m^3；

q——鼻坎处单宽流量，$m^3/(s \cdot m)$；

g——重力加速度；

v——反弧段上平均流速，m/s；

α_1、α_2——分别为反弧段圆心竖线左右的中心角。

p_H、p_V 的作用点可近似认为作用在反弧段中央，其方向分别以指向上游和垂直向下为正。

2.3.1.3　扬压力（含坝基和坝体内扬压力）

扬压力是由上下游水位差产生的渗透压力和下游水深产生的浮托力两部分组成。其大小可按扬压力分布图形进行计算。扬压力图形分布与坝体结构、上下游水位、防渗排水设施等因素有关。

①坝基扬压力：无防渗排水措施的实体重力坝坝基扬压力分布图形如图 2-14 所示。扬压力对坝体稳定不利，工程中常采取降压措施减小扬压力的作用。常用的降压措施有设置防渗帷幕和排水幕及抽排措施等。坝基设有防渗帷幕和排水幕的实体重力坝，扬压力分布图形如图 2-15 所示。图中 α 表示帷幕对扬压力的折减系数，与岩体构造、性质，帷幕的深度、厚度、灌浆质量，排水孔直径、间距、深度等因素有关。规范规定：

河床坝段：$\alpha = 0.2 \sim 0.3$

岸坡坝段：$\alpha = 0.3 \sim 0.4$

需要指出：原型观测资料表明，扬压力因受泥沙淤积的影响随时间延长而减小，对稳定有利。

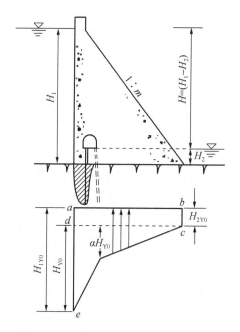

图 2-14　无防渗排水时坝底扬压力分布

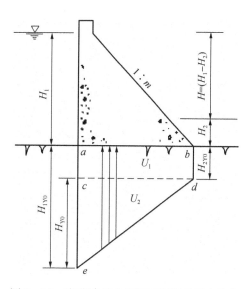

图 2-15　有防渗排水措施时坝底扬压力分布

②坝体内扬压力：坝体混凝土也具有一定的渗透性，在水头作用下，库水仍然会从上游坝面渗入坝体，并产生扬压力，如图 2-16 所示。

2.3.1.4　浪压力

① 波浪要素：波浪高度 $2h_L$、波浪长度 $2L_L$ 和波浪中心线超出静水面的距离 h_0。影响波浪的因素很多，目前仍采用半经验公式来计算。对于山区峡谷水库，我国《混凝土重力坝设计规范》推荐官厅水库公式波长、波高。

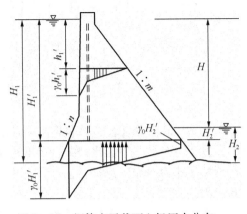

$$\frac{g(2h_L)}{v^2} = 0.007\,6v^{-\frac{1}{12}}\left(\frac{gD}{v^2}\right)^{\frac{1}{3}} \quad (2-8)$$

$$\frac{g(2L_L)}{v^2} = 0.331v^{-\frac{1}{2.15}}\left(\frac{gD}{v^2}\right)^{\frac{1}{3.75}} \quad (2-9)$$

图 2-16　坝体水平截面上扬压力分布

式中　v——风速，m/s，在正常蓄水位和设计洪水位时，采用洪水期多年平均最大风速的 $1.5 \sim 2.0$ 倍；在校核洪水位时，采用洪水期多年平均最大风速。

D——吹程，m。可取坝前沿水库到对岸水面的最大直线距离。当水库水面特别狭长时，可取 5 倍平均水面宽度。

$2h_L$——当 $\dfrac{gD}{v^2} = 20 \sim 250$ 时，为累积频率5%的波高；当 $\dfrac{gD}{v^2} = 250 \sim 1\,000$ 时，为累积频率10%的波高。累积频率1%的波高等于累积频率5%的波高乘以 1.24，或累积频率10%的波高乘以 1.41。

②浪压力计算：当重力坝的迎水面为垂直或接近垂直时，波浪推进到坝前，受到坝的阻挡而使波浪壅高成为驻波，其波高为正常波高的 2 倍，所以，计算坝顶超高和浪压力时，波浪顶部在静水位以上的高度为 $2h_L + h_0$。

当坝前水深 $H > L_L$ 时，发生深水波，浪压力计算公式：

$$p_L = \frac{\gamma_0(L_L + 2h_L + h_0)}{2} - \frac{\gamma_0 L_L^2}{2} \quad (2-10)$$

其余情况浪压力计算见《DL 5077—1997 水工建筑物荷载计算规范》。

2.3.1.5　泥沙压力

水库蓄水后，入库水流流速降低并趋于零，挟带的泥沙随流速减小而沉积于坝前，其过程是先沉积大颗粒，而后沉积细颗粒。坝前淤积逐年增高，可根据河流的挟沙量进行估算，估算年限通常为 $50 \sim 100$ 年。淤积的泥沙逐年固结，堆积密度和内摩擦角也在逐年变化，很难算准，设计时可根据经验取定，像黄河这样的多沙河流应由试验定出。泥沙压力按土压力公式计算：

$$p_n = \frac{1}{2}\gamma_n h_n^2 \tan^2\left(45° - \frac{\varphi_n}{2}\right) \quad (2-11)$$

2.3.1.6　冰压力

冰压力包括静冰压力和动冰压力。静冰压力是寒冷地区水库表面结冰，当气温升高时，冰层膨胀对建筑物产生的压力。其大小取决于冰层厚度、开始升温时的气温及温升率。动冰压力是当冰破碎后，受风和水流的作用而漂流，当冰块撞击在坝面或闸墩上时将产生动冰压力。冰压力对高坝可以忽略，因为一方面水库开阔，冰易凸起破碎，另一方面在总荷载中所占比例较小；对低坝、闸较为重要，其占总荷载的比重大；某些部位如闸门进水口处及不宜承受大冰压力的部位，可采取冲气措施等。

2.3.1.7 地震荷载

在地震区必须考虑地震的影响。地震对建筑物的影响程度常用地震烈度表示，地震烈度分为12度（震级≠烈度）。烈度越大，对建筑物的影响越大。在抗震设计中常用到基本烈度和设计烈度概念。基本烈度系指建筑物所在地区今后一定时期（一般指100年左右）内可能遭遇的地震最大烈度；设计烈度系指抗震设计时实际采用的烈度。一般情况下设计烈度 = 基本烈度，特殊情况下（如特别重要的坝，地质条件复杂，失事后影响巨大）设计烈度 = 基本烈度 + 1度。《SL 203—1997 水工建筑物抗震设计规范》规定设计烈度为7度和7度以上的地震区应考虑地震力，设计烈度超过9度时，应进行专门研究。

地震荷载包括：地震惯性力、地震动水压力（激荡力）、地震动土压力（地震对扬压力、泥沙压力的影响一般不考虑）。计算方法分为动力分析法和拟静力法。动力分析法一般用数值法求解，包括时程分析法和振型分析法。详情参阅《SL 203—1997 水工建筑物抗震设计规范》和《DL5077—1997 水工建筑物荷载计算规范》。

2.3.2 荷载（作用）组合

作用在重力坝上的荷载，除自重外，都有一定的变化范围，例如：当上、下游水位变化时，相应的水压力、扬压力都会随着变化。因此，在进行重力坝设计时，应根据各种荷载同时作用的可能性，选择不同的荷载组合进行核算，并按出现的几率，采用不同的安全系数。荷载组合是将可能作用在建筑物上的所有荷载按出现的时间（几率）是否相同进行分组，然后将各组荷载分别作用在所设计的建筑物上，研究建筑物的稳定性和强度，并给以不同的安全系数。这种分组的方法即为荷载组合。作用于重力坝上的荷载（作用），按其出现的几率和性质，可分为基本组合和特殊组合。

（1）基本组合：由同时出现的基本荷载组合，属于设计情况或正常运用情况。重力坝设计中，基本荷载有坝体自重及永久设备重，正常蓄水情况或设计洪水情况静水压力、扬压力、浪压力等。

（2）特殊组合：由同时出现的基本荷载和一种或几种特殊荷载组合，属于校核情况或非常运用情况。重力坝设计中，校核洪水情况需考虑坝体自重及永久设备重，泥沙压力，校核洪水情况下静水压力、动水压力、扬压力、浪压力等。地震情况属于特殊组合情况，但其水压力、扬压力、浪压力等按正常蓄水位计算。

2.4 重力坝的稳定分析

重力坝主要是依靠自重维持稳定，其可能出现的破坏形式主要有滑动破坏和倾覆破坏（见图2-17）。滑动破坏主要是在静水压力等荷载作用下，坝体沿抗剪能力不足的薄弱面产生滑动失稳，这种薄弱面主要有坝体与坝基的接触面和坝基岩体内连续的断层破碎带；倾覆是在静水压力等荷载作用下，当抗倾力矩小于倾覆力矩时，上游坝踵因出现拉应力而产生裂缝，或下游坝址因压应力过大（超过坝基岩体或坝体混凝土的允许抗压强度）而压碎，从而使坝体向下游倾覆失稳。一般下游地基差时易出现。工程中通过控制坝踵不出现拉应力和坝址压应力不超过坝基岩体或坝体混凝土的允许抗压强度可避免倾覆破坏的发生。因此，重力坝的稳定问题主要是抗滑稳定。

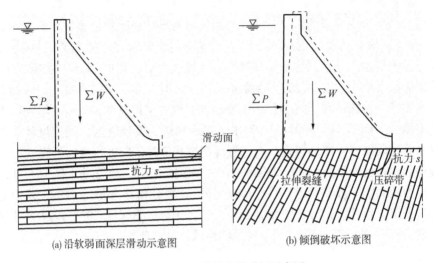

(a) 沿软弱面深层滑动示意图   (b) 倾倒破坏示意图

图 2-17　重力坝失稳破坏示意图

重力坝设计中，根据坝体断面形状，可以取单位坝长或一个坝段（相邻两条永久性横缝之间的坝体长度）进行稳定计算。计算时假定坝体为一根固结于基础上的变截面悬臂梁。

2.4.1　沿坝基面的抗滑稳定分析

（1）抗剪强度公式（摩擦公式）

认为坝底光滑，坝基光滑，坝直接放置在基岩上——"触接"，故当滑动面为水平面（如图 2-18a）时，抗滑稳定安全系数 k 计算公式：

$$k = \frac{阻滑力}{滑动力} = \frac{f(\sum W - U)}{\sum P} \qquad (2-12)$$

当滑动面为倾向上游的倾斜面（如图 2-18b）时，抗滑稳定计算公式：

$$k = \frac{阻滑力}{滑动力} = \frac{f(\sum W\cos\alpha - U + \sum P\sin\alpha)}{\sum P\cos\alpha - \sum W\sin\alpha} \qquad (2-13)$$

式中　k——按抗剪强度计算的抗滑稳定安全系数，计算值应不小于表 2-5 中的值。

f——坝体混凝土与坝基接触面的抗剪摩擦系数，由野外和室内试验结果，综合现场实际情况，参考地质条件类似的已建工程经验数据确定。根据国内外已建工程的统计资料，混凝土与基岩间的摩擦系数 f 值常在 0.5～0.8 之间，对于新鲜的裂隙不发育的坚固岩石，一般为 0.7～0.75；微风化、弱裂隙的较坚硬岩石一般为 0.6～0.7；弱风化、弱裂隙的中等坚硬岩石一般为 0.55～0.6。

$\sum W$——作用于坝体上全部荷载（不包括扬压力）在垂直方向的分值，kN。

U——作用在滑动面上的扬压力，kN。

$\sum P$——作用于坝体上全部荷载（不包括扬压力）在水平方向的分值，kN。

α——滑动面与水平面间夹角。

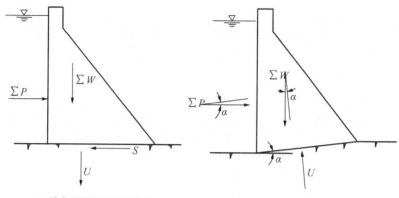

(a) 沿水平坝基面抗滑稳定　　　　　　　(b) 沿倾斜坝基面抗滑稳定

图 2-18　重力坝沿坝基抗滑稳定计算示意图

表 2-5　抗滑稳定安全系数 k 的最小值

安全系数	荷载组合	坝的级别		
		1	2	3
k	基本组合	1.10	1.05	1.05
	特殊组合①	1.05	1.00	1.00
	特殊组合②	1.00	1.00	1.00

注：特殊组合①为校核洪水情况；特殊组合②为地震情况。

（2）抗剪断强度公式

假定坝体与坝基之间涂有一层砂浆——"粘接"，计算时考虑粘结力的作用，故抗剪断强度公式为：

$$k' = \frac{f'(\sum W - U) + C'A}{\sum P} \qquad (2-14)$$

式中　k'——按抗剪断强度计算的抗滑稳定安全系数，计算值应不小于表 2-6 中的值；

　　　f'——坝体混凝土与坝基接触面的抗剪断摩擦系数；

　　　C'——坝体混凝土与坝基接触面单位面积上的抗剪断凝聚力，kPa；

　　　A——坝基接触面面积，m^2。

表 2-6　抗滑稳定安全系数 k' 的最小值

荷载组合	k'
基本组合	3.0
特殊组合①	2.5
特殊组合②	2.5

f' 和 C' 值是指野外现场试验测定峰值的小值平均值，选取时以此为基础，考虑室内试验结果（多数情况下 C' 的现场测值不很稳定，试件制备时的粘结状态与坝的实际情况有出入），结合现场情况，参照地质条件类似的工程经验，且考虑地基的处理效果，分析研究确定。

我国设计规范用统计方法给出了不同级别岩石的抗剪断参数，见表 2-7。

表 2-7 坝体混凝土与基岩接触面抗剪断参数参考值

岩石工程分级	岩石综合评价	基岩特征	抗剪断参数	
			f'	C'
I	很好的岩石	完整、新鲜、致密坚硬、裂隙不发育的块状或厚层状岩石，饱和抗压强度大于100MPa，变形模量大于 2×10^4MPa，声波纵波速大于 5 000m/s	1.2～1.5	1.3～1.5
II	好的岩石	完整、新鲜、致密坚硬、微裂隙的块状或厚层状岩石，饱和抗压强度大于 60～100MPa，变形模量大于（1～2）×10^4MPa，声波纵波速大于 4 000～5 000m/s	1.0～1.3	1.1～1.3
III	中等岩石	完整性较差、微风化的、微裂隙的、中等坚硬的块状或层状岩石，饱和抗压强度大于30～60MPa，变形模量大于（0.5～1）×10^4MPa，声波纵波速大于 3 500～4 500m/s	0.9～1.2	0.7～1.1
IV	较差的岩石	完整性较差、弱风化、弱裂隙的、较软弱的中厚层状岩石或节理不发育，但层理、片理较发育，易风化的薄层状岩石，饱和抗压强度大于 15～30MPa，变形模量大于（0.2～0.5）×10^4MPa，声波纵波速大于 2 500～3 500m/s	0.7～0.9	0.3～0.7

注：①本表不包括基岩内有软弱夹层的情况；

②混凝土与基岩接触面上的抗剪断参数不能超过混凝土本身的抗剪断参数值；

③对于 I、II级的岩石，如果建基面能做成较大的起伏差，则接触面上的抗剪断参数可采用混凝土的抗剪断参数。

说明：

抗剪强度公式：形式简单，概念明确，计算方便，多年来积累了丰富的经验，但公式中不考虑粘结力与实际不符（安全裕度含在假定中，$k = 1.0$ 并不意味着处于临界状态），且由于不考虑 C 的作用，因此计算的 k 值较小；

抗剪断强度公式：考虑抗滑力时，人为地把阻滑力看作摩擦力与抗剪力之和，充分考虑了维持稳定的所有潜力。因而要求的安全系数较大，在美、日等国家用得较多。且物理概念明确，也较符合实际，是近年来发展的趋势，《SL 319—2005 混凝土重力坝设计规范》也推荐采用，应注意抗剪断参数的选用。

2.4.2　增加坝体抗滑稳定性的措施

当坝体的稳定安全系数不满足规范要求时，可以采取以下措施提高坝体的抗滑稳定性。

（1）改变坝体剖面尺寸，增加坝体自重。

（2）将坝体的上游面做成倾向上游的斜面或折坡面，利用坝面上的水重增加坝的抗滑力，从而提高坝体稳定性，如图 2－19a。

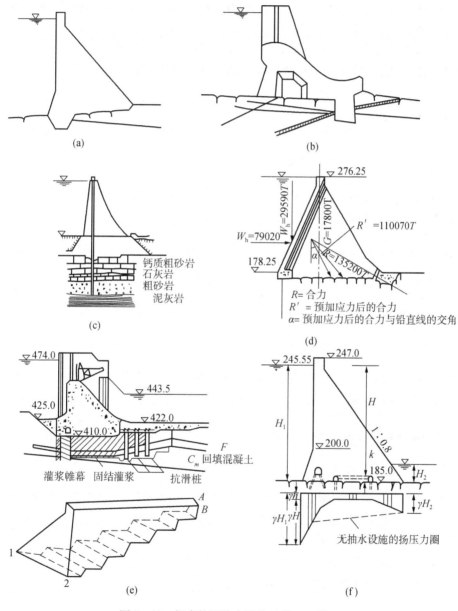

图 2－19　提高抗滑稳定性的几种工程措施

（3）将坝基开挖成稍向上游倾斜的斜面（如图 2－19a），增加抗滑力，但这样将增加坝踵开挖量，增大上游水压力，故较少采用。

（4）设齿墙。当坝基内有倾向下游的软弱面时，可在坝踵部位设置深入基岩的齿墙切断较浅的软弱面，增加坝体抗滑稳定性。有的工程采用大型的混凝土抗滑桩（见图 2 - 19b、图 2 - 19d）。

（5）设置排水系统，减小扬压力（见图 2 - 19e）。

（6）加固地基（如进行固结灌浆提高强度参数），提高坝基面的抗剪断参数（见图 2 - 19d）。

（7）横缝灌浆。对于岸坡坝段或坝基岩石有破碎带夹层时，将部分坝段或整个坝体的横缝进行局部或全部灌浆，形成整体，增加坝体的稳定性（见图 2 - 19f）。

（8）予应力锚固。在靠近坝体上游面，采用深孔锚固高强度钢索，并施加预应力，既可增加坝体的稳定性，又可消除坝踵处的拉应力（见图 2 - 19c）。

2.5 重力坝的应力分析

2.5.1 重力坝的应力计算主要内容

①计算坝体选定截面上的应力（应根据坝高选定计算截面，包括坝基面、折坡处的截面及其他需要计算的截面）；

②计算坝体削弱部位（如孔洞、泄水管道、电站引水管道部位等）的局部应力；

③计算坝体个别部位的应力（如闸墩、胸墙、导墙、进水口支承结构等）；

④需要时分析坝基内部的应力。

设计时可根据工程规模和坝体结构情况，计算上述内容的部分或全部，或另加其他内容。

2.5.2 重力坝的应力控制标准

（1）坝基面坝踵、坝趾的垂直应力应符合下列要求。

运用期：在各种荷载组合下（地震荷载除外），坝踵垂直应力不应出现拉应力，坝趾垂直应力应小于坝基容许压应力；在地震荷载作用下，坝踵、坝趾的垂直应力应符合《SL 203—水工建筑物抗震设计规范》的要求。

施工期：坝趾垂直应力可允许有小于 0.1MPa 的拉应力。

（2）坝体应力应符合下列要求。

运用期：坝体上游面的垂直应力不出现拉应力（计扬压力）；坝体最大主压应力，应不大于混凝土的允许压应力值；在地震情况下，坝体上游面的应力控制标准应符合《SL 203—水工建筑物抗震设计规范》的要求。

施工期：坝体任何截面上的主压应力应不大于混凝土的允许压应力。在坝体的下游面，可允许有不大于 0.2MPa 的主拉应力。

2.5.3 重力坝应力分析的材料力学法

重力坝的应力分析方法分为模型试验法和理论计算法两大类。模型试验法有光测方法如：偏振光弹性试验、激光全息试验、脆性材料电测法等；理论计算法有材料力学法、弹性理论的解析法、弹性理论的有限元法等。模型试验法因为费用大、历时长，对于中小型工程一般不采用。理论计算法中的材料力学法是一种近似计算方法，但因为有长期的实践经验，且计算简便，是规范中推荐的方法。下面主要介绍此方法。

2.5.3.1 基本假定

①坝体混凝土为均质、连续、各向同性的弹性体；

②将坝体简化为固结在地基上的变截面悬臂梁；

③不考虑地基变形对坝体应力的影响，并认为各坝段独立工作，横缝不传力；

④垂直正应力 σ_y 呈直线分布，水平正应力 σ_x 呈三次抛物线分布，剪应力 τ 呈二次抛物线分布。

2.5.3.2 边缘应力计算

一般情况下坝体的最大和最小应力都出现在坝面，因此，首先应校核坝体边缘应力是否满足强度要求。计算简图和应力、荷载的方向见图 2-20。

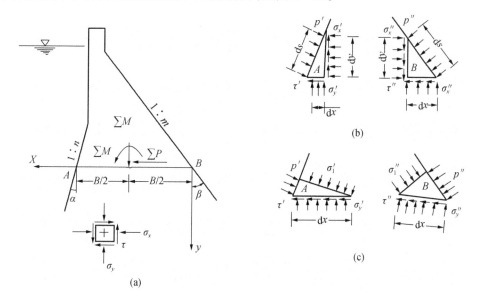

图 2-20 坝体应力计算简图

（1）水平截面上的垂直正应力 σ_y

因假定 σ_y 按直线规律分布，所以可以按材料力学的偏心受压公式计算上、下游边缘垂直正应力 σ_y' 和 σ_y''。

$$\sigma_y' = \frac{\sum W}{B} + \frac{6 \sum M}{B^2} (\text{kPa}) \qquad (2-15)$$

$$\sigma_y'' = \frac{\sum W}{B} - \frac{6 \sum M}{B^2} (\text{kPa}) \qquad (2-16)$$

式中　$\sum W$——作用于计算截面以上全部法向作用力的总和（向下为正），kN；

　　　　$\sum M$——作用于计算截面以上全部荷载对截面形心的力矩总和（逆时针方向为正），kN·m；

　　　　B——计算截面的底宽，m。

（2）剪应力

在求得上、下游边缘垂直正应力 σ_y' 和 σ_y'' 后，可以根据边缘微分体的平衡条件解得上、下游边缘剪应力 τ' 和 τ''。

$$\tau' = (p' - p_u^u - \sigma_y')n \ (kPa) \tag{2-17}$$

$$\tau'' = (\sigma_y'' + p_u^d - p'')m \ (kPa) \tag{2-18}$$

式中 p'、p''——分别为计算截面在上、下游坝面所承受的水压力强度（如有泥沙压力时，应计入在内）；

   n——上游坝坡；

   m——下游坝坡。

（3）水平正应力

在求得上、下游边缘剪应力 τ' 和 τ'' 后，可以根据平衡条件，求得上、下游边缘的水平正应力 σ_x' 和 σ_x''。

$$\sigma_x' = (p' - p_u^u) - (p' - p_u^u - \sigma_y')n^2 \tag{2-19}$$

$$\sigma_x'' = (p'' - p_u^d) + (\sigma_y'' + p_u^d - p'')m^2 \tag{2-20}$$

（4）主应力

如图 2-20c 所示，由上、下游边缘微分体，根据力的平衡条件，可求得上、下游边缘主应力分别如下：

上游面主应力 $\sigma_1' = (1 + n^2)\sigma_y' - (p' - p_u^u)n^2 \tag{2-21}$

$$\sigma_2' = p' - p_u^u \tag{2-22}$$

下游面主应力 $\sigma_1'' = (1 + m^2)\sigma_y'' - (p'' - p_u^d)m^2 \tag{2-23}$

$$\sigma_2'' = p'' - p_u^d \tag{2-24}$$

以上公式（2-17）～（2-20）适用于计及扬压力的情况。如不计及截面上扬压力的作用时，则上、下游面的各种应力计算公式中将 p_u^u 和 p_u^d 取值为 0。考虑地震荷载作用时，按《SL—203 水工建筑物抗震设计规范》有关规定计算。

2.6 溢流坝和坝身泄水孔

溢流重力坝既是泄水建筑物，又是挡水建筑物。因此它除了应满足挡水建筑物的稳定强度要求外，还应满足水流条件，解决好下泄水流对建筑物可能产生的空蚀、振动以及对下游的冲刷。

2.6.1 重力坝的泄水方式

2.6.1.1 坝顶溢流式

从坝顶过水，闸门承受水头较小，孔口尺寸可以较大；闸门全开时，下泄流量与水头的 3/2 次方成正比，超泄能力大；闸门启闭方便，易于检查修理；可以排冰及其他漂浮物，但不能预泄。如图 2-21 所示。

2.6.1.2 大孔口溢流式

利用胸墙挡水，减小闸门高度；可以根据洪水预报提前放水，从而提高调洪能力；低水位时胸墙不影响泄流,和坝顶泄流相同;胸墙可以做成活动式的,当遇特大洪水时,可将胸墙吊起来;库水位高出孔口一定高度时为大孔口泄流,超泄能力不如坝顶溢流式。

2.6.1.3 深式泄水孔

可向下游供水、预泄、放空、排沙和施工导流;流量与水头的次方成比例,超泄能力小;闸门承受水头高,操作、检修都比较复杂。

以上三种方式各有特色,应结合具体情况比较选择,一般可配合使用,但为简化结构、便于施工和运用,类型不宜过多。

2.6.2 混凝土溢流重力坝设计

2.6.2.1 溢流重力坝的剖面设计

溢流坝的基本剖面与非溢流坝相同。为了满足泄流要求,溢流坝顶部需做成曲线,顶部曲线的形状对泄流能力、水流条件和坝面是否遭受空蚀破坏都有很大的影响,重要工程一般需进行水工模型试验。顶部曲线后接直线段和反弧段与下游水流平顺连接,如图2-21所示。

(1) 溢流面顶部曲线

溢流堰面曲线视堰顶是否允许出现真空,有真空堰和非真空堰两种堰型,非真空堰曲线稍稍切入相应于薄壁堰的溢流水舌,使其在设计条件下坝面不致发生真空;真空堰较非真空堰瘦,堰面与溢流水舌脱开。

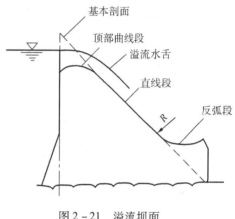

图 2-21 溢流坝面

《SL319—2005混凝土重力坝设计规范》规定:开敞式堰面堰顶下游堰面采用WES幂曲线,可按下式计算:

$$x^n = kH_d^{n-1}y \qquad (2-25)$$

式中 H_d——剖面定型设计水头,按堰顶最大作用水头H_{max}的75%~95%计算,m。

n——与上游堰坡有关的指数,见表2-8。

k——当$P_1/H_d > 1.0$时,k值见表2-8;当$P_1/H_d \leq 1.0$时,取$k = 2.0 \sim 2.2$,P_1为上游相对堰高,见图2-22。

x、y——原点下游堰面曲线横、纵坐标。

表2-8 堰面曲线参数

上游面坡度 $\dfrac{\Delta y}{\Delta x}$	k	n	R_1	a	R_2	b
3:0	2.000	1.850	$0.5H_d$	$0.175H_d$	$0.2H_d$	$0.282H_d$
3:1	1.936	1.836	$0.68H_d$	$0.139H_d$	$0.21H_d$	$0.237H_d$
3:2	1.939	1.810	$0.48H_d$	$0.115H_d$	$0.22H_d$	$0.214H_d$
3:3	1.873	1.776	$0.45H_d$	$0.119H_d$		

开敞式堰面堰顶上游堰头曲线可采用以下三种曲线。

①双圆弧曲线（如图 2-22 所示），图中各参数取值见表 2-7。

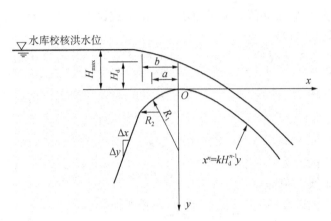

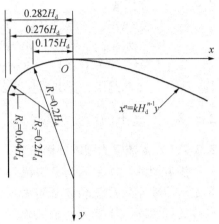

图 2-22　堰顶上游堰头为双圆弧
曲线、下游为幂曲线

图 2-23　堰顶上游堰头为三圆弧
曲线、下游为幂曲线

②三圆弧曲线（上游堰面铅直，如图 2-23 所示）。

③椭圆曲线（如图 2-24 所示）。

椭圆曲线方程可按下式确定：

$$\frac{x^2}{(aH_d)^2} + \frac{(bH_d - y)^2}{(bH_d)^2} = 1 \qquad (2-26)$$

式中，aH_d、bH_d 为椭圆曲线长半轴和短半轴，当 $\frac{P_1}{H_d} \geqslant 2$ 时，$a = 0.28 \sim 0.30$，$\frac{a}{b} = 0.87 + 3a$；当 $\frac{P_1}{H_d} < 2$ 时，$a = 0.215 \sim 0.28$，$b = 0.127 \sim 0.163$。上游堰面采用倒悬时，应满足 $H_d > \frac{H_{max}}{2}$，如图 2-24 所示。

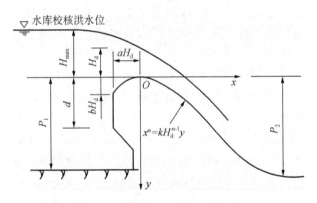

图 2-24　上游堰面倒悬，堰头为椭圆曲线，
下游为幂曲线

对于大孔口溢流的堰面曲线，当校核洪水情况下最大作用水头 H_{zmax}（图 2-25）与孔口高度 D 的比值 $H_{zmax}/D > 1.5$ 时，或闸门全开仍属孔口泄流时，应按孔口射流曲线设计溢流面，曲线方程为：

$$y = \frac{x^2}{4\varphi^2 H_d} \qquad (2-27)$$

式中　H_d——定型设计水头，一般取孔口中心至校核洪水位的 75%～95%；

　　　φ——孔口收缩断面上的流速系数，一般取 $\varphi = 0.96$，若有检修门槽取 $\varphi = 0.95$。

　　　若 $1.2 < \frac{H_{zmax}}{D} \leqslant 1.5$，堰面曲线应通过试验确定。

（2）直线段

直线段的坡度与非溢流坝下游坡度相同，上部与溢流曲线相切，下部与反弧段相切。

（3）反弧段

为使溢流坝面下泄水流与下游消能设施平顺连接，常在直线段后设置反弧段。反弧段半径应结合下游消能设施来确定。对不同的消能设施可选用不同的公式。

①对于挑流消能，可按下式求得反弧段半径：

$$R = (4 \sim 10)h \qquad (2 - 28)$$

式中，h 为校核洪水位闸门全开时反弧段最低点处的水深，m；反弧段流速 $v < 16m/s$ 时，可取下限，流速越大，反弧半径也宜选用较大值，以致取上限。

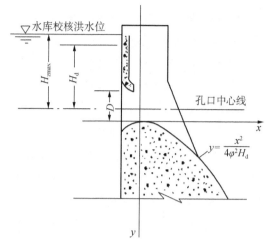

图 2 – 25　孔口射流曲线

②对于底流消能，反弧段半径可参照式（2 – 28）进行计算。

③对于戽流消能，反弧段半径 R 与流能比 $k = \dfrac{q}{\sqrt{g}E^{1.5}}$ 有关，一般选择范围为 $\dfrac{E}{R} = 2.1$

～8.4，E 为自戽底起算的总能头，m；q 为单宽流量，m³／（s·m）；g 为重力加速度，m/s²。E/R 与 k 的相关曲线如图 2 – 26 所示。

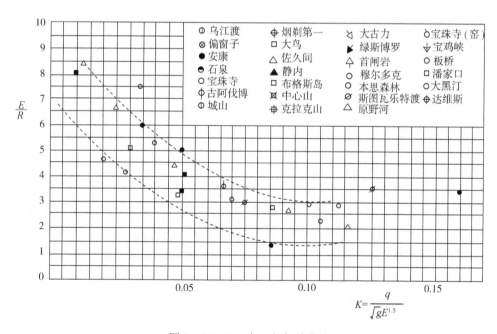

图 2 – 26　E/R 与 k 的相关曲线

在溢流面曲线段、直线段和反弧段确定后，可用基本剖面与溢流面曲线相拟合，形成如下几种可能的实用面，溢流坝的实用剖面见图 2 – 27。

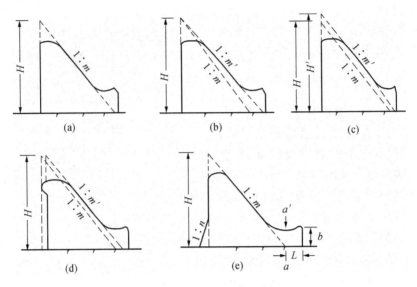

图 2 - 27 溢流坝的实用剖面

2.6.2.2 溢流坝的孔口尺寸

孔口尺寸拟定包括溢流坝段的前缘长度、孔数、单孔尺寸、孔口形式和坝顶高程等，应根据运用要求，通过调洪演算、水力计算和方案比较确定。一般分以下两种情况。

（1）已知设计洪水位和允许下泄流量

此时，可按下列顺序确定孔口尺寸：$q \rightarrow L \rightarrow H_0 \rightarrow$ 坝顶高程。

①单宽流量 q，单位为 $m^3/(s \cdot m)$。

单宽流量 q 是决定孔口尺寸的重要指标，当下泄流量 Q 一定时，q 越大，溢流坝的长度越短，交通桥、工作桥等造价也越低，但却增加了闸门、闸墩的高度，对下游消能防冲的要求也要相应提高。若选用过小的单宽流量，则增加溢流坝的造价和枢纽布置上的困难。国内外经验：对于软弱基岩常取 $q = 20 \sim 50 m^3/(s \cdot m)$；较好的基岩取 $q = 50 \sim 70 m^3/(s \cdot m)$；特别坚硬基岩取 $q = 100 \sim 150 m^3/(s \cdot m)$。近年来有继续加大的趋势。

②溢流坝泄水总净宽 L，单位为 m。

其值可根据下泄流量 Q 按下式确定：

$$L = Q/q \tag{2-29}$$

溢流坝泄水总净宽 L 确定后，可根据闸门的形式、适宜的宽度 b 与高度 H 的比例（常用的 $b/H = 1.5 \sim 2.0$）及运用要求、坝体分缝等因素选择闸孔数 n 和单孔净宽 b。当 n 不大时，最好采用奇数，以便泄放小流量时对称开启运用。溢流坝段总长度 L_0 可以根据孔数 n、单孔净宽 b 和闸墩厚度 d 按下式确定：

$$L_0 = L + (n+1)d = nb + (n+1)d \tag{2-30}$$

③堰顶水头 H_0，单位为 m。

堰顶水头可根据流量公式计算得到。当采用开敞式溢流坝泄流时，得

$$H_0 = \left(\frac{Q_{泄}}{m \varepsilon \sigma_m L \sqrt{2g}} \right)^{\frac{2}{3}} \tag{2-31}$$

式中 H_0——包括流速水头（$\frac{v^2}{2g}$）的堰顶总水头，m；

   $Q_{泄}$——从堰顶下泄的流量，m^3/s；

   L——溢流总净宽，m；

   m——流量系数，可从有关水力计算手册中查得；

   ε——侧收缩系数，根据闸墩厚度及闸墩头部形状而定，初设时可取 $0.90 \sim 0.95$；

   σ_m——淹没系数，视淹没程度而定；

   g——重力加速度，$9.81 m/s^2$。

堰顶高程 = 设计洪水位 − （$H_0 - \frac{v^2}{2g}$）= 设计洪水位 − H（堰顶净水头）。

当采用孔口泄流时，得

$$H = \left(\frac{Q_{泄}}{\mu A_k \sqrt{2g}}\right)^2 \qquad (2-32)$$

式中 H——自由出流时为孔口中心处的作用水头，m；淹没出流时为上下游水位差。

   μ——孔口或管道的流量系数，初设时对有胸墙的堰顶孔口，当 $\frac{H}{D} = 2.0 \sim 2.4$ 时

   （D 为孔口高度，m），取 $\mu = 0.74 \sim 0.82$；对深孔取 $\mu = 0.83 \sim 0.93$；当没有压流时，μ 值必须通过计算沿程及局部水头损失来确定。

（2）未知设计洪水位和允许下泄流量

在未知设计洪水位和下泄流量情况下，首先应根据建筑物等级确定设计洪水标准；然后根据下游防洪要求和地形地质条件选择单宽流量；再按上述第一种情况确定孔口尺寸。

如考虑泄水孔和其他水工建筑物（如电站）可分担一部分泄洪任务，则通过溢流坝顶的下泄流量 Q 为：

$$Q = Q_s - \alpha Q_0 \qquad (2-33)$$

式中 Q_s——下游河道的安全泄量或选定方案的最大下泄流量；

   Q_0——经泄水孔、电站、船闸等其他水工建筑物的下泄流量之和；

   α——安全系数，正常运用情况取 $0.75 \sim 0.90$，非常运用情况取 1.0。

2.6.3 重力坝的消能与防冲

通过坝体下泄的水流具有很大的能量，如处理不当，将导致下游河床和两岸严重冲刷，甚至塌陷和坝体失稳。因此，重力坝的消能防冲设计对于工程安全具有重要意义。

消能设计原则：①尽量增加水流的内部紊动；②限制水流对河床的冲刷范围。

消能方式有：底流消能、挑流消能、面流消能、消力戽消能。

2.6.3.1 底流消能

底流消能的工作原理是在坝趾下游设消力池、消力坎等，促使水流在限定范围内产生水跃，通过水流的内部摩擦、掺气和撞击消耗能量。见图 2-28。

底流消能工作可靠，但工程量较大，多用于低水头、大流量的溢流重力坝。有关计算公式见水力计算手册。

2.6.3.2 挑流消能

挑流消能的工作原理是利用鼻坎将水流挑向空中，并使其扩散，掺入大量空气，然后

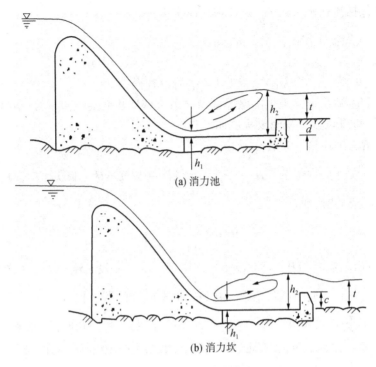

(a) 消力池

(b) 消力坎

图 2 – 28　底流消能措施

落入下游河床水垫，形成旋滚，消耗能量约 20%。起初冲刷河床，形成冲坑，达一定深度后，水垫加厚，冲坑趋于稳定。见图 2 – 29。

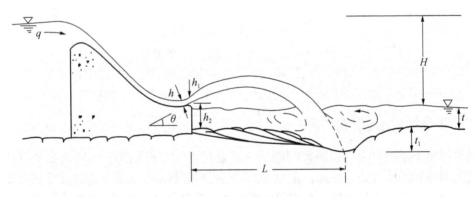

图 2 – 29　挑流消能示意图

设计内容包括：选择鼻坎形式、反弧半径、鼻坎高程、挑射角度。

鼻坎形式有连续式和差动式两种。连续式鼻坎构造简单，射程较远，水流平顺，不易产生空蚀，较经济和安全。反弧半径 R 一般取 $(8 \sim 10) h_c$；挑射角 $\theta = 20° \sim 35°$（θ 越大，挑射距离越远，入水角越大，冲坑越深；θ 减小，挑射距离近，入水角小，冲坑浅）；鼻坎高程一般高出下游最高水位 $1 \sim 2m$。

差动式挑坎使水流通过高低坎分为两股射出，在垂直方向有较大的扩散，水舌入水宽度增加，减少了单位面积上的冲刷能量，两股水流在空中互相撞击，掺气加剧。因此冲坑较连续式的浅，约减少 35%，但挑距将有所减小。主要缺点是高坎侧面极易形成负压而产生空蚀。

水舌挑距可按下式估算。

$$L = \frac{1}{g} \left[v_1^2 \sin\theta\cos\theta + v_1\cos\theta \sqrt{v_1^2 \sin^2\theta + 2g(h_1 + h_2)} \right] \qquad (2-34)$$

式中　L——水舌抛距，m，如有水流向心集中影响者，则抛距还应乘以 $0.90 \sim 0.95$ 的折减系数；

　　　v_1——坎顶水面流速，m/s，按鼻坎处平均流速 v 的 1.1 倍计，即

$$v_1 = 1.1v = 1.1\varphi \sqrt{2gH_0} \, ;$$

　　　θ——鼻坎的挑射角，°；

　　　h_1——坎顶垂直方向水深，m，$h_1 = h\cos\theta$（h 为坎顶平均水深，m）；

　　　h_2——坎顶至河床面高差，m，如冲坑已经形成，可算至坑底；

　　　φ——堰面流速系数。

最大冲坑水垫厚度按下式估算。

$$t_k = kq^{0.5}H^{0.25} \qquad (2-35)$$

式中　t_k——水垫厚度，自水面算至坑底，m；

　　　q——单宽流量，$\mathrm{m}^3/(\mathrm{s \cdot m})$；

　　　H——上下游水位差，m；

　　　k——冲坑系数，坚硬完整的基岩 $k = 0.9 \sim 1.2$，坚硬但完整性差的基岩 $k = 1.2 \sim 1.6$，软弱破碎、裂隙发育的基岩 $k = 1.6 \sim 2.0$。

最大冲坑水垫厚度 t_k 求得后，根据河床水深可求得最大冲刷坑深度 T。

挑流消能安全与否可根据水舌挑距 L 与最大冲坑深度 T 的比值 L/T 来判断。一般认为：基岩倾角较陡时，要求 $L/T > 2.5$；基岩倾角较缓时，要求 $L/T > 5.0$。

挑流消能适用于坚硬岩石上的高、中坝，低坝需经论证才能选用。当坝基有延伸至下游的缓倾角软弱结构面，可能被冲坑切断而形成临空面，危及坝基稳定，或岸坡可能被冲塌时，不宜采用挑流消能，或须做专门的防护措施。

2.6.3.3　面流消能

面流消能的工作原理是利用鼻坎将水流挑至水面（不是空中），在主流下面形成漩滚，从而达到消能的目的。其结构尺寸与挑流鼻坎不同之处是鼻坎较低（低于下游水位），挑射角 θ 小一些（$\theta = 10° \sim 15°$）。

面流消能适用于中、低坝，而下游水位较深，单宽流量变化范围小，水位变幅不大或有排冰和漂木要求的情况。其缺点是消能效率不高，下游水面波动大，影响电站稳定运行和通航。

2.6.3.4　消力戽消能

消力戽消能的工作原理是利用戽坎在水下的特点，使水流分别在戽内和戽后漩滚，形成"三滚一浪"，进而达到消能目的。见图 2-30。

消力戽消能的主要设计内容是确定反弧半径 R、戽坎高度 a 和挑射角 θ。

①反弧半径 R：R 增大，坎上水流出流条件好，戽内漩滚水体相应加大，对消能有利，但 R 太大，效果不显著，且戽体工程量加大。

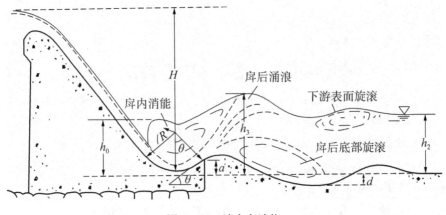

图 2-30 消力戽消能

②戽坎高度 a：戽坎应高于河床，以防泥沙杂物卷入戽内，一般取尾水深的 1/6。

③挑射角度 θ：大部分工程采用 $\theta = 45°$，也有采用 37°～40°，θ 增大易产生戽流，但涌浪高冲坑深；θ 减小，戽内漩滚易超出戽外，最好由试验确定。

④戽底高程：一般取与河床同高，原则上保证在各级流量和下游水位条件下均能发生稳定戽流。

优点：工程量比消力池省，冲刷坑比挑流消能小，不存在雾化问题。

缺点：下游水位波动较大，延绵范围较长，易冲刷河岸，对航运不利；底部漩滚会把河床砂石带入戽内，磨损戽面，增加维修费用。

消力戽消能适用于尾水较深且下游河床和两岸有一定抗冲能力的河道。

2.6.4 重力坝的深式泄水孔

重力坝的泄水孔一般位于深水之下，故又称深孔或底孔。可设在溢流坝段或非溢流坝段，主要由进口段、闸门段、孔身段、出口段和下游消能设施等组成。

2.6.4.1 泄水孔的类型

（1）按水流条件分为有压孔和无压孔两类。发电孔一般为有压孔，其他泄水孔可以是有压或无压的。有压孔工作闸门布置在出口，门后为大气，可部分开启，出口高程低，利用水头大，Q 大可使断面尺寸较小。但闸门关闭时，孔内承受较大的内水压力，对坝体的应力和防渗不利，常需钢板衬砌。无压孔工作闸门在进口，可以部分开启，关闭后孔道内无水，明流段可不用钢板衬砌，施工简便，干扰少，有利于加快进度。但断面尺寸大，削弱坝体。

（2）按所处高程分有：①中孔，位于坝高 1/3～2/3 范围内；②底孔，位于坝高底部 1/3 范围内。

（3）按布置的层数分：单层、多层（双层）。

2.6.4.2 泄水孔的体型设计

（1）坝身明流无压孔的体型设计

坝身明流孔的典型布置如图 2-31 所示。包含有较短的压力段和较长的明流段。压力段又分为进口段（ABC 段）、事故检修门槽段（DE 段）和压坡段（EF 段）三个部分，压坡段下游侧设工作闸门。检修闸门采用平板门，工作闸门则多采用弧形门。

明流段自上游至下游按顺序布置直线段、抛物线段和反弧段。

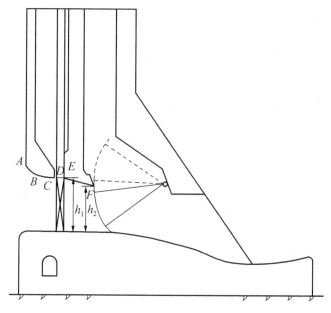

图 2 - 31　无压坝身泄水孔的典型布置

①进口段各部分的体型设计

进口段的顶部曲线可分为 AB 段和 BC 段。

AB 段：顶曲线宜采用椭圆曲线。椭圆的长半轴可取为进口段的孔高，短半轴可取为长半轴的 1/3，即 AB 段的曲线（如图 2 - 32 所示）的方程式可表示为

$$\frac{x^2}{(kh_1)^2} + \frac{y^2}{\left(\dfrac{kh_1}{3}\right)^2} = 1 \qquad (2 - 36)$$

式中　x、y——曲线的坐标轴；

　　　h_1——进口段末端的孔高，m；

　　　k——系数，通常取 $k = 1$，但为了使椭圆长、短半轴为整数，有时也可取 k 值稍大于 1.0。

BC 段为 AB 段的 1/4 椭圆在 B 点的切线，切点 B 的位置可由下式求得。

$$\begin{cases} \dfrac{x}{3\sqrt{(kh_1)^2 - x^2}} = J_1 \\[3mm] \dfrac{x^2}{(kh_1)^2} + \dfrac{y^2}{(kh_1/3)^2} = 1 \end{cases} \qquad (2 - 37)$$

式中，J_1 为切线 BC 的坡度，一般取 1:4.5～1:6.5。

进口段的顶部曲线亦可采用上述 AB 段的 1/4 椭圆，不设 BC 段。

侧面曲线：侧面曲线可采用 1/4 椭圆，曲线方程可取为：

$$\frac{x^2}{a_2^2} + \frac{y^2}{b_2^2} = 1 \qquad (2 - 38)$$

式中 b_2——可取为 $(0.22 \sim 0.27)B$，
B 为泄水孔的正常宽度；a_2 取
为 $3b_2$。

底部形式：可根据实际情况布置。

上游面 A 切点以上的垂直面高度，
不宜小于 1 倍进口段末端的孔高。CD
间：为一条空口，其宽度约为 5 倍止水
宽度。点 C 与点 E 应位于同一高程。

②事故检修门槽段

事故检修门槽段应选择体型较优且
初生空化数较低的门槽。

③压坡段

压坡段体型的选择应使压坡段不产
生负压为准，其顶坡宜取稍陡于 BC 段
的顶坡，可相应采用 $1:4 \sim 1:6$；高水头
的坝身泄水孔压坡段的顶坡宜取大值
$(1:4)$，水头较低或次要泄水建筑物，
可取小值 $(1:6)$。压坡段两端断面面积
之比可参照实际工程所选用的值确定。

当事故检修门的止水为下游止水
时，应注意在该段的首端设置通气孔。

④明流段

竖曲线段常设计为抛物线，抛物线
方程一般可采用

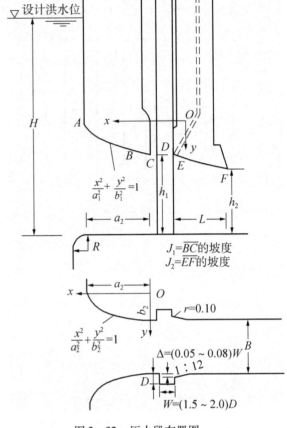

图 2 - 32 压力段布置图

$$y = \frac{g}{2(kv)^2\cos^2\theta}x^2 + x\tan\theta \qquad (2-39)$$

式中 θ——抛物线起点（坐标 x、y 的原点）处切线与水平方向的夹角，当起始段呈水平
时，则 $\theta = 0$；

v——起点断面平均流速；

g——重力加速度；

k——为防止负压产生而采用的安全系数，其值可在 $1.2 \sim 1.6$ 范围内选用，一般可
取 $k = 1.6$。

明流段的反弧段，一般采用单圆弧式，末端为挑坎，鼻坎高程应高于该处的下游水位
以保证发生自由挑流，但可略低于下游最高水位。

无压泄水孔洞身断面用矩形或城门洞形，留足够的净空，顶部距水面距离取最大流量
不掺气水深的 $30\% \sim 50\%$。

（2）有压坝身泄水孔的体型设计

有压坝身泄水孔的典型布置如图 2 - 33 所示，进口段形状与无压坝身泄水孔基本相
同，但工作门布置在出口端，事故检修门仍设在进口段之后；压坡段位于工作门上游，事

故检修门槽段与压坡段之间设有较长的有压平坡段。

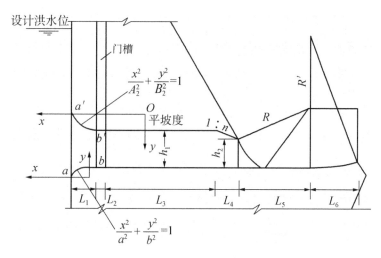

图 2 - 33　有压坝身泄水孔的典型布置

有压管身断面用圆形，过水能力强，周边应力较好。

检修闸门后和工作闸门前设有渐变段，由方→圆（进口段用）或由圆→方（出口段用），见图 2 - 34。

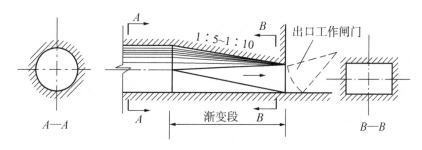

图 2 - 34　有压泄水孔出口渐变段

因施工较复杂，渐变段不宜太长，为满足水流平顺要求又不宜太短，故常取 $L = (1.5 \sim 2.0) D$。

（3）平压管和通气孔

为了减小检修闸门的启门力，常在坝体内部埋设平压管，其进水口设在上游坝面或检修闸门前，出口设在检修闸门后。闸门检修时首先关闭工作闸门，再关闭检修闸门，然后打开工作闸门并排除孔内积水，同时通过通气孔向孔内充气；检修完毕后，关闭工作闸门，打开平压管控制阀门向两闸门间充水，同时通气孔排气，待检修闸门两侧水压平衡后开启检修闸门，进入正常运行状态。

2.7　重力坝的地基处理

实际工程中，完整无缺的地基是很难找到的。基岩中可能存在着节理、裂隙、断层、夹层等软弱结构面，它们都会受到不同程度的破坏或降低了岩体的稳定性、强度及抗渗能力。为了保证大坝的稳定、强度以及防渗性，对地基的各种地质构造要进行处理。它主要包括两方面的工作：一是防渗；二是提高基岩强度（承载力）。其处理措施有：

（1）开挖和清理。开挖是将覆盖层和风化破碎的岩石挖掉。开挖的深度根据坝基应力、岩石强度、完整性、工期和费用、上部结构对地基的要求等综合研究确定。一般情况，对于70m以上的高坝需建在新鲜、坚固、稍有微风化的基岩上；70～30m的中坝可建在微风化至弱风化的基岩上。坝基开挖后，在浇筑混凝土前，要进行彻底、认真的清理和冲洗，清除松动石块，打掉突出的尖角，封堵原有勘探钻孔、探井等，清洗表面尘土、石粉。

（2）固结灌浆。固结灌浆的目的是为了提高基岩的整体性和弹性模量，减少基岩受力后的变形，提高基岩的抗压抗剪强度，降低坝体的渗透性，减少渗流量。灌浆范围包括应力较大的上下游部位、局部节理裂隙发育和破碎带及其附近的范围。灌浆孔的深度一般 5～8m，灌浆孔的间距 3～4m，排列形式为梅花形或井字形，见图 2-35。

（3）帷幕灌浆。为了降低坝基渗透压力，减少渗流量，在基础灌浆廊道上游沿坝轴线形成阻水幕即防渗帷幕。其深度：相对隔水层浅时，打至隔水层内 3～5m；相对隔水层深时，打至 (0.3～0.7) 倍坝高（相对隔水层是指单位吸水率 $\omega < 0.1\text{L/m}$，单位吸水率即指 1m 长的钻孔在 10^4kg/m^2 压力下一分钟内的吸水量）。

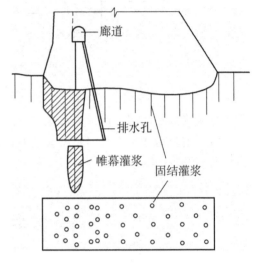

图 2-35　重力坝地基的灌浆

其厚度由承受的水力坡降而定。灌浆孔方向一般垂直向下，必要时有一定斜度（10°以内）与节理方向正交。

（4）坝基排水。因帷幕不能完全截断渗流，为进一步降低坝底的渗透压力，需设置坝基排水（打排水孔和设置基础排水廊道）。

（5）断层破碎带处理。断层破碎带由于强度低、弹性模量小，可能引起坝基产生不均匀沉陷和坝体开裂。破碎带如连通水库将使坝基渗透压力加大，在高压水作用下破碎带内的物质可能产生机械和化学管涌淘刷坝基，危及大坝安全，因此需进行处理。处理措施：①当破碎带倾角较大或与地面接近垂直时，在坝基面采用砼塞，塞深为 (1～1.5) 倍破碎带宽度；②对于倾角不大的破碎带处理除在坝基面做砼塞外，还需在其下部埋深部分进行斜井和平洞回填处理。见图 2-36。

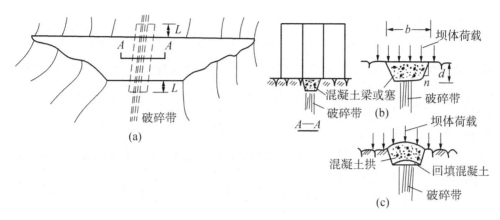

图 2 – 36　破碎带处理

2.8　其他类型重力坝

2.8.1　宽缝重力坝

宽缝重力坝由实体重力坝横缝"加宽"而成，坝基渗水从宽缝处排出，使扬压力减小，同时作用面积减小，比实体重力坝可节省材料 $10\% \sim 20\%$。其剖面形式及构造特点见图 2 – 37。

宽缝重力坝的优点：①宽缝的存在增加侧向天然散热面，加快散热过程，有利于温度控制；②坝段内厚度减薄，有利于充分利用材料强度；③坝内有宽缝便于观测检查。

缺点：①模板用量增加，倒悬模板拆装麻烦，施工复杂；②气温变化剧烈的地区，易产生表面裂缝。

缝宽 $2S = (20 \sim 40)\% L$。太小，宽缝的优点不明显；太大，坝体腹部易产生拉应力；宽缝高：满足施工导流、厂房引水管、稳定等要求。

稳定分析方法同实体重力坝。

应力分析严格地讲是三维问题。实践经验表明，宽缝坝的应力分布接近平面状态，只是局部应力分布复杂。分析时整体作为厚度变化的平面问题来处理，整体应力分析用材料力学法，截面简化为工字形，假定坝体应力沿坝轴线厚度方向均匀分布，σ_y 呈直线分布。

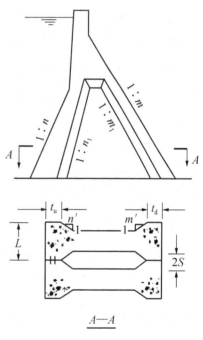

图 2 – 37　宽缝重力坝

2.8.2 碾压混凝土重力坝

碾压混凝土重力坝是利用自卸汽车、皮带输送干贫混凝土入仓，推土机平仓薄层大仓面浇筑，用高效振动碾分层碾压而筑成的坝。采用了常态实体重力坝的形式、土坝施工的方法，与常态混凝土坝相比其优点是：构造简单，施工方便，建筑速度快，经济效益高；缺点：防渗、防冻、抗裂性能差。

碾压砼坝设计时应考虑如下几个方面：

1）为了满足稳定、散热要求，水泥用量减少，密度降低，为稳定计采用振动碾碾压，底部及两岸连接部位不平整，需垫常规砼；廊道、管道周围应满足应力要求，需设在常态砼内，发电引水钢管用坝后背管，坝内部分设在常态砼内；可以设横缝，也可不设。设缝时稳定分析同前；不设时按整体计算。横缝在碾压后凝固前用振动切缝机切成，缝内可充填聚氯乙烯板。

2）满足强度要求有三种配比材料：①贫胶凝材料，胶凝材料 $60\sim80kg/m^3$ 砼，粉煤灰占 30%；②中胶凝材料，低粉煤灰碾压砼，胶凝材料 $120kg/m^3$ 砼，粉煤灰 20%～30%；③富胶凝材料，高粉煤灰碾压砼，胶凝材料 $150kg/m^3$ 砼，粉煤灰 50%。以低粉煤灰用得最多。

施工质量用稠度（拌和物从开始振动至表面泛浆所需的时间，以秒计。VC = 10～25s，坝工中采用的 VC≈15s）控制，即用 VC 值控制。VC 值用维勃稠度测定仪测定。

3）满足防渗要求，加入粉煤灰后的层面防渗性能不如常态砼，水平向渗透系数远大于垂直向的，常采取三种方式设防渗层。

（1）"金包银"式，坝体的上下游面、底部用常规砼，内部用碾压砼。"金"的厚度由抗渗、抗冻、抗冲耐磨、强度、构造和施工要求决定，上游面不小于 2.5m。廊道、管道周围用钢筋砼，其他部位用碾压砼。粉煤灰含量 30%，碾压层厚 0.75～1m。这种形式水泥用量相对较多，施工干扰较大，造价相对高一些。

（2）用常规砼作模板兼坝面防护层，内部用高粉煤灰掺量的碾压砼，粉煤灰占胶凝材料总量的 70%，填筑时采用薄层连续碾压，层面不进行处理，多数不设横缝。这种形式基本上是从现代碾压土石坝演变而来。

（3）剖面大部分为碾压砼，防渗采用下列四种措施之一：

①设沥青防渗层，用预制钢筋混凝土板做护面，如我国的坑口坝；

②敷设合成橡胶防渗薄板，如复合土工膜；

③喷涂低黏度聚合物防渗层；

④在上游面安装预制空格模板，随坝体上升在其中浇常规砼，或预填骨料，然后灌浆，形成防渗板。

上述四种形式，显示出不同的指导思想，其结果也有差别，工程界较为一致的认识为坝体内应少设廊道和孔洞；设廊道时要有可靠的止水措施，使廊道与坝体柔性连接。为保证质量，可在碾压后"挖出"廊道，回填无胶凝材料的骨料，继续填筑，工程完工后再挖掉回填骨料形成廊道和孔洞；基岩两岸部位，填常规砼以形成仓面；不设纵缝；不设冷却水管。

4）发展过程中争论的问题：①横向收缩缝的必要性问题；②上游面的处理问题；③

碾压层厚度和层间水平施工缝的处理问题；④合适的骨料组成与混凝土配合比问题；⑤坝身排水设施及廊道设置问题；⑥关于裂缝的发生和分析问题。

2.8.3　支墩坝

支墩坝由一系列独立的支墩和挡水面板组成，支墩顺坝轴线排列，上游面设挡水面板，遮断河谷，形成挡水面。库水压力的传递由面板→支墩→地基。其工作原理是利用水重和自重在坝基面产生的摩擦力来抵抗水平水压力而维持稳定。根据挡水面板的形状可将支墩坝分为如下三种形式，见图 2-38。

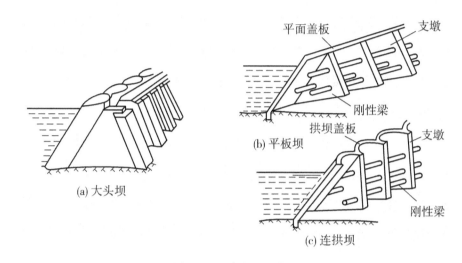

图 2-38　支墩坝的类型

2.8.3.1　平板坝

这是支墩坝的最早形式，常用的是简支式平板坝。它的面板是一个平面，平板与支墩在结构上互不相连。优点：①平板的迎水面上不产生拉应力；②对温度变化的敏感性差；③地基变形对坝身应力分布影响不大，对地基要求不十分严格。适用场合：地基不均匀变化较大，坝高 40m 以下的坝。

2.8.3.2　连拱坝

由于平板坝的面板受力条件不好，需将面板的形式加以改进。砼的抗压性能好，所以可以把平面的面板改为圆弧面板（拱），即连拱。在河谷较宽时，若采用拱坝，拱作用得不到充分发挥，且砼方量多（中心角越大，弧长越长）。将面板做成拱形的，其受力条件较好，能较好地利用材料强度。如我国的梅山连拱坝 1956 年建成，坝高 88.24m，是当时世界上最高的，它比美国 1938 年建造的巴特勒（Bartlett）坝（87.19m）高 1.05m，见图 2-39；佛子岭连拱坝高 74.4m，见图 2-40。现在世界上最高的是 20 世纪 60 年代初期开始建造的加拿大旦尼尔约翰逊（Daniel Johnson）连拱坝，高 214m。它的混凝土体积仅为同等高度重力坝的一半。

适用场合：连拱坝是空间超静定结构，对地基变形、温度变化较敏感，故对地基要求相对要高。

图 2 - 39 梅山连拱坝

图 2 - 40 佛子岭连拱坝

（3）大头坝

大头坝介于宽缝重力坝和轻型支墩坝（平板坝和连拱坝）之间，属于大体积砼结构，其具有宽缝重力坝和轻型支墩坝两者的优点，表现在：①钢筋用量少（2～3kg/m³ 砼），而平板坝和连拱坝钢筋用量为 30～40kg/m³ 砼；②砼体积小，砼体积随坝高变化，高度 H 增大，砼体积减小（$H=40m$ 时，节省 30%；$H=100m$ 时，节省 40%）；③坝顶可以溢流，单宽流量 q 可达 100m³/s，如湖南柘溪大头坝单宽流量为 136m³/s。

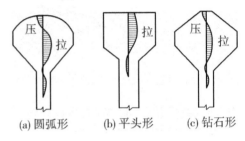

图 2 - 41 大头坝的头部形式

大头坝形式见图 2 - 41。

平头形施工方便，但应力条件不好，挡水面常有抗应力，近代较少采用；圆弧形水压力环向辐射，应力情况好，但模板复杂；折线式（或叫钻石形）兼有以上两者优点，应力情况接近圆弧形，施工也较方便，我国已建的大头坝都采用这种形式。

支墩形式见图 2 - 42。

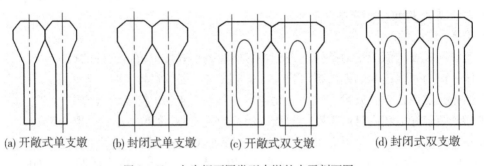

图 2 - 42 大头坝不同类型支墩的水平剖面图

开敞式单支墩结构简单，施工方便，便于观察检修，但侧向刚度较低，寒冷地区保温条件差；封闭式单支墩这种形式是将支墩下游面扩大后互相紧贴而成，较为多用。优点：侧向刚度较高，墩间空腔封闭保温条件好，适用于地震地区和寒冷地区，溢流布置方便，采用最广泛。开敞式双支墩侧向刚度高，可改变头部应力状态，但施工复杂；封闭式双支墩侧向刚度最高，施工最复杂，目前采用不多。

引例分析

1. 非溢流坝剖面设计

（1）坝顶高程的确定

①设计洪水情况

波浪高度 $2h_L = 0.0166 v^{\frac{5}{4}} D^{\frac{1}{3}} = 0.0166 \times (1.5 \times 19)^{5/4} \times 3^{1/3} = 1.577$ （m）

波浪长度 $2L_L = 10.4 (2h_L)^{0.8} = 10.4 \times 1.577^{0.8} = 14.97$ （m）

波浪中心线到静水面的高度

$$h_0 = \pi (2h_L)^2 / 2L_L = 3.14 \times 1.577^2 / 14.97 = 0.52 \text{ （m）}$$

查得安全超高（Ⅱ级建筑物）$h_c = 0.5$ （m）

坝顶高出水库静水位的高度

$$\Delta h_{设} = 2h_L + h_0 + h_c = 1.577 + 0.52 + 0.5 = 2.6 \text{ （m）}$$

设计洪水情况时坝顶或防浪墙顶高程为 $183.00 + 2.6 = 185.6$ （m）

②校核洪水情况

波浪高度 $2h_L = 0.0166 \times 19^{5/4} \times 3^{1/3} = 0.95$ （m）

波浪长度 $2L_L = 10.4 \times 0.95^{0.8} = 9.98$ （m）

波浪中心线到静水面的高度 $h_0 = 3.14 \times 0.95^2 / 9.98 = 0.284$ （m）

查得安全超高（Ⅱ级建筑物）$h_c = 0.4$ （m）

坝顶高出水库静水位的高度 $\Delta h_{设} = 0.95 + 0.28 + 0.4 = 1.63$ （m）

校核洪水情况时坝顶或防浪墙顶高程为 $184.73 + 1.63 = 186.36$ （m）

选取上述两种情况下的较大值，并取防浪墙高度为 1.36m，则坝顶高程为

$$186.36 - 1.36 = 184.73 \text{ （m）}$$

最大坝高为 $184.73 - 143.00 = 41.73$ （m）

（2）非溢流坝剖面尺寸的拟定

坝剖面尺寸的拟定应考虑管理和运用的需要，要满足地形、地质、水力条件和结构上的要求，再通过稳定和强度校核，分析是否满足安全和经济要求。

坝顶宽度：因枢纽位置在山区峡谷，无交通要求，按构造要求取坝顶宽度 5m，若坝需维修，按临时通车也能满足要求。

坝坡的确定：考虑坝利用部分水重增加稳定，根据工程经验，上游坡采用 1:0.15，下游坡按坝底宽度约为坝高的 0.7～0.9 倍，挡水坝段采用 1:0.65。

上、下游折坡点位置的确定：由于坝身要布置电站引水管，上游折坡点高程定在孔口底板高程以下，由死水位 172.0m，考虑淹没深度要求，可推出折坡点高程为 167.00m。

下游折坡点按地形和节省开挖的要求，定在 178.00m 高程。初拟非溢流坝剖面如图 2－43 所示。

（3）坝体构造

坝顶构造：防浪墙设在坝顶上游面，墙顶高程 186.36m，厚 0.3m 的钢筋混凝土结构，在坝体横缝处设伸缩缝。坝顶下游侧设栏杆，照明设施的灯柱同栏杆一块考虑。坝顶呈龟

背形，以5%坡度向两侧倾斜。

分缝和止水：两岸挡水坝段结合地形按20m左右设置横缝。横缝止水上游设置两道止水片和一道防渗沥青井，缝中填塞沥青玛蹄脂。止水片用止铜片或不锈钢片，伸入两边坝体长度0.2m，伸入基岩0.3～0.5m，并用混凝土固定。

廊道：基础灌浆廊道采用尺寸为2.5m×3.0m（宽×高）上圆下方的标准廊道，廊道底高程 $143.0 + 1.5 \times 2.5 = 146.75$ （m），取147.0m，距上游边缘距离4m，坝轴线方向沿地形向两岸逐渐抬高，倾斜度不大于40°，两岸下游洪水位以上均设有进、出口。

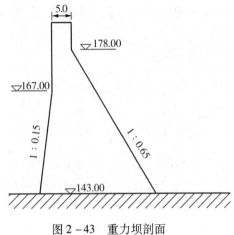

图2-43 重力坝剖面

坝体排水：沿坝轴线方向布置一排预制多孔混凝土竖向排水管，间距3.5m，距上游面2.5m，直径0.15m，并与廊道连通。横向排水管坡降 $i = 1/200$，管入口与廊道的集水沟相连，出口通向下游。管径0.25m，间距在与坝的分段相适应的前提下按30～50m左右进行布置。

（4）坝基处理

坝基开挖：坝基面在主河槽挖至143.00m高程，原设计挖到半风化岩石，已是微风化层。

坝基帷幕灌浆：在坝址地质剖面图上找出相对隔水层，帷幕深度到130.00m高程。设一排帷幕孔，钻孔斜向上游，倾角控制在5°以内，孔距3m。

坝基排水：坝基主排水孔设在防渗帷幕下游2m处，间距0.8倍帷幕孔距，即2.4m，孔径0.15m，深达133.0m高程（满足中坝不小于10m的要求）。次排水孔在厂房坝段设两排，孔距4m，孔深至137.0m高程。主排水孔所排之水直接进入排水廊道，次排水管的渗水由横向排水沟（管）排向下游。

2. 非溢流坝稳定和应力计算

以正常蓄水位情况为例，进行荷载计算、稳定性计算和应力计算。

荷载计算见表2-9。表中荷载符号及方向如图2-44所示。

基本参数取值：渗透压力折减系数，河床坝段取0.2，岸坡坝段取0.3。混凝土的重度取24kN/m³，水的重度取10kN/m³。泥沙淤积高程按50年淤积考虑，预计高程为157.0m，泥沙内摩擦角18°，堆积重度9.5kN/m³。

抗滑稳定性验算： $\sum W = 14\ 666.68$ （kN），$\sum P = 7\ 765.6$ （kN）

$$k = \frac{f' \cdot \sum W + c'A}{\sum P} = \frac{0.8 \times 14\ 666.68 + 500 \times 31.35}{7\ 765.6} = 3.53 > 3.0$$

满足要求。

坝基面强度验算： $\sum W = 14\ 666.68$ （kN），$\sum P = 7\ 765.6$ （kN），$\sum M = -37\ 602$ （kN·m）

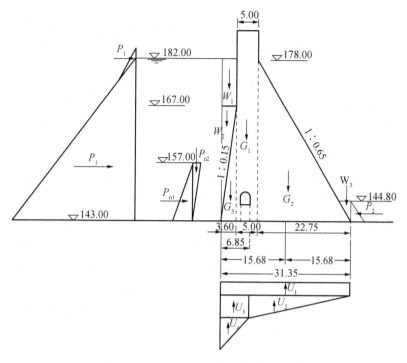

图 2－44 荷载计算简图（图中尺寸及标高单位：m）

$$上游边缘正应力 \ \sigma_y' = \frac{\sum W}{T} + \frac{6 \times \sum M}{T^2} = \frac{14\ 666.68}{31.35} - \frac{6 \times 37\ 602}{31.35^2} = 238.3 \ （kPa） \quad > 0$$

$$下游边缘正应力 \ \sigma_y'' = \frac{\sum W}{T} - \frac{6 \times \sum M}{T^2} = \frac{14\ 666.68}{31.35} + \frac{6 \times 37\ 602}{31.35^2} = 679.4 \ （kPa）$$

上游边缘正应力 $\sigma_y' > 0$，下游边缘正应力小于坝基容许压应力，满足强度要求。

表 2－9　载荷计算

荷载		计算式	垂直力（kN）		水平力（kN）		对坝底中点力臂（m）	力矩（kN·m）	
			↓	↑	→	←		↺	↻
自重	G_1	$5 \times 42 \times 24$	5 040				$15.675 - 3.6 - 5/2 = 9.575$	48 258	
	G_2	$\frac{1}{2} \times 22.75 \times 35 \times 24$	9 555				$15.675 - \frac{2}{3} \times 22.75 = 0.508$		4 857
	G_3	$\frac{1}{2} \times 3.6 \times 24 \times 24$	1 036.8				$15.675 - \frac{2}{3} \times 3.6 = 13.275$	13 763.5	
水压力	P_1	$\frac{1}{2} \times 10 \times 39^2$			7 605		$\frac{1}{3} \times 39 = 13$		98 865
	P_2	$\frac{1}{2} \times 10 \times 1.8^2$				16.2	$\frac{1}{3} \times 1.8 = 0.6$	9.72	
水重	W_1	$15 \times 3.6 \times 10$	540				$15.675 - \frac{3.6}{2} = 13.875$	7 492.5	
	W_2	$\frac{1}{2} \times 3.6 \times 24 \times 10$	432				$15.675 - \frac{3.6}{3} = 14.475$	6 253.2	
	W_3	$\frac{1}{2} \times 1.17 \times 1.8 \times 10$	10.53				$15.675 - \frac{1.17}{3} = 15.285$		161

荷载		计算式	垂直力（kN）		水平力（kN）		对坝底中点力臂（m）	力矩（kN·m）	
			↓	↑	→	←		↺	↻
浪压力	P_L	$\frac{1}{2}\left(\frac{14.97}{2}+1.577+0.52\right)\times\frac{14.97}{2}\times10$			358.6		$39-7.485+\frac{1}{3}(7.485+0.52+1.577)=34.709$		12 446.6
		$\frac{1}{2}\times10\times\left(\frac{14.97}{2}\right)^2$				280.1	$39-\frac{2}{3}\times7.485=34.01$	9 526.2	
泥沙压力	P_{n1}	$\frac{1}{2}\times9.5\times14^2\times\tan^2 18°$			98.3		$\frac{1}{3}\times14=4.67$		458.7
	P_{n2}	$\frac{1}{2}\times9.5\times0.15\times14^2$	139.65				$15.675-\frac{0.15\times14}{3}=14.975$	2 091.3	
扬压力	U_1	$10\times1.8\times31.35$	564.3				0	0	0
	U_2	$\frac{1}{2}\times0.2\times37.2\times10\times24.5$	911.4				$\frac{2}{3}\times(31.35-6.85)-15.675=0.66$		600
	U_3	$10\times0.2\times37.2\times6.85$	509.64				$15.675-\frac{6.85}{2}=12.25$	6 243.1	
	U_4	$\frac{1}{2}\times6.85\times0.8\times37.2$	101.93				$15.675-\frac{6.85}{3}=13.39$	13 65	
小计			16 754	2 087.3				87 394.42	124 996.4
合计			$\sum W=14\,666.7$		$\sum P=7\,765.6$			$\sum M=37\,602$	

3. 溢流坝剖面设计

（1）剖面拟定

① 孔口尺寸

在水文计算中采用孔口净宽为 60m，堰顶高程为 176m 进行调洪计算，得此时下泄流量，设计洪水时 $Q=2\,243\text{m}^3/\text{s}$，校核洪水时 $Q=3\,124\text{m}^3/\text{s}$。校核洪水时的最大单宽流量为：$q_{校}=3\,124/60=52.07\text{m}^3/(\text{s}\cdot\text{m})$。由于本工程坝基为花岗岩，属较好地基，适用于 $q=50\sim80\text{m}^3/(\text{s}\cdot\text{m})$ 的范围。该值是下限值，由于水库上游 25km 处有某县城，属重点保护对象，限制了洪水期的回水淹没，所以不再修改。根据目前大中型坝的闸门宽度常用 $8\sim16\text{m}$，为了保证泄洪时闸门对称开启，设 5 孔闸门，每孔宽 12m。

②坝面曲线设计

定型设计水头 H_d 的选取：校核洪水位为 184.73m，堰顶高程为 176m，所以堰上最大水头 $H_{max}=184.73-176=8.73$（m），取定型设计水头 $H_d=H_{max}\times95\%=8.3$（m）。

堰顶上游侧采用椭圆曲线，其方程为

$$\frac{x^2}{(aH_d)^2}+\frac{(bH_d-y)^2}{(bH_d)^2}=1$$

根据闸门布置的要求，取 $a=0.3$，即

$$a/b=0.87+3a=0.87+3\times0.3=1.77，故\ b=0.17$$
$$aH_d=0.3\times8.3=2.49，\quad bH_d=0.17\times8.3=1.41$$

所以，椭圆曲线方程为

$$\frac{x^2}{2.49^2} + \frac{(1.41 - y)^2}{1.41^2} = 1$$

上游坝面176m以上垂直，以下坡度与非溢流坝相同，为1:0.15。

堰顶溢流曲线采用幂曲线，方程为

$$x^{1.85} = 2H_d^{0.85}y = 2 \times 8.3^{0.85}y = 12.085y$$

坐标原点设在曲线顶点。

取直线斜率$m = 0.72$，直线与堰顶曲线相切，切点坐标（x_c、y_c）可从微分概念入手，推导出如下公式

$$x_c = AH_d(\tan\theta_1)^a, \quad y_c = BH_d(\tan\theta_1)^b$$

其中：$A = 1.096$，$B = 0.592$，$a = \dfrac{1}{0.85}$，$b = 2.176$，$\tan\theta_1 = \dfrac{1}{m} = \dfrac{1}{0.72}$

故$\theta_1 = 54°14'46''$

$$x_c = 1.096 \times 8.3 \times \left(\frac{1}{0.72}\right)^{\frac{1}{0.85}} = 13.39 \ (\text{m})$$

$$y_c = 0.592 \times 8.3 \times \left(\frac{1}{0.72}\right)^{2.176} = 10.04 \ (\text{m})$$

直线和反弧切点D（x_D、y_D）和反弧圆心坐标O（x_o，y_o）的确定：

根据鼻坎高于下游水位1m左右的要求，确定鼻坎高程为$\nabla_{坎} = 154.00\text{m}$。

根据工程经验和实验成果，取挑射角$\theta = 26°$。

根据工程等级确定消能防冲设计洪水频率为$P = 2\%$，相应上游水位为182.55m，下游水位为150.9m，下泄流量为2 030m^3/s。

下游河床高程为144.0m。

闸墩厚取$d = 2\text{m}$，孔数$n = 5$，单孔宽$b = 12\text{m}$，则

鼻坎处单宽流量$q_{坎} = \dfrac{Q}{nb + (n-1)d} = \dfrac{2\ 030}{68} = 29.85 \ \text{m}^3/(\text{s}\cdot\text{m})$

初拟反弧半径$R = 8.5\text{m}$，此时反弧最低点高程为

$$\nabla = \nabla_{坎} + R\cos\theta - R = 154.0 + 8.5\cos26° - 8.5 = 153.14 \ (\text{m})$$

$$k_E = \frac{q_{坎}}{\sqrt{g}E^{1.5}} = \frac{29.85}{\sqrt{9.81} \times (182.55 - 153.14)^{1.5}} = 0.059\ 8$$

$$\varphi = \sqrt[3]{1 - 0.055/K_E^{0.5}} = \sqrt[3]{1 - 0.055/0.059\ 8^{0.5}} = 0.919$$

$$S = 上游水位 - 反弧最低点高程 = 182.55 - 153.14 = 29.41 \ (\text{m})$$

反弧最低点处流速$v = 1.1\varphi\sqrt{2gS} = 1.1 \times 0.919 \times \sqrt{2 \times 9.81 \times 29.41} = 24.28 \ (\text{m/s})$

反弧最低点处水深$h_c = q/v = 29.85/24.28 = 1.23 \ (\text{m})$

为了保证有较好的挑流条件，反弧半径R至少应大于反弧最低点处水深h_c的5～6倍，故取反弧半径$R = 8.5\text{m}$是符合要求的。

反弧圆心点高程$\nabla_O = \nabla_{坎} + R\cos\theta = 154.0 + 8.5\cos26° = 161.64 \ (\text{m})$

圆心O的y坐标：$y_O = 176.0 - 161.64 = 14.36 \ (\text{m})$

直线和反弧切点D为

$$y_D = R\cos\theta_1 + y_0 = 8.5 \times \cos54°14'46'' + 14.36 = 19.33(\text{m})$$

$$x_D = x_c + \frac{y_D - y_c}{\tan\theta_1} = 13.39 + (19.33 - 10.04) \div \left(\frac{1}{0.72}\right) = 20.08(\text{m})$$

圆心 O 的 x 坐标为：$x_0 = x_D + R\sin\theta_1 = 20.08 + 8.5 \times \sin54°14'46'' = 26.98$ （m）

溢流坝剖面如图 2 - 46 所示。

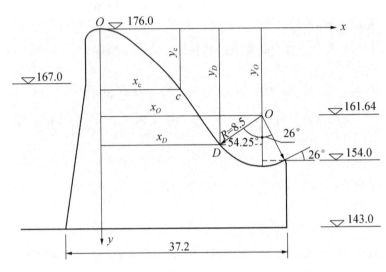

图 2 - 45　溢流坝剖面

③溢流坝坝底宽度

鼻坎到堰顶的水平距离为：

$$x_顶 - x_坎 = x_0 + 8.5\sin\theta = 26.98 + 8.5\sin26° = 30.71 （\text{m}）$$

附加上鼻坎处削角厚度 0.4m，堰顶上游侧椭圆段水平距离 2.49m，上游坡度水平投影距离 3.6m，则整个坝基宽为

$$B = 3.6 + 2.49 + 30.71 + 0.4 = 37.2(\text{m})$$

（2）水力计算

①溢流坝面过水能力验算

计算公式　　　$Q = \sigma_m \varepsilon m L \sqrt{2g} H_0^{\frac{3}{2}}$

通过设计洪水（$p=1\%$）时，淹没系数 $\sigma_m = 1$，堰顶水头 $H_0 = 183 - 176 = 7$ （m）

流量系数 m 的确定：根据重力坝设计规范，幂曲线 $m_d = 0.49$

由 $\frac{H}{H_d} = 7/8.3 = 0.84$，查规范得 $\frac{m}{m_d} = 0.98$，故 $m = 0.49 \times 0.98 = 0.48$

侧收缩系数 ε，由水力学教材查得

$$\varepsilon = 1 - 0.2[\xi_k + (n-1)\xi_0] \times H_0/(nb)$$

用半圆形墩头时，$\xi_k = 0.7$，$\xi_0 = 0.39$

所以　　　$\varepsilon = 1 - 0.2[0.7 + (5-1) \times 0.39] \times 7/(5 \times 12) = 0.947$

$$Q = 0.48 \times 0.947 \times 60 \times \sqrt{2 \times 9.81} \times 7^{\frac{3}{2}} = 2\,237.4 （\text{m}^3/\text{s}）$$

误差为 $\frac{2\,243 - 2\,237.4}{2\,243} \times 100\% = 0.25\% < 5\%$，满足泄洪能力要求。

通过校核洪水时，$H_0 = 184.73 - 176 = 8.73$（m）

$\dfrac{H}{H_d} = 8.73/8.3 = 1.05$，查规范得 $\dfrac{m}{m_d} = 1.006$，故 $m = 0.49 \times 1.006 = 0.493$

边闸墩形状系数 $\xi_k = 0.7$，$\xi_0 = 0.398$，则

$$\varepsilon = 1 - 0.2[0.7 + (5-1) \times 0.398] \times 8.73/(5 \times 12) = 0.933$$

$$Q = 0.493 \times 0.933 \times 60 \times \sqrt{2 \times 9.81} \times 8.73^{\frac{3}{2}} = 3\,153 \ (\text{m}^3/\text{s})$$

误差为 $\dfrac{3\,153 - 3\,124}{3\,124} \times 100\% = 0.9\% < 5\%$，满足泄洪能力要求。

通过2%洪水时，$H_0 = 182.55 - 176 = 6.55$（m）

计算得 $m = 0.477$，$\varepsilon = 0.95$，$Q = 2\,019$（m³/s）

误差为 $\dfrac{2\,030 - 2\,019}{2\,030} \times 100\% = 0.5\% < 5\%$，满足泄洪能力要求。

（3）稳定性和应力计算

计算方法同非溢流坝。请同学们自己计算。

技能训练

1. 填空题

（1）重力坝主要依靠_____产生的_____来满足坝体稳定要求。

（2）重力坝按其结构形式分类，可分为_____、_____和_____。

（3）扬压力是由上、下游水位差产生的_____和下游水深产生的_____两部分组成。

（4）地震基本烈度是指该地区今后_____期限内，可能遭遇超越概率为_____的地震烈度。

（5）抗滑稳定分析的目的是核算坝体沿_____或沿_____抗滑稳定的安全性能。

（6）因为作用于重力坝上游面的水压力呈_____分布，所以重力坝的基本剖面是_____形。

（7）溢流坝的消能形式有_____消能、_____消能、_____消能及_____消能。

（8）重力坝地基处理主要包含两个方面的工作：一是_____，二是_____。

9. 碾压混凝土重力坝是用_____含量比较低的超干硬性混凝土经_____而成的混凝土坝。

2. 名词解释

（1）重力坝；（2）扬压力；（3）基本烈度；（4）宽缝重力坝

3. 简答题

（1）与其他坝型相比，重力坝有哪些特点？

（2）用材料力学法进行重力坝应力分析做了哪些基本假设？

（3）为什么要对坝体混凝土进行分区？

（4）简述溢流重力坝的消能形式、消能原理及适用条件。

项目三　土石坝设计

掌握土石坝的类型及其构造特点、土石料设计的基本原则和方法、土石坝的渗流和渗透稳定分析、坝坡抗滑稳定分析以及坝基处理等方面的基本知识，了解现代钢筋混凝土面板堆石坝的特点及其设计理论和方法。

知识要点	能力目标	权重
土石坝剖面设计	了解土石坝的特点、工作原理，能拟定土石坝剖面尺寸	25%
土石坝渗流分析	能根据土石坝剖面及防渗、排水设计计算土石坝浸润线和渗流量，并对渗流稳定进行分析	25%
土石坝坝坡稳定分析	能对土石坝进行坝坡稳定分析	30%
土石坝的筑坝材料、构造要求及地基处理	熟悉土石坝防渗体和坝壳对材料的要求和填筑标准，掌握土石坝地基处理方法	20%

某水库总库容 $1.42 \times 10^7 m^3$，灌溉农田面积 $3 \times 10^7 m^2$。水库正常蓄水位 116.70m，设计洪水标准采用 100 年一遇（$p = 1\%$），设计洪水位 117.90m，相应下游水位 84.30m，设计下泄流量 110m³/s；校核洪水标准采用 2500 年一遇（$p = 0.2\%$），校核洪水位 119.60m，相应下游水位 84.70m，最大下泄流量 150m³/s。水库死水位 93.60m，死库容 $1.15 \times 10^6 m^3$。淤沙高程 91.94m，淤沙库容 $9.8 \times 10^5 m^3$。灌溉控制水位 91.902m。涵管设计流量 4m³/s，加大流量 4.8m³/s。

坝基为砂卵石，层厚 4～8m，渗透系数 8×10^{-4} m/s。砂卵石下为花岗片麻岩，微风化层深 1～2m，两岸为花岗片麻岩，微风化层深 1～2m。库区多年平均最大风速 15.0m/s，吹程 2000m。地震烈度 5 度。库区雨季较长。

坝址附件沙砾料储量为 $6 \times 10^6 m^3$，粘土储量为 $3 \times 10^5 m^3$，均分布在坝址上、下游各一半，料场距大坝 3km，交通运输方便。天然状态下粘土的物理力学指标为：粘粒含量 30%～40%，天然含水量 23%～24%，塑性指数 15～17，不均匀系数 50，有机质含量

0.4%，水溶盐含量2%，塑限17%～19%，密度2.7×10^{3}～2.72×10^{3}kg/m³；扰动后主要物理力学指标：干重度16.50kN/m³，饱和重度20.60kN/m³，浮重度10.60kN/m³，渗透系数2×10^{-8}m/s。

砂砾石物理力学指标：渗透系数3×10^{-5}m/s，内摩擦角：水上$\varphi_{1}=29°$（总应力强度指标），$\varphi'_{1}=32°$（有效应力强度指标）；水下：水上$\varphi_{2}=27°$（总应力强度指标），$\varphi'_{2}=30°$（有效应力强度指标）。密度2.7×10^{3}kg/m³，不均匀系数$\eta=15$。

坝轴线处河床底高程82.20m。浆砌块石重度取为22.54kN/m³。坝顶无交通要求。

设计该大坝。

本例是一个土石坝枢纽工程，下面我们将通过本例对土石坝的特点、工作原理、剖面尺寸拟定、渗流和稳定计算、细部构造设计、地基处理等相关知识进行讲解。

基本知识学习

3.1 土石坝概述

土石坝利用当地土石材料填筑而成，故又称当地材料坝。土石坝是最古老、应用最普遍的一种坝型，到目前为止，我国已建成大、中、小型坝8.6万多座，其中90%以上为土石坝。

案例3－1：建在甘肃文县白龙江上的碧口水电站，控制流域面积26 000km²，多年平均流量275m³/s，设计洪水流量7630m³/s。总库容为5.21×10^{10}m³，设计灌溉面积5.9333$\times10^{6}$m²，装机容量3×10^{5}kW。主坝坝型为壤土心墙土石坝。最大坝高101m，坝顶长度297m，坝基岩石为干枚岩和凝灰岩。坝体工程量4.24×10^{6}m³，主要泄洪方式为溢洪道和隧洞。

案例3－2：建在北京密云潮白河上的密云水库，控制流域面积15 788km²，多年平均流量50m³/s，设计洪水流量16 500m³/s，总库容4.38×10^{9}m³，设计灌溉面积2.67$\times10^{9}$m²，装机容量8.8×10^{4}kW。主坝坝型为粘土斜墙土坝，最大坝高66m（白河主坝），坝顶长度960m（白河主坝），坝基岩石为砂砾石覆盖层，坝体工程量1.105×10^{7}m³。主要泄洪方式为岸边溢洪道，大坝特点是坝基混凝土墙和灌浆防渗。

图3－1 碧口水电站

图 3-2 密云水库

案例 3-3：建在广东乳源的南水水电站，控制流域面积 608km²，多年平均流量 33.4m³/s，设计洪水流量 4190m³/s，总库容 1.22×10⁹m³，装机容量 7.5×10⁴kW。主坝坝型为粘土斜墙堆石坝，最大坝高 81.3m，坝顶长度 215m，坝基岩石为砂岩，坝体工程量 1.71×10⁶m³，主要泄洪方式为隧洞，大坝特点是定向爆破筑坝。

图 3-3 南水水电站

案例 3-4：建在云南会泽的以礼河毛家村水电站，控制流域面积 868km²，多年平均流量 15.9m³/s，设计洪水流量 1700m³/s，总库容 5.53×10⁸m³，设计灌溉面积 4.931×10⁸m²，装机容量 1.6×10⁴kW。主坝坝型为粘土心墙土石坝，最大坝高 80.5m，坝顶长度 467m，坝基岩石为玄武岩，坝体工程量 6.64×10⁶m³，主要泄洪方式为隧洞。

案例 3-5：建在河北磁县漳河的岳城水库控制流域面积 1.81×10⁴km²，多年平均流量 62.2m³/s，设计洪水流量 1.93×10⁴m³/s，总库容 1.09×10⁹m³，设计灌溉面积 1.33×10⁹m²，装机容量 1.7×10⁴kW。主坝坝型为均质土坝，最大坝高 53m，坝顶长度 3570m，

图 3 - 4　以礼河毛家村水电站

坝基岩石为砂砾石覆盖层，坝体工程量 $2.9 \times 10^7 \mathrm{m}^3$，主要泄洪方式为岸边溢洪道，大坝特点是坝下设有泄洪洞（涵管）。

图 3 - 5　岳城水库

3.1.1　土石坝的特点

（1）土石坝的优点

①筑坝材料可以就地取材，可节省大量钢材和水泥；

②较能适应地基变形，对地基的要求比砼坝要低；

③结构简单，工作可靠，便于维修和加高、扩建；

④施工技术简单，工序少，便于组织机械化快速施工。

（2）土石坝的缺点

①坝顶不能过流，必须另开溢洪道；

②施工导流不如砼坝便利；

③对防渗要求高；

④因为剖面大，所以填筑量大而且施工容易受季节影响。

（3）土石坝的工作特点

①稳定方面：不会沿坝基面整体滑动，失稳形式主要是坝坡滑动或连同部分地基一起滑动；

②渗流方面：坝体为散粒体结构，在上下游水位差作用下经坝体和地基向下游渗透，产生渗透压力和渗透变形，严重时会导致坝体失事；

③冲刷方面：因颗粒间的粘结力小，土石坝抗冲能力较低；

④沉降方面：颗粒间存在孔隙，受力后产生沉陷，施工时需预留沉降量；

⑤其他方面：冰冻、地震、动物筑窝等。

3.1.2　土石坝的设计要求

为使土石坝能安全有效地工作，在设计方面的一般要求：

①不允许水流漫顶，要求坝体有一定的超高；

②满足防渗及渗流稳定要求；

③坝体和坝基必须稳定；

④应避免有害裂缝及必须能抵抗其他自然现象的破坏作用；

⑤安全使用前提下，力求经济美观。

3.1.3　土石坝的类型

（1）**按施工方法分类**

可以分为碾压式土石坝、水力冲填式和水中填土坝、定向爆破堆石坝，其中应用最广的是碾压式土石坝。

（2）**碾压式土石坝按材料在坝体内的配置和防渗体的位置分类**（图3-6）

①均质土坝：坝体剖面的全部或绝大部分由一种土料填筑，如图3-6a。

优点：材料单一，施工简单；

缺点：当坝身材料粘性较大时，雨季或冬季施工较困难。

②心墙坝：用透水性较好的砂或砂砾石做坝壳，以防渗性较好的粘性土作为防渗体设在坝的剖面中心位置，心墙材料可用粘土也可用沥青混凝土和钢筋混凝土，如图3-6b；

优点：坝坡较均质坝陡，坝剖面较小，工程量少，心墙占总的体积比重不大，因此施工受季节影响相对较小；

缺点：要求心墙与坝壳同时填筑，干扰大，一旦建成，难修补；

③斜墙坝：防渗体倾斜置于坝剖面的上游侧，如图3-6c。

优点：斜墙与坝壳之间的施工干扰相对较小，在调配劳动力和缩短工期方面比心墙坝有利；

缺点：上游坡较缓，粘土量及总工程量较心墙坝大，抗震性及对不均匀沉降的适应性不如心墙坝。

（3）**多种土质坝**

坝的主体由几种不同的土料建成的坝，如图3-6d、3-6e。适用于坝址附近有多种土料用来填筑的坝。

（4）土石混合坝

如坝址附近砂、砂砾不足，而石料较多，上述的多种土质坝的一些部位可用石料代替砂料而成为土石混合坝。根据防渗体位置和材料的不同也可分为心墙、斜墙等类型，如图3-6f～3-6l。

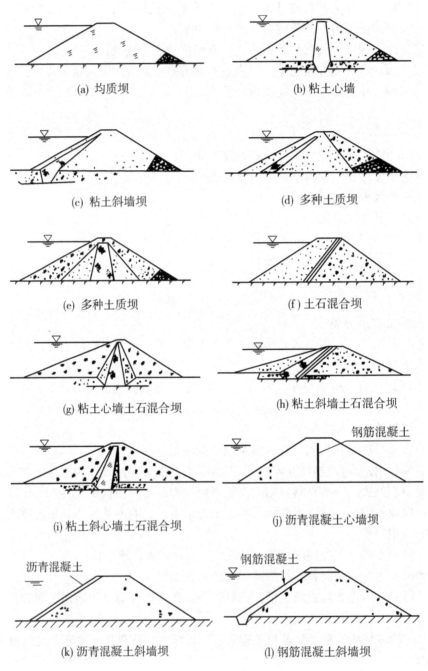

(a) 均质坝　　　　　　　　　　　(b) 粘土心墙

(c) 粘土斜墙坝　　　　　　　　　(d) 多种土质坝

(e) 多种土质坝　　　　　　　　　(f) 土石混合坝

(g) 粘土心墙土石混合坝　　　　　(h) 粘土斜墙土石混合坝

(i) 粘土斜心墙土石混合坝　　　　(j) 沥青混凝土心墙坝

(k) 沥青混凝土斜墙坝　　　　　　(l) 钢筋混凝土斜墙坝

图3-6　碾压式土石坝类型

3.2　土石坝的剖面和构造

3.2.1　基本尺寸

3.2.1.1　坝顶高程

$$坝顶高程 = 静水位 + 坝顶超高$$

其中，坝顶超高按下式计算

$$y = R + e + A \tag{3 - 1}$$

式中　y——坝顶超高，m；

　　　R——最大波浪在坝坡上的爬高，m；

　　　e——最大风壅水面高度，m；

　　　A——安全加高，根据坝的级别及运用情况按表 3 - 1 确定。

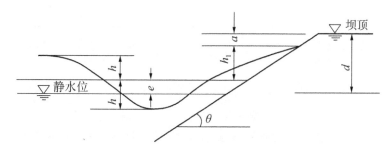

图 3 - 7　坝顶高程计算图

表 3 - 1　安全加高 A 值

坝的级别		1	2	3	4、5
设　计		1.5	1.0	0.7	0.5
校核	山区、丘陵区	0.7	0.5	0.4	0.3
	平原、滨海区	1.0	0.7	0.5	0.3

（1）波浪爬高 R 的计算

设计波浪爬高值应根据工程等级确定，1 级、2 级和 3 级坝采用累积频率为 1%的爬高值 $R_{1\%}$，4 级、5 级坝采用累积频率为 5%的爬高值 $R_{5\%}$。

坝坡 $m = 1.5 \sim 5.0$ 的在单坡上正向来波的平均波浪爬高 R_m 可按下式计算。

$$R_{\mathrm{m}} = \frac{k_\Delta k_w}{\sqrt{1 + m^2}} \sqrt{h_m L_m} \tag{3 - 2}$$

式中　R_m——平均波浪爬高，m；

　　　m——单坡的坡度；

　　　k_Δ——斜坡的糙率系数，按表 3 - 2 选用；

　　　k_w——经验系数，按表 3 - 3 查得。

表 3-2 糙率系数 k_Δ

护 面 类 型	k_Δ
光滑不透水护面（沥青混凝土）	1.00
混凝土或混凝土板	0.90
草 皮	0.85～0.90
砌 石	0.75～0.80
抛填两层块石（不透水基础）	0.60～0.65
抛填两层块石（透水基础）	0.50～0.55

表 3-3 经验系数 k_w

$\dfrac{w}{\sqrt{gH}}$	≤1.0	1.5	2.0	2.5	3.0	3.5	4.0	≥5.0
k_w	1.00	1.02	1.08	1.16	1.22	1.25	1.28	1.30

注：w 为风速，m/s；H 为水域平均水深，m。

不同累积频率下的波浪爬高 R_p 可由平均波高与坝迎水面前水深的比值和相应的累积频率 p（%）按表 3-4 规定的系数计算求得。

表 3-4 不同累积频率下的爬高与平均爬高比值（$\dfrac{R_p}{R_m}$）

h_m/H ＼ p（%）	0.1	1	2	4	5	10	14	20	30	50
<0.1	0.66	2.23	2.07	1.90	1.84	1.64	1.53	1.39	1.22	0.96
0.1～0.3	0.44	2.08	1.94	1.80	1.75	1.57	1.48	1.36	1.21	0.97
>0.3	2.13	1.86	1.76	1.65	1.61	1.48	1.39	1.31	1.19	0.99

正向来波在带有马道的复坡上的平均波浪爬高按下列规定计算：

①马道上下坡度一致且马道位于静水位上下 $0.5h_{1\%}$ 范围内，其宽度为（0.5～2.0）$h_{1\%}$ 时，波浪爬高应为按单一坡计算值的（0.9～0.8）倍；当马道位于静水位上下 $0.5h_{1\%}$ 以外，宽度小于（0.5～2.0）$h_{1\%}$ 时，可不考虑其影响。

②马道上下坡度不一致，且位于静水位上下范围 $0.5h_{1\%}$ 内时，可先按下式确定该坝坡的折算单坡坡度系数后按单坡计算。

$$\frac{1}{m_e} = \frac{1}{2}\left(\frac{1}{m_{\text{上}}} + \frac{1}{m_{\text{下}}}\right) \tag{3-3}$$

式中　m_e——折算单坡坡度系数；

　　　$m_{\text{上}}$——马道以上坡度系数；

　　　$m_{\text{下}}$——马道以下坡度系数。

当来波波向线与坝轴线的法线成 β 夹角时，波浪爬高等于按正向来波计算爬高值乘以折减系数 k_β，k_β 按表 3-5 确定。

表 3-5 斜向来波折减系数 k_β

$\beta(°)$	0	10	20	30	40	50	60
k_β	1.00	0.98	0.96	0.92	0.87	0.82	0.76

（2）风壅水面高度 e 的计算

$$e = \frac{kw^2 D}{2gH_m}\cos\beta \qquad (3-4)$$

式中　e——计算点处的风壅水面高度，m；

　　　D——风区长度，m；

　　　k——综合摩阻系数，取 3.6×10^{-6}；

　　　β——计算风向与坝轴线法线的夹角，（°）。

3.2.1.2 坝顶宽度

坝顶宽度应根据构造施工运行和抗震等因素确定。如无特殊要求，高坝的顶部宽度可选用 $10 \sim 15m$，中、低坝可选用 $5 \sim 10m$。

3.2.1.3 坝坡

坝坡取决于坝高、筑坝材料性质、运用情况、地基条件、施工方法及坝型等因素。一般情况下有如下规律：

①均质坝的上下游坡度比心墙坝的坝坡缓；

②粘土斜墙坝的上游坡比心墙的坝坡缓，而下游坝坡可比心墙坝陡些；

③土料相同时上游坡缓于下游坡；

④粘土均质坝的坝坡与坝高有关，坝高越大坝坡越缓；

⑤碾压式堆石坝的坝坡比土坝陡。

常用的土石坝坝坡一般在 $1:2 \sim 1:4$ 之间。初步拟定坝坡时可参考表 3-6 所列数据。

表 3-6 土坝坝坡参考值

坝高（m）	上游坝坡	下游坝坡
<10	$1:2.0 \sim 1:2.5$	$1:1.5 \sim 1:2.0$
$10 \sim 20$	$1:2.25 \sim 1:2.75$	$1:2.0 \sim 1:2.5$
$20 \sim 30$	$1:2.5 \sim 1:3.0$	$1:2.25 \sim 1:2.75$
>30	$1:3.0 \sim 1:3.5$	$1:2.5 \sim 1:3.0$

在土石坝下游坡一般可沿高程每隔 $10 \sim 30m$ 设置宽度不小于 $1.5 \sim 2.0m$ 的马道，用于观测、检修及交通，并可沿马道设置排水沟汇集坝面雨水以防冲刷。

3.2.2 土石坝的构造

土石坝的构造包括防渗体、排水设备、反滤层和护坡。

3.2.2.1 防渗体

一般采用塑性心墙和斜墙，常由渗透系数较小的粘性土料构成，其尺寸和结构需满足减小渗透量、降低浸润线和控制渗透坡降防止渗透变形的要求。其种类有：粘性土心墙

（图 3 - 8）、粘性土斜墙（图 3 - 9，3 - 10）、粘性土斜心墙（图 3 - 11）、沥青混凝土防渗墙（图 3 - 12）。

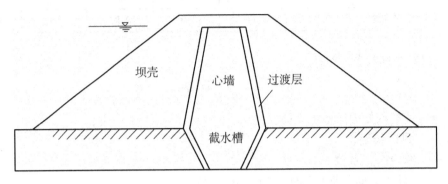

图 3 - 8 粘土心墙坝（突出心墙）

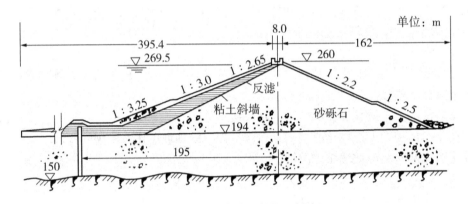

图 3 - 9 密云水库（粘性土斜墙）

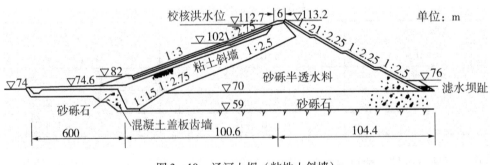

图 3 - 10 汤河土坝（粘性土斜墙）

心墙尺寸及构造：心墙顶部厚度应考虑机械施工的最小宽度，并不小于 2m。心墙底部厚度应满足允许渗透坡降的要求，即不应小于 $\frac{H}{[J]}$，且不小于 3m，H 为计算断面处的作用水头，$[J]$ 为心墙土料的允许渗透坡降，粘土 $[J]$ =6，壤土 $[J]$ =4。沥青混凝土心墙厚度通常取 0.4 ～ 1.25m，对于中低坝其底部厚度可采用坝高的 1/60 ～ 1/40，顶部可以减小，但不小于 0.3m。心墙顶部高程应高于设计洪水位 0.3 ～ 0.6m，且不低于校核

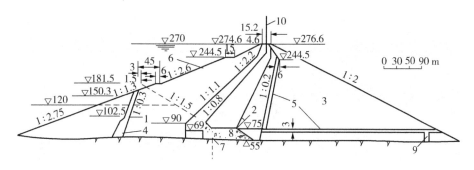

图 3 – 11 澳洛维尔坝（粘性土斜心墙）

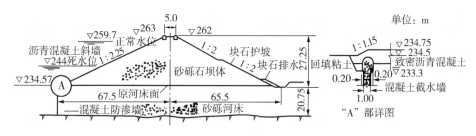

图 3 – 12 羊城子坝（沥青混凝土防渗墙）

洪水位，心墙与防浪墙连接时不受此限。心墙顶部应有无粘性土料的保护，以防心墙冻裂或干缩。保护层厚度应根据当地冰冻深度或干缩深度而定，但不小于1m。心墙两侧与坝壳之间，应设置足够厚度的过渡层或反滤层，以防渗流将心墙粘土颗粒带走，并利于与坝壳紧密结合。过渡层或反滤层从心墙底部一直延伸到顶部。

斜墙尺寸及构造：斜墙的厚度以垂直于斜墙上游面方向量取。顶部最小厚度同心墙要求相同；底部最小厚度，粘土为$H/8$，壤土为$H/5$，且亦不小于3m。斜墙顶部高程和其上的保护层要求同心墙。斜墙上游面也需有不小于当地冰冻深度或干缩深度的保护层厚度，且不小于1m，一般采用2～3m。斜墙上游和下游也应设过渡层或反滤层。斜墙的内坡不陡于1:2，外坡不陡于1:2.5。最后通过稳定计算确定。

3.2.2.2 排水设备

作用：降低坝体浸润线，有利于下游坝坡稳定并防止土坝可能出现的渗透破坏；

形式：贴坡排水、棱体排水、褥垫排水、混合排水。

（1）贴坡排水

贴坡排水又称表层排水。设置在下游坝坡底部，由1～3层堆石或砌石构成，在石块与坝坡之间应设反滤层，如图3－13。

优点：形式简单，节省材料且易于检修，可防止渗透破坏；

缺点：因未伸入坝体，不能降低浸润线，且防冻性较差；

适用：中小型且下游无水的均质坝及防渗体浸润线较低的中等高度的土坝。

（2）棱体排水

在下游坝脚处用块石堆成棱体形成的排水体，需设反滤层，如图3－14。

优点：可降低浸润线，防止坝坡冻胀和渗透变形，保护下游坝脚不受尾水淘刷且有支

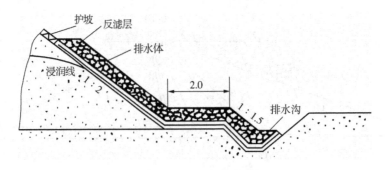

图 3 - 13 贴坡排水

持坝体增加其稳定的作用，是一种可靠的排水形式；

缺点：石料用量大，费用高，检修困难；

适用：较高的土坝及石料较多的地区。

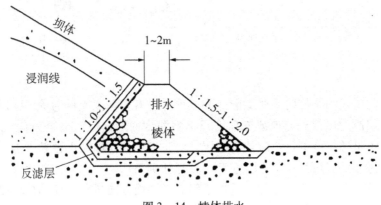

图 3 - 14 棱体排水

（3）褥垫排水

褥垫排水是用块石、砾石平铺在坝基的下游侧上，并在其周围布置反滤层而构成的水平排水体，伸入坝体长度≤1/4 坝底宽，如图 3 - 15。

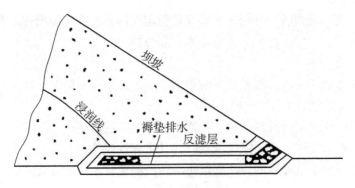

图 3 - 15 褥垫排水

优点：下游无水时，能有效降低浸润线，有助于坝基排水；

缺点：对不均匀沉降的适应性较差，当下游水位高于排水设备时，降低浸润线的效果明显降低，我国应用较少；

适用：下游无水或水位较低的情况。

（4）混合式排水

混合式排水是将上述三种排水方式的两种或三种混合使用，如图 3 – 16。

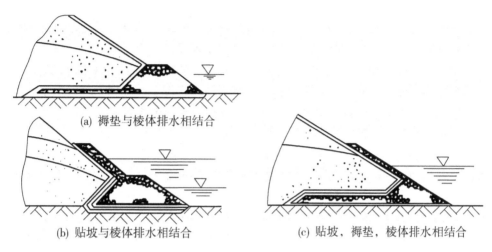

(a) 褥垫与棱体排水相结合

(b) 贴坡与棱体排水相结合　　　　(c) 贴坡，褥垫，棱体排水相结合

图 3 – 16　综合排水

3.2.2.3　反滤层

反滤层设在渗透坡降较大、流速较高、土壤易于变形的渗流出口处或进入排水处。

反滤层作用：防止土体在渗流作用下发生渗透变形。

组成：二至三层粒径不同的砂、石料铺筑而成，层面与渗流方向尽量垂直，按渗流方向粒径由小到大，如图 3 – 17。

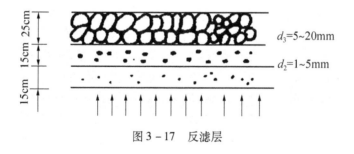

$d_3=5\sim20mm$

$d_2=1\sim5mm$

图 3 – 17　反滤层

3.2.2.4　护坡

土石坝设置护坡的目的是防止波浪淘刷，避免雨水冲刷、风扬、冻胀、干裂及动植物的破坏。护坡占总体造价的 10%。

①上游护坡：砌石护坡、堆石护坡、沥青砼护坡等；

②下游护坡：碎石或砾石护坡，还可采用草皮护坡。

3.3 土石坝的筑坝材料选择与填筑要求

3.3.1 土石坝筑坝材料的选择

3.3.1.1 土石料选择的一般原则

筑坝土石料选择应遵守下列原则：①具有或经加工处理后具有与其使用目的相适应的工程性质并具有长期稳定性；②就地、就近取材，减少弃料，少占或不占农田并优先考虑枢纽建筑物开挖料的利用；③便于开采运输和压实。一般料场开采或枢纽建筑物的开挖料原则上均可作为碾压式土石坝的筑坝材料，或经处理后用于坝的不同部位。但下列土料不宜采用：沼泽土、斑脱土、地表土及含有未完全分解有机质的土料。

3.3.1.2 坝体部位对土石料的要求

（1）均质坝对土料的要求：摩擦系数 φ 较大；渗透系数 k 较小，$<10^{-6}$ m/s；要有一定的塑性，塑性指数 $I_p = \omega_L - \omega_P = 7 \sim 17$，能适应坝基变形而不会产生裂缝；有机杂质含量 $\leqslant 5\%$。

（2）防渗体对土料的要求：渗透系数 k 较小，$k < 10^{-7}$ m/s。有较好的塑性以适应坝体及坝基变形，塑性指数 I_p 大于 $10 \sim 12$。有机杂质含量 $\leqslant 2\%$，水溶盐含量按重量比 $\leqslant 3\%$，有较好的塑性和渗透稳定性。浸水和失水时体积变化较小。

塑性指数大于 20 和液限大于 40% 的冲积粘土、膨胀土、开挖和压实困难的干硬粘土、冻土、分散性粘土不宜作为坝的防渗体填筑料，必须采用时，应根据其特性采取相应的措施。

红粘土可用于填筑坝的防渗体，但用于高坝时应对其压缩性进行论证。

经处理改性的分散性粘土仅可用于填筑级低坝的防渗体，其所选用的反滤料应经过试验验证，防渗体与坝基、岸坡接触处等易产生集中渗流的部位以及易受雨水冲刷的坝表面不得采用分散性粘土填筑。

湿陷性黄土或黄土状土可用于填筑防渗体但压实后应不再具有湿陷性，采用的反滤料级配应经过试验验证。

用于填筑防渗体的砾石土，粒径大于 5mm 的颗粒含量不宜超过 50%，最大粒径不宜大于 150mm 或铺土厚度的 2/3。0.075mm 以下的颗粒含量不应小于 15%，填筑时不得发生粗料集中架空现象。人工掺和砾石土中各种材料的掺和比例应经试验论证。当采用含有可压碎的风化岩石或软岩的砾石土作防渗料时，其级配和物理力学指标应按碾压后的级配设计。

用膨胀土作为土石坝防渗料时，填筑含水量应采用最优含水量的湿测，并在顶部设盖重层，盖重层产生的约束应力应足以制约其膨胀性，盖重层应采用非膨胀土。

（3）坝壳对土石料的要求：强度指标 Φ、c 较大，具有抗震、抗滑稳定性。排水性能好，$k > 10^3 \times k_{防渗体}$。有良好级配：级配连续；不均匀系数 $\eta = d_{60}/d_{10} \approx 30 \sim 100$。

（4）排水、护坡对土石料的要求：良好的抗水性、抗冻性和抗风化性。具有一定的强度：抗压强度 $\geqslant 50$MPa。

（5）反滤料及过渡层土料：应具有必要的透水性、强度，具有高度的抗水性和抗风化能力。必须具有良好的级配，粒径小于 0.1mm 的颗粒含量小于 5%，不应含有粒径小于 0.05mm 的粉土和粘粒。反滤料应尽量采用天然砂砾筛分，也可用人工碎石。

3.3.2　土石料填筑标准设计

（1）粘性土料的填筑标准：含砾和不含砾的粘性土的填筑标准应以压实度和最优含水率作为设计控制指标，设计干密度应以击实最大干密度乘以压实度求得。即

$$\gamma_d = P \times \gamma_{dmax} \tag{3-5}$$

式中　γ_d ——设计填筑干重度；

P ——压实度；

γ_{dmax} ——标准击实试验平均最大干重度。

粘性土的压实度应符合下列要求：

①Ⅰ级、Ⅱ级坝和高坝的压实度应为 98%～100%，3 级及其以下的中、低坝压实度应为 96%～98%；

②设计地震烈度为 8 度、9 度的地区，宜取上述规定的大值；

③有特殊用途和性质特殊的土料的压实度宜另行确定。

施工填筑粘性土的含水率应根据土料性质、填筑部位、气候条件和施工机械等情况控制在最优含水率的 -2%～3% 偏差范围以内。有特殊用途和性质特殊的粘性土的含水率应另行确定。在冬季零度以下气温填筑时，应使土料在填筑过程中不冻结，粘性土的填筑含水率宜略低于塑限；砂和砂砾料中的细料部分的含水率宜小于 4%，并适当提高填筑密度。

（2）砂砾石和砂的填筑标准应以相对密度 D_r 为设计控制指标，并应符合下列要求：

①砂砾石的相对密度不应低于 0.75，砂的相对密度不应低于 0.70，反滤料宜为 0.70；

②砂砾石中粗粒料含量小于 50% 时，应保证细料（小于 5mm 的颗粒）的相对密度也符合上述要求；

③地震区的相对密度设计标准应符合《SL 203—1997 水工建筑物抗震设计规范》的规定。

（3）堆石的填筑标准宜用孔隙率为设计控制指标并应符合下列要求：

①土质防渗体分区坝和沥青混凝土心墙坝的堆石料孔隙率宜为 20%～28%；

②沥青混凝土面板坝堆石料的孔隙率宜在混凝土面板堆石坝和土质防渗体分区坝的孔隙率之间选择；

③采用软岩风化岩石筑坝时，孔隙率宜根据坝体变形、应力及抗剪强度等要求确定；

④设计地震烈度为 8 度、9 度的地区，可取上述孔隙率的小值。

3.4　土石坝的渗流分析

3.4.1　渗流分析的目的及方法

水库蓄水后，由于上下游水位差的关系，水流会通过坝体土粒之间的空隙从上游向下游流动，即为渗流，如图 3-18 所示。坝体内渗透水流的自由水面称为浸润面，浸润面与坝体剖面的交线称为浸润线。

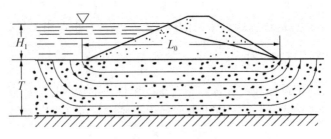

图 3-18　渗流示意图

土石坝渗流分析的目的：

①确定坝体内浸润线和下游溢出点的位置，为坝体稳定核算、应力应变分析和排水设备的选择提供依据；

②确定坝体及坝基的渗流量，以估算水库的渗漏损失和确定坝体排水设备的尺寸；

③确定坝体和坝基渗流逸出区的渗流坡降，检查产生渗透变形的可能性；

④确定库水位降落时上游坝壳内自由水面的位置，估算由此产生的孔隙压力，为上游坝坡稳定分析提供依据。

常用的渗流分析方法：流体力学方法、水力学方法、流网法和试验法。《SL 274—2001 碾压式土石坝设计规范》中规定对 1 级、2 级坝和高坝应采用数值法计算确定渗流场的各种渗流因素，对其他情况可采用公式进行计算。

采用公式进行渗流计算时对比较复杂的实际条件可作如下简化：

①渗透系数相差 5 倍以内的相邻薄土层可视为一层，采用加权平均渗透系数作为计算依据；

②双层结构坝基，如下卧土层较厚，且其渗透系数小于上覆土层渗透系数的 1/100 时，可将下卧土层视为相对不透水层；

③当透水坝基深度大于建筑物不透水底部长度的 1.5 倍以上时可按无限深透水坝基情况估算。

3.4.2　渗流计算水位组合情况

渗流计算应包括以下水位组合情况：

①上游正常蓄水位与下游相应的最低水位；

②上游设计洪水位与下游相应的水位；

③上游校核洪水位与下游相应的水位；

④水库水位降落时上游坝坡稳定最不利的情况。

3.4.3　渗流分析的水力学方法

水力学法是一种近似解法，因其计算简单，且可满足工程要求，是一种工程中常用的方法。但水力学法只能求得断面的平均渗透坡降和平均流速。计算时，假设：①坝体材料均质，坝内各点在各方向的渗透系数相同；②渗流为层流，符合达西定律；③渗透水流为渐变流，任一铅直过水断面内各点的渗透坡降相等，对不透水地基上的矩形土体（图 3-19），流过断面上的平均流速为：

$$v = -k_1 \frac{\mathrm{d}y}{\mathrm{d}x} = -kJ \qquad (3-6)$$

式中 v——渗透流速，m/s；

k_1——渗透系数，m/s；

J——渗透坡降。

对粘土、砂等细粒土，渗透系数较小，因此基本能满足达西定律；

对砂砾石、砂卵石等粗粒土，渗透系数较大，因此只能部分满足达西定律；

对渗透系数达到或大于 $1 \sim 10$ m/d 的土石料，基本不满足达西定律。此时如按达西定律计算，计算结果与实际情况会存在较大差别。

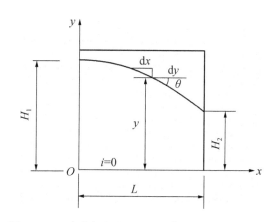

图 3-19 不透水地基上矩形土体的渗流计算图

单宽流量：

$$q = vy = -k_1 y \frac{\mathrm{d}y}{\mathrm{d}x} \qquad (3-7)$$

将式（3-7）自上游向下游积分，即 $\int_0^L q\mathrm{d}x = \int_{H_1}^{H_2} -ky\mathrm{d}y$ ，得

$$q = \frac{k_1(H_1^2 - H_2^2)}{2L} \qquad (3-8)$$

将式（3-7）自上游向区域中某点（x，y）积分，得浸润线方程：

$$y^2 = H_1^2 + \frac{2q}{k}x \qquad (3-9)$$

3.4.3.1 不透水地基上土石坝的渗流计算

如图 3-20 为不透水地基上均质坝，设上游水深为 H_1，下游水深为 H_2，上游坝坡平均值为 m_1，下游坝坡平均值为 m_2，a_0 为渗流溢出点 C 高出下游水位的高度，AEC 为浸润线，k_1 为坝体土料渗透系数。

为简化计算，通常以等效虚拟矩形 $ABOD$ 代替三角形 $A'AD$，即将坝的上游面假定为垂直面。虚拟矩形宽度 ΔL 按下式计算：

$$\Delta L = \frac{m_1 H_1}{2m_1 + 1} \qquad (3-10)$$

这样将坝体简化为两段来处理，从下游渗流溢出点 C 作垂线 CF，将坝体分成上游坝体段 $BOFC$ 和下游坝体段 CFG 两段。

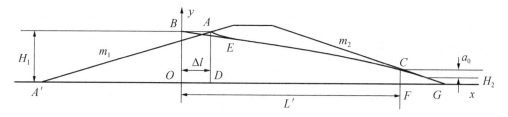

图 3-20 不透水地基上均质坝渗流计算

（1）第一段渗流计算

将 $q = vy = -k_1 y \dfrac{\mathrm{d}y}{\mathrm{d}x}$ 在水头为 H_1 的 BO 断面（首端）至水头为 $h_0 = a_0 + H_2$ 的 CF 断面（末端）之间进行积分，可得第一段的渗流量 q_1 为：

$$q_1 = \frac{k \left[H_1^2 - (a_0 + H_2)^2 \right]}{2L'} \tag{3-11}$$

（2）第二段渗流计算

第二段为 CFG 段，该段的渗流量可以以下游水面为准，分水上、水下两部分进行计算。

水面以上部分：假设第二段水上部分渗流流线为水平直线，将水面以上部分划分为若干个厚度为 $\mathrm{d}z$ 的水平渗流通道，该通道过水断面为 $\mathrm{d}z \times 1$，长度为 $m_2 z$，作用水头为 z（z 为以出逸点 C 为原点、以向下为正的竖直局部坐标轴，z 呈直线变化），则每条渗流通道的渗透坡降为 $J = \dfrac{z}{m_2 z} = \dfrac{1}{m_2}$，则通过该渗流通道的渗流量为

$$\mathrm{d}q' = k_1 J \mathrm{d}z = k_1 \frac{\mathrm{d}z}{m_2}$$

于是，水面以上部分的渗流量为

$$q' = \int_0^a \mathrm{d}q' = k_1 \frac{a_0}{m_2} \tag{3-12}$$

水面以下部分：同样地，将水面以下部分也划分为若干个厚度为 $\mathrm{d}z$ 的水平渗流通道，每条渗流通道的作用水头为常数 a_0，渗透坡降为 $J = \dfrac{a_0}{m_2 z}$，则通过该渗流通道的渗流量为

$$\mathrm{d}q'' = k_1 J \mathrm{d}z = k_1 \frac{a_0}{m_2 z} \mathrm{d}z$$

于是，水面以下部分的渗流量为

$$q'' = \int_{a_0}^{a_0 + H_2} \mathrm{d}q'' = \int_{a_0}^{a_0 + H_2} k_1 \frac{a_0}{m_2 z} \mathrm{d}z = k_1 \frac{a_0}{m_2} \ln \frac{a_0 + H_2}{a_0} \tag{3-13}$$

通过第二段的总渗流量为水面以上部分渗流量与水面以下部分渗流量之和，即：

$$q_2 = q' + q'' = k_1 \frac{a_0}{m_2} \left(1 + \ln \frac{a_0 + H_2}{a_0} \right) \tag{3-14}$$

按流量连续的原则，通过第一段的渗流量与通过第二段的渗流量是相等的，即 $q = q_1 = q_2$。于是，联立上述第一段和第二段渗流量公式（3-11）、（3-14），可以求出 a_0。求出 a_0 后，代入渗流量公式，即可求出该断面上坝体的渗流量。将求得的 q 代入（3-9）可得浸润线方程。

几点说明：

①当下游无水时，可取上述各式中的 $H_2 = 0$ 即得；

②当下游有贴坡排水时，由于贴坡排水不改变坝体渗流流线、坝体浸润线以及出逸点位置，因此上述各式也适用；

③进口部分浸润线调整：由于在两段法中用虚拟的矩形代替上游楔形体，因此按上述方法计算得出的浸润线在渗流的进口段应作适当的调整，使之与实际情况相符。具体方法

是：从上游计算水位与上游坝坡的交点 A 出发，手绘一条曲线，与原浸润线相切，切点记为 A'，这样所得到的曲线 AEC 即为实际坝体中的计算浸润线。

3.4.3.2　有限深透水地基上土石坝的渗流计算

如图 3 – 21 为一有限深透水地基上的均质坝，设坝体渗透系数为 k，透水地基的深度为 T、透水地基渗透系数为 k_T。

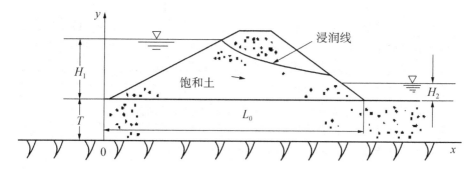

图 3 – 21　透水地基上均质坝渗流计算

渗流计算方法是将坝体和坝基渗流量分开考虑，首先按不透水地基上均质坝的计算方法计算坝体的渗流量和浸润线的位置，再假设坝体不透水，按下式计算地基的渗流量：

$$q_{地基} = k_T \frac{H_1 - H_2}{n L_0} T \qquad (3-15)$$

式中　n——为由于流线弯曲对渗径长度的修正，与渗流区的几何形状有关，见表 3 – 7。

表 3 – 7　渗径修正系数

L_0/T	20	5	4	3	2	1
n	1.05	1.18	1.23	1.30	1.44	1.87

总渗流量为坝体和坝基渗流量之和。

其他情况渗流计算参阅水工设计手册。

3.4.4　土石坝的渗透变形及其防护

土坝及地基中的渗流，由于其机械或化学作用，可能使土体产生局部破坏，称为"渗透破坏"。严重的渗透破坏可能导致工程失事，因此必须加以控制。

3.4.4.1　渗透变形的形式（分类）

渗透变形的形式及其发生、发展、变化过程，与土料性质、土粒级配、水流条件以及防渗、排渗措施等因素有关，一般可归纳为：管涌、流土、接触冲刷、接触流土、接触管涌等类型。最主要的是管涌和流土两种类型。

（1）管涌：是坝体或坝基中的细土壤颗粒被渗流带走，逐渐形成渗流通道的现象。一般发生在坝的下游坡或闸坝的下游地基面渗流逸出处。没有凝聚力的无粘性砂土、砾石砂土中容易发生管涌；粘性土的颗粒之间存在有凝聚力（或称粘结力），渗流难以将其中的颗粒带走，一般不易发生管涌。

管涌刚开始时，细小的土壤颗粒被渗流带走；随着细小颗粒的大量流失，土壤中的孔隙加大，较大的土壤颗粒也会被带走；如此逐渐向内部发展，形成集中的渗流通道。使个别小颗粒土在孔隙内开始移动的水力坡降，称为管涌的临界坡降；使更大的土粒开始移动从而产生渗流通道和较大范围破坏的水力坡降，称为管涌的破坏坡降。单个渗流通道的不断扩大或多个渗流通道的相互连通，最终将导致大面积的塌陷、滑坡等破坏现象。

（2）流土：在渗流作用下，成块的土体被掀起浮动的现象。流土主要发生在粘性土及均匀非粘性土体的渗流出口处。发生流土时的水力坡降，称为流土的破坏坡降。

（3）接触冲刷：当渗流沿两种不同土壤的接触面或建筑物与地基的接触面流动时，把其中细颗粒带走的现象。

（4）接触管涌：当渗流垂直作用于两种不同土壤的接触面时，渗流可能将其中一层的细颗粒带到另一层的粗颗粒中去的现象。接触管涌一般发生在粘土心（斜）墙与坝壳砂砾料之间、坝体或坝基与排水设施之间、坝基内不同土层之间的渗流中。

（5）接触流土：当渗流垂直作用的两种不同土壤中的一层为粘性土时，渗流可能将粘性土成块地移动，从而导致隆起、断裂或剥蚀等现象。

（6）散浸：渗流水渗出土体表面的现象，主要表现为土体表面潮湿、变软，并有少量水渗出。散浸出现清水时，为"渗"；散浸出现浊水时，为"漏"。

散浸是一种较为普遍的渗流病害现象，但其也是一种预示坝体可能出现渗透破坏的先兆。出现散浸应引起重视，及时查明原因，采取措施。

在实际工程中所发生的渗透变形，可能是单一形式的，也可能是多种形式同时出现于不同的部位。一定要进行仔细的分析判断，并采取适当的工程措施加以防护。

3.4.4.2 渗透变形形式的判断

判断土体可能产生何种形式的渗透变形是比较困难的，目前尚无严格意义上的理论计算方法，主要是根据实验资料和工程经验得出的一些经验性的判断方法。

常用的判断渗透变形形式的方法主要有以下几种。

（1）伊斯托明娜法。苏联的伊斯托明娜提出的以土体不均匀系数 η 为判断依据的方法。

$$\eta = \frac{d_{60}}{d_{10}} \tag{3-16}$$

式中，d_{60} 为土体的粒径，表示土体中小于该粒径的土体占总土重的60%；d_{10} 表示土体中小于该粒径的土体占总土重的10%。

当土壤的不均匀系数 $\eta > 10 \sim 20$ 时，易产生管涌；当土壤的不均匀系数 $\eta < 10$ 时，易产生流土。本方法简单，但准确性较差。

（2）水利水电科学研究院的方法。中国水利水电科学研究院提出的以土体中的细粒（粒径小于2mm的）含量 p_z 作为判断依据的方法。

当土体中的细粒含量 $p_z > 35\%$ 时，孔隙填充饱满，容易产生流土；当土体中的细粒含量 $p_z < 25\%$ 时，孔隙填充不足，容易产生管涌；当土体中的细粒含量 $25\% < p_z < 35\%$ 时，可能产生管涌或流土，依土体的紧密度而定。本方法只适用于中间粒径的土，不适用于连续级配的土。

（3）南京水利科学研究院的方法。水利部和交通部共同管辖的南京水利科学研究院提出的也是以土体中的细粒（粒径小于2mm的）含量 p_z 作为判断依据的方法，并提出了 p_z

界限值的计算公式：

$$p_z = \alpha \frac{\sqrt{n}}{1 + \sqrt{n}} \qquad\qquad (3-17)$$

式中，n 为土体孔隙率；α 为修正系数，一般取为 $0.95 \sim 1.00$。

当土体中的细粒含量 p_z 大于式（3-17）计算出的 p_z 时，可能产生流土；当土体中的细粒含量 p_z 小于式（3-17）计算出的 p_z 时，可能产生管涌。评价：本方法在实际工程中比较简便，相对较准确。

3.4.4.3　防止渗透变形的工程措施

土石坝和坝基中产生渗透变形的原因主要取决于渗透坡降、土体的颗粒组成和孔隙率等。因此，要防止渗透变形的产生，必须尽量降低坝体和坝基中的渗透坡降或增加渗流出入口处土体抵抗渗透变形的能力。

具体的措施主要有：全面截阻渗流，延长渗径，设置排水设施、反滤层、排渗沟、排渗减压井、盖重等。

3.5　土石坝的稳定分析

3.5.1　概述

3.5.1.1　土石坝失稳形式

土石坝依靠土体颗粒之间的摩擦力来维持稳定。摩尔认为：土体的破坏，主要是剪切破坏，即：一旦土体内任一平面上的剪应力达到或超过了土体的抗剪强度时，土体就发生破坏。土石坝体积肥大，如果土石坝的局部稳定性能能得到保证，则其整体稳定性也能得到保证。因此，土石坝的稳定性问题主要是局部稳定问题。如果局部稳定得不到保证，或者局部失稳现象得不到控制，任其逐渐发展，也可能导致整体失稳破坏。

土石坝的局部失稳一般表现为三种形式：滑坡、塑性流动、液化。塑性流动是指由于坝体或坝基内局部地区的剪应力超过土料的抗剪强度，变形超过弹性限值，使坝坡或坝基发生过大的局部变形，从而引起裂缝或沉陷。塑性流动可能发生在设计不良的软粘性土的坝体或坝基中。液化是指饱和无粘性土体（特别是砂质土体）在动荷载（如地震荷载）等因素的作用下，孔隙水压力突然升高，土粒间的有效压力则随之减小，甚至趋近于零，土体完全丧失抗剪强度和承载能力，成为如粘滞的液体一样的现象。液化失稳一般发生在均匀细砂土的坝体或坝基中。本节主要介绍土石坝结构稳定中最为重要的、也是最为常见的失稳型式：坝坡滑动稳定问题。

3.5.1.2　土石坝坝坡滑动失稳的形式

坝坡的滑动形式主要与坝体结构形式、筑坝材料和地基情况、坝的工作条件等因素有关。可能的滑动形式大体上可以归纳为以下三种：

①曲线滑动面：曲线滑动的滑动面是一个顶部稍陡而底部渐缓的曲面，多发生在粘性土坝坡中。在计算分析时，通常简化为一个圆弧面，如图 3-22a、3-22b 所示。

②折线滑动面：在均质的非粘性土边坡中，滑动面一般为直线；当坝体的一部分淹没在水中时，滑动面可能为折线。在不同土料的分界面，也可能发生直线或折线滑动，如图

3-22c、3-22d 所示。

③复式滑动面：滑动面通过粘性土和非粘性土构成的多种土质坝时，可能是由直线和曲线组成的复合滑动面。穿过粘性土的局部地段可能为曲线面，穿过非粘性土的局部地段则可能为平面或折线面。在计算分析时，通常根据实际情况对滑动面的形状和位置进行适当的简化。如图 3-22e、3-22f。

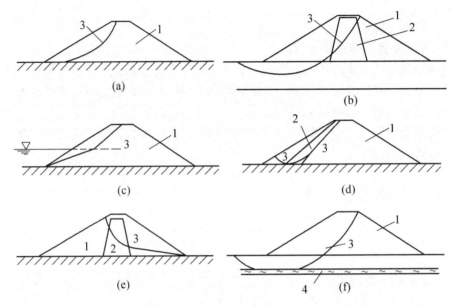

图 3-22　坝坡滑动破坏形式
1—坝壳或者坝体；2—防渗体；3—滑动面；4—软弱夹层

3.5.3　荷载及其组合

（1）土石坝的荷载：土石坝的荷载主要包括自重、水压力、渗透力、孔隙压力、浪压力、地震惯性力等，大多数荷载的计算与重力坝、拱坝相似。其中需要特殊考虑的荷载包括：自重、渗透力、空隙压力等。

①自重：土坝坝体自重分三种情况来考虑，即：浸润线以上的坝体、浸润线以下与下游水面线以上之间的坝体、下游水面线以下的坝体。在浸润线以上的土体，按湿容重计算；在浸润线以下、下游水面线以上的土体，按饱和容重计算；在下游水位以下的土体，按浮容重计算。

②渗透力：渗透力是在渗流场内作用于土体的体积力，与渗透坡降有关。沿渗流场内各点的渗流方向，单位土体所受的渗透力 p 为

$$p = rJ \qquad (3-18)$$

式中　r——水的容重；

J——该点的渗透坡降。

③孔隙水压力：粘性土在外荷载的作用下产生压缩，由于土体内的空气和水一时来不及排出，外荷载便由土粒和空隙中的空气与水来共同承担。其中，由土粒骨架承担的应力称为有效应力 σ_1，它在土体产生滑动时能产生摩擦力；由空隙中的水和空气承担的应力

称为孔隙压力 σ_2，它不能产生摩擦力。因此，孔隙压力是粘性土中经常存在的一种力。

土壤中的有效应力 σ_1 为总应力 σ 与孔隙压力 σ_2 之差，因此土壤的有效抗剪强度为：

$$\tau = C + (\sigma - \sigma_2)\tan\varphi = C + \sigma_1\tan\varphi \tag{3-19}$$

式中，φ 为内摩擦角，C 为凝聚力。

孔隙压力的存在使土的抗剪强度降低，从而使坝坡的稳定性也降低。因此在土坝坝坡稳定分析时，应予以考虑。

④地震力：地震区应考虑地震惯性力。地震惯性力可用静力法计算。

（2）荷载组合：根据中华人民共和国行业标准《SL 274—2001 碾压式土石坝设计规范》的规定，土石坝设计条件划分为"正常工作情况"和"非正常工作情况"。

正常工作情况：

①水库上游水位处于正常蓄水位和设计洪水位与死水位之间的各种水位的稳定渗流期；

②水库水位在上述范围内经常性的正常降落情况。

非正常工作情况Ⅰ：

①施工期；

②校核洪水位有可能形成稳定渗流的情况；

③水库水位的非常降落，如自校核洪水位降落、降落至死水位以下、大流量快速泄空等。

上述水位降落主要指水库水位骤降的情况。水库水位骤降一般是指土壤渗透系数 $k \leqslant 10^{-5}$ m/s 时，水库水位下降速度 $v > 3$ m/d 的情况。

非正常工作情况Ⅱ：正常运用条件 + 地震作用情况。

3.5.4　土坝坝坡稳定分析方法及安全系数的选取

3.5.4.1　土石坝坝坡稳定分析方法

目前所采用的土石坝坝坡稳定分析方法的理论基础是极限平衡理论，即：将土看作是理想的塑性材料，当土体超过极限平衡状态时，土体将沿着某一破裂面产生剪切破坏，出现滑动失稳现象。

土石坝稳定分析方法与坝体结构形式和坝体填筑材料有关。对粘性土填筑的均质坝或非均质坝，一般采用圆弧滑动法（图3-23）；对非粘性土填筑的坝，或以心墙、斜墙为防渗体的砂砾石坝体，一般采用直线法或折线法（如图3-24）。

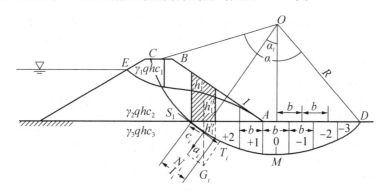

图3-23　粘性土坝坡稳定计算示意图

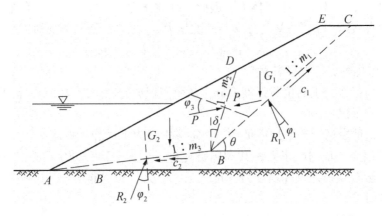

图 3 – 24　非粘性土坡稳定计算示意图

圆弧滑动法是瑞典科学家于 1927 年提出的方法，因此又称"瑞典圆弧法"。该方法假定坝坡滑动面为一个圆弧面，将圆弧面上作用力相对于圆心形成的阻滑力矩与滑动力矩的比值，定义为坝坡的稳定安全系数。在计算时，将滑动面上的土体划分为若干铅直的土条，在不考虑土条之间的相互作用力的前提下，对作用在各土条上的力和力矩进行平衡分析，求解出极限平衡状态下坝坡的稳定安全系数，并通过一定的试算，找出最危险滑动面位置及其相应的最小安全系数。条分法简单实用，一直是土石坝坝坡稳定分析的主要方法之一。不少学者对其进行了改进，如著名的毕肖普法等。

3.5.4.2　土石坝坝坡稳定安全系数选取

根据《DL 5180—2003 水电枢纽工程等级划分及设计安全标准》，按瑞典圆弧法计算时坝坡容许最小抗滑稳定安全系数如表 3 – 8。

表 3 – 8　最小抗滑稳定安全系数

运行条件		土石坝的级别			
		1	2	3	4、5
基本荷载组合		1.3	1.25	1.2	1.15
特殊荷载组合（非常运用）	校核洪水	1.2	1.15	1.1	1.05
	正常运用 + 地震	1.1	1.05	1.05	1.0

上表中的安全系数适用于采用不计条间作用力的瑞典圆弧法计算的情况。

对于 1、2 级高坝以及复杂条件情况，可采用计入条间作用力的毕肖普法或其他较为严格的方法。此时，表中的安全系数应提高 5% ～ 10%，且对 1 级大坝，在正常工作情况下的安全系数不应小于 1.5。

根据《SL 274—2001 碾压式土石坝设计规范》第 8.3.9 条规定：对于均质坝、厚斜墙坝和厚心墙坝，宜采用计及条间作用的简化毕肖普法；对于有软弱夹层、薄斜墙坝的坝坡稳定分析及其他任何坝型，可采用满足力和力矩平衡的摩根斯顿 – 普赖斯等滑楔法。按简化毕肖普法计算时，坝坡容许最小抗滑稳定安全系数如表 3 – 9。

表 3 – 9　最小抗滑稳定安全系数

运用条件	工程等级			
	1	2	3	4、5
正常运用	1.50	1.35	1.30	1.25
非常运用（校核洪水）	1.30	1.25	1.20	1.15
正常运用 + 地震	1.20	1.15	1.15	1.10

《SL 274—2001 碾压式土石坝设计规范》第8.3.11条还规定：采用不计条间作用力的瑞典圆弧法计算坝坡抗滑稳定安全系数时，对1级坝正常运用条件最小安全系数应不小于1.30，对其他情况应比上表规定值减小8%。

《SL 274—2001 碾压式土石坝设计规范》第8.3.12条还规定：采用滑楔法进行稳定计算时，如假设滑楔之间作用力平行于坡面和滑底斜面的平均坡度，安全系数应满足上表中的规定。

3.5.4.3　简单条分法——瑞典圆弧法

基本思路：假设滑动面为一个圆柱面，在剖面上表现为圆弧面。将可能的滑动面以上的土体划分成若干铅直土条，不考虑土条之间作用力的影响，作用在土条上的力主要包括：土条自重、土条底面的凝聚力和摩擦力。安全系数定义为：土条在滑动面上所提供的抗滑力矩与滑动力矩之比。安全系数计算公式为：

（1）按总应力法计算

$$k_C = \frac{\text{抗滑力矩}\, M_r}{\text{滑动力矩}\, M_s} = \frac{\sum (RW_i\cos\alpha_i\tan\varphi_i + RC_i l_i)}{\sum RW_i\sin\alpha} = \frac{\sum (W_i\cos\alpha_i\tan\varphi_i + C_i l_i)}{\sum W_i\sin\alpha}$$

$$(3-20)$$

式中　k_C——抗滑稳定安全系数；

　　　W_i——第 i 土条的自重；

　　　$W_i\sin\alpha_i$——由 W_i 产生的下滑力，则在滑动面上产生的滑动力矩为 $R W_i\sin\alpha_i$；

　　　$W_i\cos\alpha_i\tan\varphi_i$——由 W_i 产生的滑动面上的摩擦力，$C_i l_i$ 为滑动面上的凝聚力，则在滑动面上产生的抗滑力矩为 $R W_i\cos\alpha_i\tan\varphi_i + RC_i l_i$；

　　　φ_i、C_i——按总应力法计算时采用的抗剪强度指标，摩擦角和凝聚力系数；

　　　l_i——第 i 个土条的滑动面长度；

　　　α_i——第 i 个土条沿滑动面的坡角。

（2）按有效应力法计算

上式中的 $W_i\cos\alpha_i$ 应为 $W'_i\cos\alpha_i - u_i l_i$，$\varphi_i$、$C_i$ 应改为有效抗剪强度指标 φ'_i、C'_i，u_i 为孔隙压力。则

$$k_C = \frac{\text{抗滑力矩}\, M_r}{\text{滑动力矩}\, M_s} = \frac{\sum [(W'_i\cos\alpha_i - u_i l_i)\tan\varphi'_i + C'_i l_i]}{\sum W_i\sin\alpha} \qquad (3-21)$$

《SL 274—2001 碾压式土石坝设计规范》第8.3.2条规定：土石坝各种工况，土体的抗剪强度均应采用有效应力法；粘性土施工期和粘性土库水位降落期，应同时采用总应力

法。第8.3.3条还规定：对以粗粒料填筑的高坝，特别是高面板堆石坝，还应考虑其非线性抗剪强度指标问题。

说明：

①当坝体内有渗流作用时，应考虑渗流对坝坡稳定的影响。设 W_{pi} 为第 i 个条块的渗透力，R_{pi} 为 W_{pi} 距滑动圆心的距离，则在坝坡稳定计算中应增加一项滑动力矩 Σ（$R_{pi} \cdot W_{pi}$）。由于各条块的渗透力是一个向量，计算比较繁琐，因此在实际计算中一般采用替代法。即：在计算下游坝坡稳定时，将浸润线以下、下游水位以上的土体，在计算滑动力矩时，用饱和重度；在计算抗滑力矩时，采用浮重度；浸润线以上的土体，仍采用天然重度计算；下游水位以下的土体，仍采用浮重度计算。替代法一般只适用于浸润线与滑动面大致平行且 α_i 较小的情况，因此是近似的。

②坝坡可能存在多个可能的滑动面，每个滑动面均有一个安全系数。但是，控制坝坡稳定的，是安全系数最小的滑动面，即最危险滑动面。最危险滑动面的确定，通常采用试算法。

3.5.4.4　简化的毕肖普法

瑞典圆弧法的主要缺点是没有考虑土条间的作用力，因而不满足力和力矩的平衡条件，所计算出的安全系数一般偏低。毕肖普法是对瑞典圆弧法的改进。考虑土条间的相互作用力。简化的毕肖普法考虑水平方向的作用力（$H_i + \Delta H_i$ 与 H_i，即 $H_i + \Delta H_i \neq H_i$），忽略竖直方向的作用力（切向力，$X_i + \Delta X_i$ 与 X_i，即令 $X_i + \Delta X_i = X_i = 0$）。如图3-25。

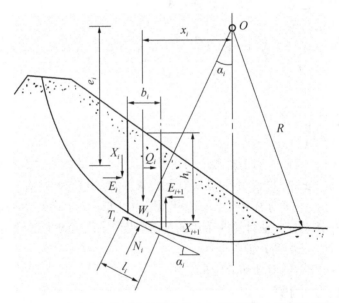

图3-25　考虑条间作用力的毕肖普法土坝坝坡稳定计算示意图

毕肖普法是目前土坝坝坡稳定分析中使用得较多的一种方法。根据摩尔-库仑准则、土条竖向力平衡条件以及滑动体对圆心的力矩平衡条件，可以推导出简化的毕肖普法的安全系数计算公式为：

$$k_C = \frac{\sum \dfrac{1}{m_a}\left[\left(W_i - u_i l_i \cos\alpha_i\right)\tan\varphi'_i + C'_i b_i \cos\alpha_i\right]}{\sum W_i \sin\alpha_i + \sum Q_i \dfrac{e_i}{R}} \qquad (3-22)$$

$$m_a = \cos\alpha_i + \frac{\sin\alpha_i \tan\varphi'_i}{k_C} \qquad (3-23)$$

式中　W_i——第 i 个土条的自重；

φ'_i、C_i——分别为有效应力法计算时采用的抗剪强度指标摩擦系数和凝聚力；

u_i——第 i 个土条底部中点的孔隙水压力；

l_i——第 i 个土条的滑动面长度；

α_i——第 i 个土条沿滑动面的坡角；

Q_i——水平力，如地震力；

e_i——Q_i 至圆心的距离。

上式中，两端均含有 k_C，必须用试算法或迭代法求解。即：先假设 $k_C = 1$，代入式（3-23）求出 m_a；将求出的 m_a 代入式（3-22）求出 k_C；再将求出的 k_C 代入式（3-23）再次求出 m_a；将再次求出的 m_a 代入式（3-22）再次求出 k_C；直到 k_C 收敛为止。

3.5.4.5　折线滑动面的稳定分析

当心墙坝或斜墙坝的非粘性土坝壳发生直线或折线滑动时，采用滑楔法分析计算。如图 3-26，ADC 为滑动面，从折点作铅直线 DE，将滑动土体分为 $BCDE$ 和 ADE 两部分，其重力分别为 W_1 和 W_2（作用在相应面积的形心），两块土体底部的抗剪强度指标分别为 $\tan\varphi_1$、$\tan\varphi_2$。

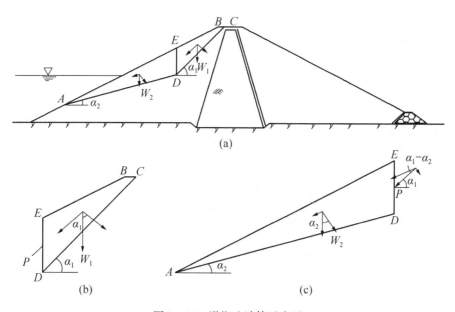

图 3-26　滑楔法计算示意图

设两土块之间的作用力 P 平行于 DC，则

对 $BCDE$ 楔形体沿 DC 滑动方向的极限平衡方程为：

$$P - W_1 \sin\alpha_1 + \frac{1}{k_C} W_1 \cos\alpha_1 \tan\varphi_1 = 0 \qquad (3-24)$$

对 ADE 楔形体沿 AD 滑动方向的极限平衡方程为：

$$\frac{1}{k_C} W_2 \cos\alpha_2 \tan\varphi_2 + \frac{1}{k_C} P\sin(\alpha_1 - \alpha_2)\tan\varphi_2 - W_2 \sin\alpha - P\cos(\alpha_1 - \alpha_2) = 0 \qquad (3-25)$$

联立式（3-24）和式（3-25），可求得滑动体的安全系数 k_C 和土块间的作用力 P。

3.5.4.6 复合滑动面的稳定分析

当滑动面通过不同土料时，常有直线与圆弧组合的形式。

例如：厚心墙坝的滑动面，通过砂性土的部分为直线，通过粘性土的部分为圆弧；当坝基下不深处存在软弱夹层时，滑动面可能通过软弱夹层而形成复合滑动面。

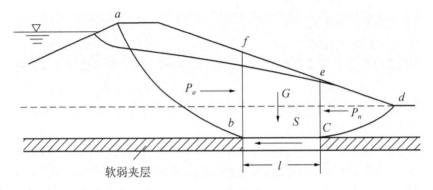

图 3-27　坝基有软弱夹层时的稳定计算

如图 3-27，将滑动土体划分为 abf、$bcef$、cde 三个区。

取 $bcef$ 为脱离体，土体 abf 作用于土体 $bcef$ 的推力为 P_a，土体 cde 作用于土体 $bcef$ 的推力为 P_n，土体 $bcef$ 产生的抗滑力为 $G\tan\psi + cl$，则滑动面的稳定安全系数为

$$k_C = \frac{抗滑力}{滑动力} = \frac{G\tan\varphi + cl}{P_a - P_n} \qquad (3-26)$$

3.5.4.7 土料抗剪强度指标

土的抗剪强度指标主要指总抗剪强度指标（凝聚力 c 和内摩擦角 φ）和有效抗剪强度指标（（凝聚力 c' 和内摩擦角 φ'）。通常可以采用室外原位测试方法测定，或室内剪切试验方法确定。室内抗剪强度指标测定方法有三种：不排水剪、固结不排水剪和排水剪。

《SL 274—2001 碾压式土石坝设计规范》第 8.3.5 条规定：土的抗剪强度指标应采用三轴仪测定。对 3 级以下的中坝，可用直接慢剪试验测定土的有效强度指标；对渗透系数很小（小于 10^{-9} m/s）或压缩系数很小（小于 0.2 MPa^{-1}）的土，也可采用直接快剪试验或固结快剪试验测定其总强度指标。《规范》中第 D.1.1 条规定了不同时期（施工期、稳定渗流期和水库水位降落期）不同土类的抗剪强度指标的测定方法和计算方法。

3.6　土石坝的地基处理

土坝对地基的要求比混凝土坝低，一般不必挖除地表透水土壤和砂砾石等。但是，为了满足渗透稳定、静力和动力稳定、容许沉降量和不均匀沉降等方面的要求，保证坝的安

全经济运行，也必须根据需要对地基进行处理。统计资料表明：40%的土石坝破坏与地基因素有关。对所有土石坝的坝基，首先应完全清除表面的腐殖土，可能形成集中渗流和可能发生滑动的表层土石，然后根据不同的地基情况采用不同的处理措施。

《SL 274—2001 碾压式土石坝设计规范》第6.1.2条规定：当坝基遇到下列情况时，必须慎重研究和处理。

①深、厚砂砾石层；

②软粘土；

③湿陷性黄土；

④疏松砂土及少量粘土；

⑤喀斯特（岩溶）；

⑥有断层、破碎带、透水性强或有软弱夹层的岩石；

⑦含有大量可溶盐类的岩石和土；

⑧透水坝基下游坝脚处有连续的透水性较差的覆盖层；

⑨矿区井、洞。

3.6.1 岩基处理

对中、低土石坝，只需将防渗体坐落在基岩上，形成截水槽以隔断渗流即可。对高土石坝，最好挖除全部覆盖层，使防渗体和坝壳均建在基岩上。防渗体与基岩的接触面应紧密结合。以前多要求在防渗体的基岩面上浇筑混凝土垫层或混凝土齿墙。但是，研究表明，混凝土垫层和齿墙的作用并不明显，受力条件不佳，易产生裂缝，因此，现在的发展趋势是将防渗体直接建在基岩上。

基岩内部主要是设置防渗帷幕。对断层、破碎带等不良地基构造，主要考虑起渗透稳定性和抗溶蚀性能，而不太看重其承载力和不均匀沉降。

处理方法主要有：水泥灌浆或化学灌浆、混凝土塞、混凝土防渗墙、设置防渗铺盖等。

3.6.2 砂砾石地基处理

砂砾石具有足够的承载能力，压缩性不大，干湿变化对体积的影响也不大。但砂砾石地基的透水性很大，渗漏现象严重，而且可能发生管涌、流土等渗透变形。因此，砂砾石地基的处理，主要是对地基的防渗处理。

防渗处理的基本原则是：减小坝基的渗流量，保证坝基和坝体的抗渗稳定。

防渗处理的方法可以归纳为两大类：上堵、下排。

"上堵"措施主要包括：垂直防渗设施和水平防渗设施。

"下排"措施主要包括：排水设施、反滤排水沟、排水减压井、下游透水盖重、上述措施的组合措施等。

3.6.2.1 垂直防渗

垂直防渗是解决坝基渗流问题效果最好的措施。垂直防渗的效果，相当于水平防渗效果的3倍。因此，在土石坝的防渗措施中，应优先选择垂直防渗措施。

垂直防渗措施主要有：粘性土截水墙、混凝土防渗墙、灌浆帷幕、板桩等。

《SL 274—2001 碾压式土石坝设计规范》第6.2.6条规定，垂直防渗措施的选择应符合下列原则：

①砂砾石层深度在15m以内时，宜采用明挖回填粘土截水槽；

②砂砾石层深度在80m以内时，可采用混凝土防渗墙；

③砂砾石层很深时，可采用灌浆帷幕；或在深层采用灌浆帷幕，上层采用明挖回填粘土截水槽或混凝土防渗墙；

④根据砂砾石层的性质和厚度，也可沿坝轴线分段采用不同措施。

（1）粘性土截水墙（图3－28）

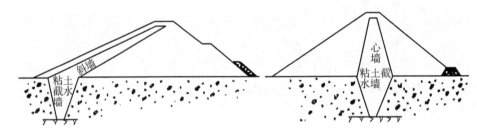

图3－28 粘土截水墙

深度：当砂砾石透水地基的深度不大时，可将截水墙直接伸入岩基，并与岩基紧密相连。这种情况下的截水墙结构简单，工作可靠，防渗效果好。

当砂砾石透水地基的深度较大时，可将截水墙深入坝基一定深度，不与岩基相连，称为悬挂式截水墙，但防渗效果较差。

厚度：截水墙的厚度L应满足容许渗透坡降的要求，且一般不小于3m。

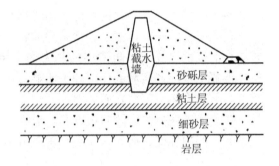

图3－29 粘土截水墙与不透水土层的连接

$$L \geqslant \frac{\Delta H}{[J_c]} \qquad (3-27)$$

式中　ΔH——运行期最大水头；

　　　$[J_c]$——回填土料的容许渗透坡降。对轻壤土，$[J_c]=3\sim4$；对壤土，$[J_c]=4\sim6$；对粘土，$[J_c]=5\sim10$。

边坡：截水槽的开挖边坡应缓于1:1，以保持边坡的稳定。

截水墙一般位于心墙或斜墙的底部，截水墙的土料应与心墙或斜墙一致。

（2）混凝土防渗墙（图3－30）

对深厚砂砾石地基，采用混凝土防渗墙是比较有效和经济的防渗设施。

用冲击钻或其他设备沿坝基防渗线造成一道窄深的槽孔直至基岩，在槽孔内浇筑混凝土形成一道连续的混凝土防渗墙。这种防渗方式不需要大量开挖，具有施工进度较快，造价较低，防渗效果比较显著的优点。适用于砂砾层深度在60m以内的情况。其缺点是需要一定的施工机械设备，当地基中大卵石、飘石较多时，施工不便；如相邻槽段连接不好，易引起地基土的渗透变形。

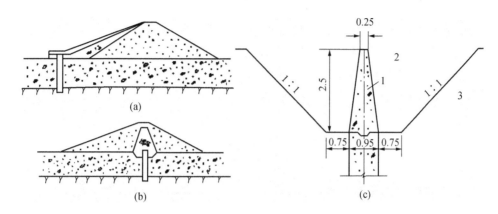

图 3-30　混凝土防渗墙

（3）灌浆帷幕

在砂砾石坝基内建造灌浆帷幕前宜先按可灌比 M 判别其可灌性：$M > 15$ 可灌注水泥浆；$M > 10$ 可灌注水泥粘土浆。可灌性应通过室内及现场试验最终确定。

可灌比 M 可按式（3-28）计算：

$$M = \frac{D_{15}}{d_{85}}$$
(3-28)

式中　D_{15}——受灌地层中小于该粒径的土重占总土重的 15%，mm；

d_{85}——灌注材料中小于该粒径的土重占总土重的 85%，mm。

帷幕厚度 T 按式（3-29）计算：

$$T = \frac{H}{J}$$
(3-29)

式中　H——最大设计水头，m；

J——帷幕的允许比降，对一般水泥粘土浆可采用 3～4。

对深度较大的多排帷幕，根据渗流计算和已有的工程实例，其厚度可沿深度逐渐减薄。帷幕的底部深入相对不透水层宜不小于 5m，若相对不透水层较深，可根据渗流分析，并结合类似工程研究确定。

多排帷幕灌浆的孔排距应通过灌浆试验确定，初步可选用 2～3m，排数可根据帷幕厚度确定。灌浆结束后，对表层未固结好的砂砾石应挖除，在完整的帷幕顶上填筑防渗体，必要时可设置利于结合的齿槽或混凝土垫层。

（4）板桩：当砂砾石透水地基的深度较大时，可采用钢板桩防渗。木板桩一般只用于临时工程。由于钢板桩在打入砂砾石地基中时可能产生弯曲、脱缝等现象，影响防渗效果，且造价较高，因此目前已较少采用。

3.6.2.2　水平防渗

铺盖是常用的水平防渗措施（图 3-31）。防渗铺盖是位于上游坝脚、渗透系数很小的粘性土做成的水平防渗设施。水平铺盖的防渗效果远不如垂直防渗措施，但它结构简单，施工方便，造价较低，虽然不能完全截断渗流，但可延长渗径，降低渗透坡降，减小渗流量，因此，当设置垂直防渗措施困难时，也是一种合适的防渗措施。

铺盖的渗透系数一般应小于 10^{-7} m/s，铺盖的长度一般为 4～6 倍水头，铺盖的厚度应满足铺盖材料的容许渗透坡降的要求，一般不小于0.5m。

防渗铺盖很少单独作为土石坝的防渗措施，一般与其他措施相结合。当砂砾石透水层深度不大时（10～15m以内），采用水平铺盖加截水槽的措施；当砂砾石透水层较深时（大于10m），采用水平铺盖加混凝土防渗墙的措施；当砂砾石透水层很深时，采用水平铺盖加灌浆帷幕的措施。

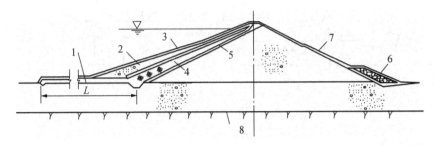

图3-31　防渗铺盖示意图

1—防渗铺盖；2—保护层；3—护坡；4—粘土斜墙；
5—反滤层；6—排水体；7—草皮护坡；8—基岩

铺盖应由上游向下游逐渐加厚，前端最小厚度可取0.5～1.0m，末端与坝身防渗体连接处厚度应由渗流计算确定，且应满足构造和施工要求。

铺盖宜进行保护，避免施工和运用期间发生干裂冰冻和水流淘刷等。

3.6.2.3　下游设排水减压设施

坝基中的渗透水流有可能引起坝下游地层的渗透变形或沼泽化，或坝体浸润线过高，这时，宜设置坝基排水设施。

透水性均匀的单层结构坝基以及上层渗透系数大于下层的双层结构坝基，可采用水平排水垫层，也可在坝脚处结合贴坡排水体做反滤排水沟。

双层结构透水坝基，当表层为不太厚的弱透水层，且其下的透水层较浅，渗透性较均匀时，宜将坝底表层挖穿做反滤排水暗沟，并与坝底的水平排水垫层相连，将水导出。此外也可在下游坝脚处做反滤排水沟。

对于表层弱透水层太厚，或透水层成层性较显著时，宜采用减压井深入强透水层（图3-32、图3-33）。

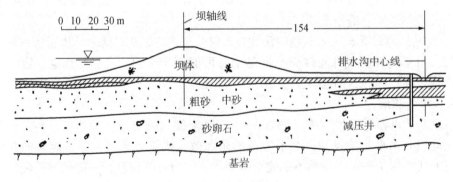

图3-32　排水减压设置

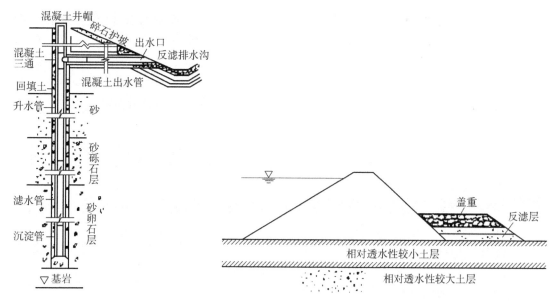

图 3-33 减压井布置   图 3-34 用盖重提高地基的抗渗稳定性

下游坝脚渗流出逸处，若地表相对不透水层不足以抵抗剩余水头，可采用透水盖重（图 3-34）。透水盖重的延伸长度和厚度由计算或试验确定。

3.7* 土石坝与坝基、岸坡及其他建筑物的连接

3.7.1 坝体与坝基及岸坡的连接

坝体与坝基及岸坡的连接处是土石坝的薄弱部位，必须妥善设计和处理。如处理不当，在连接面处易发生水力劈裂和邻近接触面岩石大量漏水，或形成影响坝体稳定的软弱层面，或引起不均匀沉降而导致坝体裂缝。《SL 274—2001 碾压式土石坝设计规范》规定：

（1）坝体与土质坝基及岸坡的连接必须遵守下列规定：

①坝断面范围内必须清除坝基与岸坡上的草皮、树根、含有植物的表土、蛮石、垃圾及其他废料，并将清理后的坝基表面土层压实；

②坝体断面范围内的低强度、高压缩性软土及地震时易液化的土层，应清除或处理；

③土质防渗体应坐落在相对不透水土基上，或经过防渗处理的坝基上；

④坝基覆盖层与下游坝壳粗粒料如堆石等接触处，应符合反滤要求，如不符合应设置反滤层。

（2）坝体与岩石坝基和岸坡的连接应遵守下列原则：

①坝断面范围内的岩石坝基与岸坡，应清除其表面松动石块、凹处积土和突出的岩石；

②土质防渗体和反滤层宜与坚硬不冲蚀和可灌浆的岩石连接。若风化层较深时，高坝宜开挖到弱风化层上部，中、低坝可开挖到强风化层下部，在开挖的基础上对基岩再进行灌浆等处理。在开挖完毕后，宜用风水枪冲洗干净，对断层、张开节理裂隙应逐条开挖清

理，并用混凝土或砂浆封堵。坝基岩面上宜设混凝土盖板、喷混凝土或喷水泥砂浆；

③对失水很快风化的软岩（如页岩、泥岩等），开挖时宜预留保护层，待开始回填时，随挖除、随回填，或开挖后喷水泥砂浆或喷混凝土保护；

④土质防渗体与岩石接触处，在邻近接触面 0.5～1m 范围内，防渗体应为粘土，如防渗料为砾石土，应改为粘土，粘土应控制在略高于最优含水率情况下填筑，在填土前应用粘土浆抹面。

（3）与土质防渗体连接的岸坡的开挖应符合下列要求：

①岸坡应大致平顺，不应成台阶状、反坡或突然变坡，岸坡上缓下陡时，变坡角应小于 20°；

②岩石岸坡不宜陡于 1:0.5，陡于此坡度时应有专门的论证，并采取相应工程措施；

③土质岸坡不宜陡于 1:1.5；

④岸坡应保持施工期稳定。

土质防渗体与岸坡连接处附近，可扩大防渗体断面和加强反滤层。

3.7.2 坝体与其他建筑物的连接

坝体与混凝土坝、溢洪道、船闸、涵管等建筑物的连接，必须防止接触面的集中渗流，因不均匀沉降而产生的裂缝，以及水流对上、下游坝坡和坡脚的冲刷等因素的有害影响。

《SL 274—2001 碾压式土石坝设计规范》规定：

（1）坝体与混凝土坝的连接，可采用侧墙式（重力墩式或翼墙式等）、插入式或经过论证的其他形式。土石坝与船闸、溢洪道等建筑物的连接应采用侧墙式。土质防渗体与混凝土建筑物的连接面应有足够的渗径长度。

（2）坝体与混凝土建筑物采用侧墙式连接时，土质防渗体与混凝土面结合的坡度不宜陡于 1:0.25，下游侧接触面与土石坝轴线的水平夹角宜在 85°～90°之间。连接段的防渗体宜适当加大断面或选用高塑性粘土填筑并充分压实，且在接合面附近加强防渗体下游反滤层等，严寒地区应符合防冻要求。

（3）坝下埋设涵管应符合下列要求：

①土质防渗体坝下涵管连接处，应扩大防渗体断面；

②涵管本身设置永久伸缩缝和沉降缝时，必须做好止水，并在接缝处设反滤层；

③防渗体下游面与坝下涵管接触处，应做好反滤层，将涵管包围起来。

（4）为灌浆、观测、检修和排水等方面的需要设置的廊道，可布置在坝底基岩上，并宜将廊道全部或部分埋入基岩内。

（5）地震区的土石坝与岸坡和混凝土建筑物的连接还应遵照《SL 203—1997 水工建筑物抗震设计规范》有关规定执行。

引例分析

1. 枢纽等别与建筑物级别

根据水库总库容 $1.42 \times 10^7 \mathrm{m}^3$，查表 $1-1$，为三等工程；根据灌溉面积 $3 \times 10^7 \mathrm{m}^2$，查表 $1-1$，为四等工程，按最高级别确定为三等工程。大坝等主要建筑物为 3 级。

2. 坝型选择

坝型选择要考虑地形条件、地质条件、筑坝材料、施工条件、气候条件和坝基处理等各种因素进行比较，选择技术上可靠、经济上合理的坝型。

①地质条件：由于坝址河床覆盖的砂卵石厚度 $4 \sim 8\mathrm{m}$，如果修建混凝土坝，需要大量开挖，并相应增加土方量，且施工时排水困难，故不宜修建混凝土坝。而适于修建土石坝。由于坝基砂卵石渗透系数为 $8 \times 10^{-4} \mathrm{m/s}$，透水性较强，如果修建均质坝，坝基和坝体漏水较多，故不宜修建均质坝。

②地形条件：左岸有一高程适宜、距坝轴线不远且易解决归河的天然垭口，是修建溢洪道的好地方，为修建土石坝提供了有利的泄洪条件。

③筑坝材料：粘土储量仅 $3 \times 10^5 \mathrm{m}^3$，不够修均质坝。砂砾料储量 $6 \times 10^6 \mathrm{m}^3$，但渗透系数 $3 \times 10^{-5} \mathrm{m/s}$，不宜修均质砂坝。

④施工条件：该地区雨季较长，不宜修粘土均质坝。

综合考虑选择粘土心墙坝。

3. 剖面拟定

（1）坝顶宽度

该坝为中坝，无交通要求，确定坝顶宽为 $7\mathrm{m}$。

（2）坝顶高程

①正常工作情况

由莆田试验站公式计算波浪爬高 R

土坝采用砌石护面，取 $k_\Delta = 0.8$。坝前水深 $H = 117.9 - 82.2 = 35.7$（m）。

$\dfrac{v}{\sqrt{gH}} = \dfrac{22.5}{\sqrt{9.81 \times 35.70}} = 1.202$，查表得 $k_w = 1.01$

取风向与坝轴垂线的夹角为 $0°$，$k_\beta = 1$。初拟坝坡 $m = 2.5$，则平均波高为

$$\overline{2h_L} = 0.001\,8\,\dfrac{v^2}{g}\Big(\dfrac{gD}{v^2}\Big)^{0.45} = 0.001\,8 \times \dfrac{22.5^2}{9.81}\Big(\dfrac{9.81 \times 2\,000}{22.5^2}\Big)^{0.45} = 0.481\,6 \text{（m）}$$

平均波长为：$\overline{2L_L} = 25\,\overline{2h_L} = 25 \times 0.481\,6 = 12.04$（m）

平均波浪爬高为

$$\overline{R} = \dfrac{k_\Delta k_w k_\beta}{\sqrt{1 + m^2}}\sqrt{2h_L 2L_L} = \dfrac{0.8 \times 1.01 \times 1}{\sqrt{1 + 2.5^2}}\sqrt{0.481\,6 \times 12.04} = 0.722\,6 \text{（m）}$$

设计爬高值的累积频率 P 按工程等级确定。对于 I、II、III 级土石坝取 $P = 1\%$ 的爬高值 $R_{1\%}$，该坝属于 III 级，故计算 $R_{1\%}$。

根据 $\overline{2h_L} = 0.481\,6\mathrm{m}$，$H = 35.7\mathrm{m}$，得 $\overline{2h_L}/H = 0.481\,6/35.7 = 0.013\,5$，查得 $R/\overline{R} = 2.23$，则 $R = 2.23\,\overline{R} = 2.23 \times 0.722\,6 = 1.611$（m）

风壅水面高度 $e = \dfrac{kv^2 D}{2gH}\cos\beta = \dfrac{3.6 \times 10^{-6} \times 22.5^2 \times 2000}{2 \times 9.81 \times 17.85} \times \cos 0° = 0.01$（m）

按Ⅲ级查得正常工作情况安全加高 $A = 0.7$（m）

所以，正常工作情况的坝顶超高为 $\Delta h = 1.611 + 0.01 + 0.7 = 2.31$（m）

正常工作情况的坝顶高程为 $117.9 + 2.321 = 120.221$（m）

②非正常工作情况

此时，坝前水深 $H = 37.4$m，风速采用 $v = 15$m/s，计算得

$\overline{2h_L} = 0.308\,3$m，$\overline{2L_L} = 7.707\,5$m，$\overline{R} = 0.458$m，$R = 1.021$m，$e = 0.004$m

按Ⅲ级查得非正常工作情况安全加高 $A = 0.4$m

非正常工作情况下坝顶超高 $\Delta h = 1.021 + 0.004 + 0.4 = 1.425$（m）

非正常工作情况的坝顶高程为 $119.6 + 1.425 = 121.025$（m）

取上述两种情况最大值，即坝顶高程 121.025m。考虑上游侧设 1.2m 高防浪墙，用防浪墙顶高程代替坝顶高程，则坝顶高程为 $121.025 - 1.2 = 119.825$（m），坝高为 $119.825 - 82.20 = 37.625$（m）。以坝高的 1% 为预留沉降值，则坝顶施工高程为 $119.825 + 37.625 \times 1\% = 120.201$（m）。

（3）坝坡

参考已建工程，初拟上游坝坡由上而下为：1∶2.5、1∶2.75、1∶3；下游坝坡为：1∶2.25、1∶2.5、1∶2.75。

在上、下游变坡处设马道，宽 2m。下游马道设集水沟。

3. 构造设计

（1）坝顶构造：坝顶用碎石铺设路面，坝顶横向设向下游倾斜 3% 的坡度，上游设 1.2m 高的防浪墙，下游侧设缘石。

（2）坝体防渗：坝体防渗采用粘土心墙，心墙顶高程 118.825m，高出设计洪水位 0.925m，顶部保护层厚度为 $119.825 - 118.825 = 1$（m）。心墙顶宽 3m，自顶向下逐渐加厚，心墙两侧边坡为 1∶0.2。坝底处厚度为 18.958m，作用水头 $H = 119.6 - 82.2 = 37.4$（m），心墙允许渗透坡降 $[J] = 4$，$H/[J] = 37.4/4 = 9.35$（m），心墙底部实际厚度 18.958m > 9.35m，满足要求。

（3）坝基防渗：坝基采用粘土截水墙，上部厚度与心墙等厚为 18.958m，下部厚度取为 9.5m。为加强截水墙与岩石的连接，在截水墙底部再挖 0.5m 深齿槽，开挖边坡为 1∶1，底部宽度为 4m，两侧设 0.4m 的粗砂层。

（4）坝体排水：采用堆石棱体排水，排水体顶高程为 85.7m，高出下游最高水位 1m，顶宽 2m，内坡 1∶1.5，外坡 1∶2。

（5）护坡及坝坡排水

上游坝面设干砌石护坡，厚度 0.5m，下面设 0.2m 厚碎石垫层。护坡范围：上至坝顶，下至死水位以下 1m 处。

下游采用草皮护坡，草皮厚 0.2m，草皮下铺一层 0.2m 厚的腐殖土。

坝坡排水：在下游坝坡设纵横连通的排水沟，沿坝与岸坡的结合处也设排水沟。纵向排水沟沿马道内侧布置，沿坝轴线方向每隔 100m 设一条横向排水沟。

初拟坝体剖面如图 3 - 35 所示。

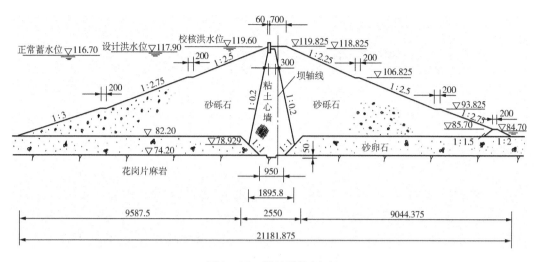

图 3 - 35　设计坝体剖面

4. 渗流计算和稳定计算：请同学们自己完成。

技能训练

　　某水库是以灌溉为主，兼顾防洪、发电和水产养殖的中型水库，水库设计灌溉面积 $2.73 \times 10^7 m^2$。水库集雨面积 $36.4 km^2$，坝址以上河流长度 8.5 km，坝址以上河流平均坡降 1%。河流从南向北流入横门水道出海。库区最大风速 25 m/s，多年平均最大风速 16.5 m/s，水库属于Ⅲ等中型水利水电工程，其主要水工建筑物为 3 级建筑物，次要水工建筑物为 4 级建筑物。水库大坝正常运用设计洪水标准采用 100 年一遇（$p = 1\%$），相应洪水位 27.97 m；非常运用校核洪水标准采用 2000 年一遇（$p = 0.05\%$），相应洪水位 29.61 m。水库底平均高程取为 9.62 m。地震烈度Ⅵ度；附近多粘性土，土样试验凝聚力 $C = 20.8 kPa$（慢剪）、内摩擦角 $\phi = 21.5°$（慢剪）。天然重度 17.54 kN/m³，饱和重度 18.52 kN/m³，渗透系数为 1.0×10^{-6} m/s。坝基洪冲积层主要是砂层，级配不良的粗砂，平均厚度 8.05 m，渗透系数平均值 $k = 6.47 \times 10^{-5}$ m/s，天然重度 17.15 kN/m³，饱和重度 18.23 kN/m³。设计该土坝。

项目四　河岸溢洪道设计

（1）掌握溢洪道的工作特点及分类；熟悉溢洪道的设计标准、设计规范。（2）掌握正常溢洪道的设计方法：①掌握各组成部分的布置要求；②掌握溢洪道水力计算方法及公式应用；③熟悉溢洪道的构造要求。（3）培养学生绘制溢洪道结构图的动手能力及空间想象能力。（4）了解非常溢洪道的作用与设计要点。

知识要点	能力目标	权重
河岸溢洪道的形式	理解溢洪道的形式及位置选择的原则	10%
正槽溢洪道	掌握正槽溢洪道的组成、各部分的布置要求、构造要求	40%
侧槽溢洪道	掌握侧槽溢洪道的布置特点与侧槽布置要求、侧槽水力计算	40%
非常溢洪道	了解非常溢洪道的作用及形式	10%

图 4-1　某正槽溢洪道

引例

某土石坝枢纽工程，工程等别为Ⅲ等，大坝、溢洪道等主要建筑物为3级。水库正常蓄水位为116.7m，设计洪水位为117.9m（相应泄流量为110m³/s），校核洪水位119.6m（相应泄流量为150m³/s）。该地区最大风速的多年平均值为15m/s。坝址左岸距大坝150m处有一山谷垭口，是布置溢洪道较理想的位置。两岸为花岗片麻岩，微风化层深1～2m。该地区地震基本烈度为5度。地基承载力［R］为2 940kPa。设计该溢洪道。

主要设计内容包括：控制段设计、侧槽设计、泄槽设计、消能防冲设计。

基本知识学习

4.1 概述

在水利枢纽中，为了防止洪水漫过坝顶，危及大坝和枢纽的安全，必须布置泄水建筑物，以宣泄水库按运行要求不能容纳的多余来水。

常用的泄水建筑物有溢流坝段、河岸溢洪道、深式泄水建筑物等。对于以土石坝及某些轻型坝型为主坝的枢纽，常在坝体以外的岸边或天然垭口布置溢洪道，称河岸溢洪道。溢洪道除了应具备足够的泄洪能力外，还应保证在使用期间的自身安全和下泄水流与原河道水流得到妥善的衔接。

4.1.1 河岸溢洪道的形式

根据流态不同，河岸溢洪道分为正槽溢洪道、侧槽溢洪道、井式溢洪道和虹吸式溢洪道等几种。

（1）正槽溢洪道

正槽溢洪道泄槽与溢流堰轴线正交，其水流特征是过堰水流与泄槽轴线方向一致，如图4-2所示。正槽溢洪道水流条件好，运用管理方便，在实际工程中应用最广。

（2）侧槽溢洪道

侧槽溢洪道的溢流堰与泄槽的轴线接近平行，水流过堰后在侧槽段的较短距离内转弯约90°（图4-3），再经泄槽下泄。这种溢洪道适宜在山体较高、岸坡较陡的岸边布置。

（3）井式溢洪道

井式溢洪道由溢流喇叭口段、竖井段和泄洪隧洞段组成（图4-4）。水流从环形溢流堰流入喇叭口段，再通过竖井和泄水隧洞段下泄。这种泄水设施的主要建筑物是泄水隧洞，其缺点是水流条件复杂，超泄能力小，容易产生空蚀和振动。在工程实践中，这种泄洪设施往往与导流隧洞相结合，较少专门布置竖井式溢洪道泄洪。

（4）虹吸式溢洪道

虹吸式溢洪道是一种封闭式溢洪道（图4-5），其工作原理是利用虹吸的作用泄水。当库水位达到一定的高程时，淹没了通气孔，曲管内的空气被水流带走，使曲管内形成真

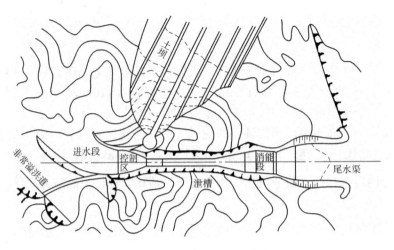

图 4 – 2　正槽式河岸溢洪道

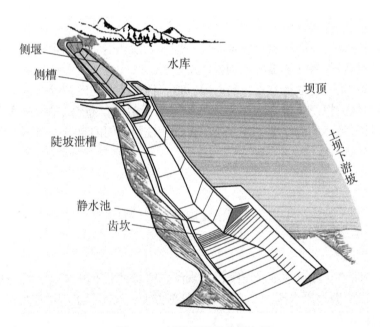

图 4 – 3　侧槽溢洪道典型布置

空，产生虹吸作用。这种溢洪道的优点是能自动调节上游水位，不需设置闸门。其缺点是超泄能力较小，施工复杂，工作可靠性较差，一般只适用于中小型工程。

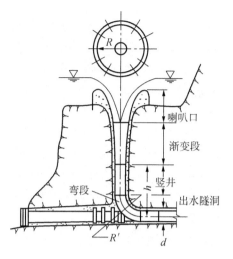

图 4-4　竖井式溢洪道示意图

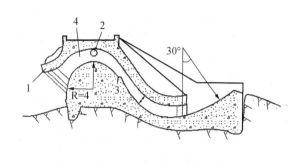

图 4-5　虹吸溢洪道
1—遮檐；2—通气孔；3—挑流坎；4—曲管

4.1.2　河岸溢洪道的布置原则

河岸溢洪道位置选择与布置形式应考虑地形、地质、施工及运行条件、枢纽总体布置、经济指标等因素。

（1）地形、地质条件方面。溢洪道应尽量选择有利的地形条件，一般位于线路较短、土石方开挖量较少，下泄水流顺畅的地段。地质坚固且稳定的岸边或天然垭口较适于布置溢洪道。溢洪道布置应尽量避免深挖，以免造成高边坡失稳或边坡处理困难等问题。

（2）施工和运行方面。溢洪道开挖土石方量较大，应使开挖出渣线路和堆渣场地便于布置，并考虑尽量利用开挖出来的土石料作为筑坝材料，以减少弃料。为运行方便，溢洪道不宜离水库管理处太远。

（3）枢纽总体布置方面。溢洪道布置应协调好与拦河坝、水电站、灌溉、通航等建筑物之间的矛盾，避免对其他建筑物的干扰。其布置时合理选择泄洪消能布置和形式，出水渠应与下游河道平顺连接，避免下泄水流对坝址下游河床和岸坡的冲刷或造成淤积，保证其他建筑物的正常工作。

4.2　正槽溢洪道

正槽溢洪道一般由进水渠段、控制段、泄槽段、消能防冲设施和出水渠五个部分组成，其中，控制段、泄槽段、消能防冲设施是溢洪道的主体，是不可缺少的部分。正槽溢洪道总体布置图如图4-6所示。

4.2.1　进水渠设计

进水渠是控制堰前的一段引水渠道，具有进水及调整水流的作用。当控制段面临水库时，进水渠可用一喇叭形进水口代替。进水渠的设计原则是进流平顺、水头损失小，使控制堰有较大的泄流能力。

进水渠在平面上最好按直线布置，受地形、地质条件等因素影响需设置弯道时，弯道

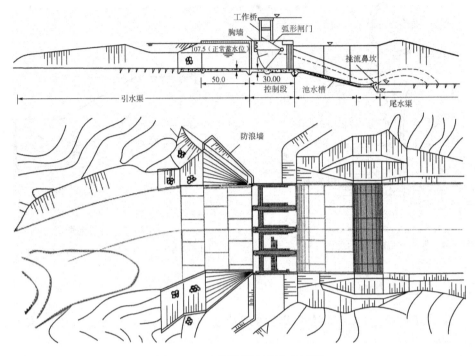

图 4-6 正槽溢洪道总体布置图

轴线的转弯半径不宜小于 4 倍渠底宽度。弯道与控制段之间应有 2 倍堰上水头的直线段过渡，以便水流均匀平顺地进入控制堰。

进水渠横断面一般按梯形断面布置，在控制段前缘过渡成矩形断面。进水渠应有足够的断面尺寸。一般可先拟定流速，由流速控制断面尺寸。进水渠内流速应大于渠道的不淤流速，而小于不冲流速，设计流速宜采用 3～5m/s。在山势陡峭、开挖量较大的情况下，设计流速也可以采用 5～7m/s。

岩基上的进水渠可不衬砌，当为了减小水头损失或防止严重风化时，也可用混凝土衬砌。

进水渠的纵断面应布置成平坡或倾向水库的反坡。堰前渠底高程通常低于堰顶，当控制段采用实用堰时，一般比控制段堰顶高程低 $0.5H_s$（H_s 为堰面设计水头），以保持良好的入流条件和增大堰的流量系数。当控制段采用宽顶堰时，渠底高程可与堰顶齐平或略为降低。

4.2.2 控制段

控制段又称溢流堰段，其形式、尺寸和布置方式决定溢洪道泄洪能力。

4.2.2.1 堰型选择

溢流堰通常选用开敞或带胸墙的宽顶堰、实用堰及驼峰堰，开敞式溢流堰超泄能力强，宜优先选用。

（1）宽顶堰。宽顶堰的特点是结构简单，施工方便，水流条件稳定，但流量系数较小。适用于泄洪量不大的中、小型工程，堰型布置如图 4-7a 所示。

（2）实用堰。实用堰流量系数大，泄水能力强，但施工相对复杂。在大、中型工程中，特别是在泄洪流量较大的情况下，多采用这种堰型，如图 4-7b 所示。

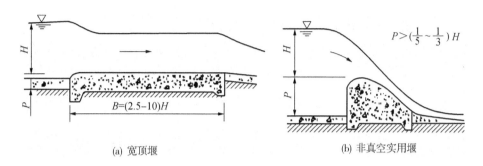

（a）宽顶堰　　　　　　　　　（b）非真空实用堰

图 4-7　控制段堰形

在我国，采用最多的是 WES 标准剖面堰和克—奥剖面堰，堰面的水力学参数可从《水力学》或有关设计手册中查询。对于重要工程，其水力学参数应由水工模型试验进行验证或修正。

（3）驼峰堰。驼峰堰是一种复合圆弧低堰，如图 4-8 所示。其堰体较低，流量系数一般为 0.4 ～ 0.46。设计与施工难度介于 WES 堰与宽顶堰之间，对地基要求相对较低，适用于软弱岩性地基。

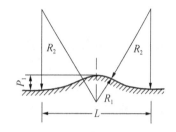

图 4-8　驼峰堰常见的剖面图

4.2.2.2　控制段尺寸

控制段尺寸主要是堰顶高程和泄水前缘长度。其设计方法与溢流重力坝基本相同。溢流堰顶部是否设置闸门，以及闸墩、底板、工作桥等的设计均与溢流坝或水闸相似，可参考有关章节内容。

4.2.3　泄槽

正槽溢洪道在控制堰后采用泄槽与消能段相连。泄槽的水流处于急流状态，特点是高速、紊乱、掺气、惯性大，对边界变化非常敏感，易产生掺气、空蚀等问题，应注重泄槽的合理布置。

4.2.3.1　泄槽的平面布置

泄槽在平面上应尽量按直线、等宽和对称布置，使水流顺畅。当泄槽较长时，为减少开挖，可在泄槽的前端设收缩段、末端设扩散段，但必须严格控制。为了适应地形地质条件，减少工程量，泄槽轴线也可设置弯道。

（1）收缩与扩散角。当泄槽的边墙向内收缩时，应严格控制其边墙的收缩角和扩散角，收缩角一般不宜大于 8°，扩散角一般不宜大于 6°。设计时，边墙的收缩角和扩散角可按式（4-1）计算，对重要工程应进行水工模型试验。

$$\tan\theta \leqslant \frac{1}{kFr} = \frac{\sqrt{gh}}{kv} \qquad\qquad (4-1)$$

式中　θ——边墙与泄槽中心线夹角，°；

k——经验系数，一般取 3.0；

Fr——扩散段或收缩段的起、止断面的平均弗劳德数；

h——扩散段或收缩段的起、止断面的平均水深，m；

v——扩散段或收缩段的起、止断面的平均流速，m/s。

（2）弯道设计。泄槽在平面上必须设弯道时，弯道应设置在流速较小、水流平稳、底坡较缓且无变化的地段。转弯时，应采用较大的转弯半径及适宜的转角。矩形断面弯道半径宜采用槽宽的 6～10 倍。

4.2.3.2 泄槽的纵剖面布置

泄槽纵剖面设计主要是选择适宜的纵坡，其布置应尽量以工程量少、结构安全、水流流态良好为原则。

为了保证不在泄槽上产生水跃，纵坡不宜太缓，必须大于水流临界坡，但太陡的纵坡对其底板和边墙的自身稳定不利。常用的纵坡为 1%～5%。

泄槽纵坡以一次坡的水力条件最佳，因此，对于长度较短的泄槽，宜采用单一的纵坡。当泄槽较长时，为了适应地形地质条件，减少开挖量，泄槽沿程可以随地形、地质变化而变坡，但变坡次数不宜过多，且以由缓变陡为好。

纵坡变坡处需用曲线相连接。纵坡由缓变陡时，为避免缓坡段末端出射的水流脱离陡坡段始端槽底而产生负压和空蚀的现象，在变坡处采用与水流轨迹相似的抛物线连接，如图 4-9 所示。抛物线方程按下式确定：

$$y = x\tan\theta + \frac{x^2}{k'(4H_0\cos^2\theta)} \tag{4-2}$$

$$H_0 = h + \frac{\alpha v^2}{2g}$$

式中　x、y——以缓坡泄槽末端为原点的抛物
线横、纵坐标，m；

　　　　H_0——抛物线起始断面的比能，m；

　　　　h——抛物线起始断面水深，m；

　　　　v——抛物线起始断面平均流速，m/s；

　　　　θ——变坡处前段坡角，°；

　　　　k'——系数，对于重要工程且落差较大
者取 1.5，其余取 1.1～1.3。

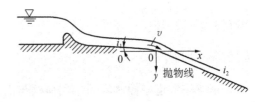

图 4-9　泄槽在变坡处采用抛物线连接

纵坡由陡变缓时，应在变坡处用半径 R 不小于 3～6 倍水深的反弧段过渡。

4.2.3.3 泄槽的横断面布置

岩基上泄槽的横断面一般按矩形布置，这种断面流态较好；特别是消能设施采用底流消能时，能保证较好的消能效果。对于岩基较软弱破碎时，土基上的泄槽可按梯形断面布置，并加固边坡护面或用挡土墙护砌。边坡系数不应大于 1.5（以 1.1～1.5 为宜），以免水流外溢。

泄槽的边墙或衬护高度应按水流波动及掺气后的水深加安全超高确定，水流波动及掺气后的水深可按下式估算：

$$h_b = \left(1 + \frac{\zeta v}{100}\right)h \tag{4-3}$$

式中　h_b、h——计入和不计入波动及掺气的计算断面水深，m；

　　　　v——不计入波动及掺气时计算断面上的平均流速，m/s；

　　　　ζ——修正系数，一般取 $1.0 \sim 1.4$ s/m，当 $v > 20$ m/s 时宜取大值。

泄槽的安全超高可根据工程的规模和重要性决定，一般取 $0.5 \sim 1.5$ m。

泄槽弯道处由于离心力和冲击波共同作用形成横向水面高差，弯道外侧水面与中心线水面高差 Δz（图 4 - 10）按式（4 - 4）计算：

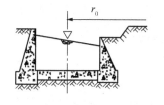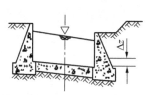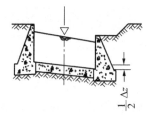

图 4 - 10　弯道横向水面超高

$$\Delta z = k_1 \frac{v^2 b}{g r_0} \tag{4-4}$$

式中　Δz——横向水面高差，m；

　　　　k_1——横向水面超高系数，其值可查表 4 - 1；

　　　　v——计算断面平均流速，m/s；

　　　　b——计算断面水面宽度在水平方向的投影，m；

　　　　r_0——弯曲中心轴线对应的半径，m。

表 4 - 1　横向水面超高系数 k_1 值

泄槽断面形状	弯道曲线的几何形状	k_1 值
矩形	简单圆曲线	1.0
梯形	简单圆曲线	1.0
矩形	带有缓和曲线过渡段的复曲线	0.5
梯形	带有缓和曲线过渡段的复曲线	1.0
矩形	既有缓和曲线过渡段，槽底又横向倾斜的弯道	0.5

为消除弯道冲击的干扰，保持泄槽轴线底部高程和边程高度，常将内侧渠底高程降低 Δz，外侧抬高 Δz。

4.2.3.4　泄槽的构造

（1）泄槽的衬砌

为了保护泄槽地基不受高速水流的冲刷和风化，泄槽一般都要进行衬砌。衬砌要求表面平整光滑，避免槽面产生负压和空蚀；分缝合理，接缝处止水可靠，防止高速水流钻入缝内将衬砌掀动；排水畅通，有效降低衬砌底面的扬压力而增加衬砌的稳定性。

泄槽一般采用混凝土衬砌；流速不大的中、小型工程也可以采用水泥浆砌条石或块石衬砌，但应适当控制砌体表面的平整度。

衬砌的厚度主要是根据工程规模、流速大小和地质条件决定。混凝土衬砌厚度一般取 $0.4 \sim 0.5\text{m}$，不应小于 0.3m。当单宽流量或流速较大时，衬砌厚度应适当加厚，甚至可达 0.8m。

为了防止温度变化产生应力而引起温度裂缝，重要的工程常在衬砌表层纵横布置钢筋网，含钢率为 $0.1\% \sim 0.2\%$。岩基上的衬砌，在必要的情况下可布置锚筋插入新鲜岩层，以增加衬砌的稳定性。锚筋的直径为 25mm 以上，间距 $1.5 \sim 3.0\text{m}$，插入岩基 $1.0 \sim 0.5\text{m}$（图 $4-11\text{a}$）。土基上的衬砌，由于土基与衬砌之间基本无粘着力，又不能采用锚筋，为增强衬砌的稳定性，可适当增加衬砌厚度或增设上下游齿墙（图 $4-11\text{b}$）。

（2）衬砌的分缝与止水

为了控制温度裂缝的发生，除了配置温度钢筋外，泄槽衬砌还需要在纵、横方向分缝，并与堰体及边墙贯通。岩基上的混凝土衬砌，由于岩基对衬砌的约束力大，分缝的间距不宜太大，一般采用 $10 \sim 15\text{m}$。衬砌较薄时对温度影响较敏感，应取小值。

衬砌的接缝有平接、搭接和键槽接等多种形式，衬砌的纵缝一般采用平接的形式。横缝比纵缝要求高，宜采用搭接式；岩基较坚硬且衬砌较厚时也可采用键槽缝。对可能发生不均匀沉降或不设锚筋的泄槽底板，应在底板的上游端或上下游端设置齿墙。

为防止高速水流通过缝口钻入衬砌底面，将衬砌掀动，所有的伸缩缝都应布置止水，其布置要求与水闸底板基本相同。

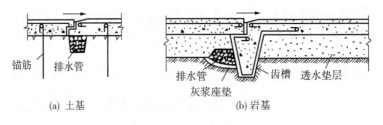

（a）土基　　　　　　　　　　　（b）岩基

图 $4-11$　接缝与排水的构造

（3）衬砌的排水

纵缝与横缝下面应布置排水设施，并且纵、横贯通，将渗水汇集到纵向排水设施内排往下游。横向排水通常是在岩基上开挖沟槽，并回填不易风化的碎石形成，沟槽尺寸一般采用 $0.3\text{m} \times 0.3\text{m}$。纵向排水一般在沟内放置透水的混凝土管，直径 $0.1 \sim 0.2\text{m}$，管径视渗水多少而定，为确保排水畅通，纵向排水管至少布置两排。管与横向排水沟的接口不封闭，以便收集横向渗水，管周填满不易风化的碎石，顶面盖上木板或沥青油毛毡，防止浇筑衬砌时砂浆进入造成堵塞。小型工程也可以按横向排水方法布置。

（4）泄槽边墙的构造

边墙本身无需设置纵缝，但多在与边墙接近的底板设置纵缝（见水闸分离式底板布置）；边墙的横缝间距与底板一致，缝内设止水和排水，排水应与底板下面横向排水连通。

4.2.4　消能防冲设施

溢洪道泄洪，一般情况下单宽流量大、流速高，能量集中，因此，溢洪道应根据地形、地质、下游河道水流等条件妥善布置消能设施。

河岸溢洪道的消能设施一般采用挑流消能或底流消能。

挑能消能一般适用于岩石地基的中、高水头枢纽。当地形地质条件允许时，优先考虑挑流消能，以节省消能防冲设施的工程投资。

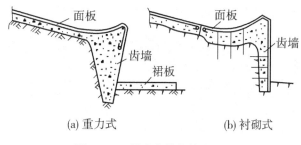

图 4－12　挑流鼻坎的构造

溢洪道挑流鼻坎的常用形式有等宽挑坎和差动式挑坎等。挑流鼻坎由连续面板与齿墙组成。挑流坎齿墙的结构形式一般有两种，如图 4－12 所示，图 4－12a 为重力式，图 4－12b 为衬砌式，前者适用较软弱岩基或土基，后者适用坚实完整岩基。溢洪道挑流坎的布置如图 4－13 所示。

采用挑流消能时，应考虑挑射水流的雾化对枢纽其他建筑物运行的影响，有关计算内容和方法与重力坝相关内容类似。

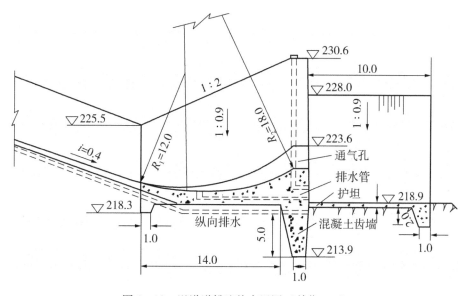

图 4－13　溢洪道挑流坎布置图（单位：m）

挑流坎上还常设置通气孔和排水孔，如图 4－14 所示。通气孔的作用是从边墙顶部孔口向水舌补充空气，以免形成真空影响挑距或造成结构空蚀。坎上排水孔用来排除反弧段积水；坎底排水孔则用来排放地基渗水，降低扬压力。

底流消能适用于土基或软弱岩基，其消能原理和布置与水闸相应内容基本相同。

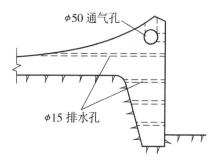

图 4－14　挑流坎上设置通气孔和排水孔

4.2.5 出水渠

出水渠的作用是将消能后的泄水平顺地引入下游河床。出水渠的布置优先考虑利用天然的冲沟或河沟，并采用必要的工程措施加以修整。当消能防冲设施直接与河床连接时，可不另设出水渠。采用挑流消能时，通常不需设置出水渠。

4.2.6 正槽溢洪道水力计算

溢洪道各部分的形状与尺寸拟定后，应验算其泄流能力并进行水面线与消能计算。

4.2.6.1 进水渠的水力计算

进水渠水力计算的任务是计算渠内水面线，确定进水渠边墙高程。当进水渠流速 $v >$ 3.0m/s，进水渠沿程断面糙率变化比较大，需用明渠非均匀流公式进行计算。进水渠起始断面可选择在堰前 $3 \sim 4$ 倍 H（堰上水头）处（见图 4-15），首先计算起始断面的水深 h_1 及流速 v_1（用式 4-5 试算）。第二步假定分段末端水深为 h_2，并求出 v_2，采用式（4-6）计算分段长度直至各段长度合计等于渠道全长，以此推算进水渠水面线。

$$h = H_0 + P_1 - \frac{v^2}{2g}$$

$$v = \frac{Q}{\omega} = \frac{Q}{bh + mh^2} \tag{4-5}$$

$$\Delta L_{1-2} = \frac{\left(h_1 + \frac{\alpha_1 v_1^2}{2g}\right) - \left(h_2 + \frac{\alpha_2 v_2^2}{2g}\right)}{i - \bar{J}} \tag{4-6}$$

其中
$$\bar{J} = \frac{\bar{v}^2}{C^2 R}$$

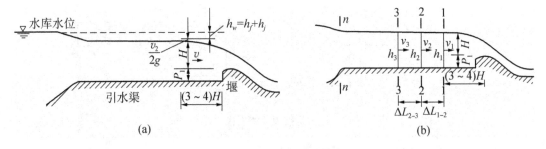

(a)　　　　　　　　　　(b)

图 4-15 进水渠水力计算图

4.2.6.2 控制段的水力计算

控制段的水力计算的任务是校核溢流堰过流能力。溢流堰选用实用堰（$0.67H < \delta < 2.5H$）或宽顶堰（$2.5H < \delta < 10H$），泄流能力校核采用堰流公式。

当堰顶长度 $\delta > 10H$ 时，水流流态已不属于宽顶堰流，应按明渠非均匀流计算。如图 4-16 所示，控制段为一平坡或缓坡接陡

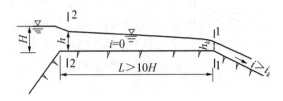

图 4-16 水力计算示意图

坡，水流由缓流变为急流，在两坡交接处，水深近似为 h_k，取断面 1—1、2—2 列能量方程：

$$h + \frac{v^2}{2g} = h_k + \frac{v_k^2}{2g} + h_f \qquad (4-7)$$

式中，h_f 为两断面间沿程水头损失。

计算时先假定 h，按式（4-8）求流量 Q：

$$Q = \varphi B h \sqrt{2g(H-h)} \qquad (4-8)$$

式中　φ——流速系数，一般取 0.96；

　　　　B——进口 2—2 断面渠底宽，m；

　　　　H——库水位与渠底高差，m。

用式（4-8）求得 Q 后，即可求得 v、h_k、v_k 及 h_f，代入式（4-7），如左右相等，h、Q 即为所求值；如不相等，再假设 h 重新试算。其中 h_k、h_f 的计算公式如下：

$$h_k = \sqrt[3]{\frac{Q_k^2}{B_k^2 g}} \qquad h_f = \frac{\bar{v}^2 n^2 L}{\bar{R}^{\frac{4}{3}}} \qquad (4-9)$$

4.2.6.3　泄槽水力计算

泄槽水力计算是在确定了泄槽的纵向及断面尺寸以后，根据流量推算水面线，以确定边墙高度。泄槽水面线计算采用分段求和法，其主要问题是确定起始断面，起始断面一般都在泄槽的起点，水面线的计算从该点向下游逐段进行。当泄槽上游接宽顶堰、缓坡明渠或过渡段时（图 4-17），起始断面水深为临界水深 h_k；泄槽上游接实用堰或陡坡明渠时（图 4-18），起始断面水深定在堰下收缩断面或泄槽首端以下 $3h_k$ 处，其值 h_1 小于 h_k，可按下式计算：

$$h_1 = \frac{q}{\phi \sqrt{2g(H_0 - h_1\cos\theta)}} \qquad (4-10)$$

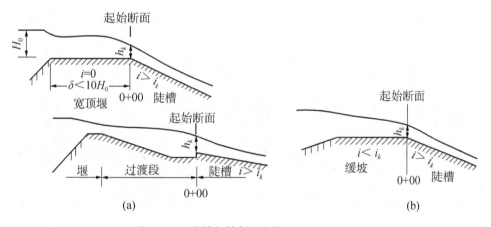

图 4-17　泄槽起始断面水深 h_1 示意图（一）

式中　q——起始计算断面单宽流量，$m^3/(s\cdot m)$；

　　　　H_0——起始计算断面渠底以上总水头，m；

　　　　θ——泄槽堤坡坡度；

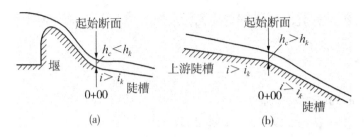

图 4 – 18　泄槽起始断面水深 h_1 示意图（二）

ϕ ——起始计算断面流速系数，取 0.95。

4.2.6.4　消能设计水力计算

泄槽消能设计水力计算参考重力坝挑流消能设计与水闸底流消能设计的内容。

4.3　侧槽溢洪道

4.3.1　侧槽溢洪道的布置特点

图 4 – 19 为广州抽水蓄能电站侧槽溢洪道侧槽。侧槽溢洪道一般由控制段、侧槽、泄槽、消能防冲设施和出水渠组成（图 4 – 20），一般适用于坝肩山头较高，岸坡较陡，不利于布置正槽溢洪道且泄流量相对较小的情况。

图 4 – 19　广州抽水蓄能电站侧槽溢洪道侧槽

侧槽溢洪道与正槽溢洪道相比，主要区别在于其侧槽部分，其他部分基本相同。侧槽溢洪道的溢流堰可采用实用堰、宽顶堰和梯形堰，但采用实用堰较多。

侧槽溢洪道的溢流堰可大致沿地形等高线布置，并沿河岸向上游延伸，从而可以减少开挖量。但其水流是进槽水流从侧向进流，纵向泄流，进堰水流首先冲向对面的槽壁，再向上翻腾，产生旋涡，逐渐转向再泄经下游，形成一种不规则的复杂流态，与下游水面衔接难以控制，给侧槽的布置造成困难。

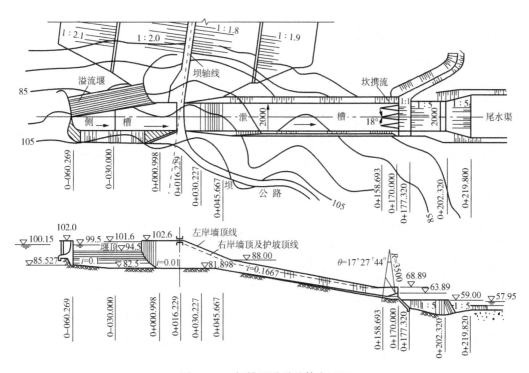

图 4 - 20　侧槽溢洪道总体布置图

4.3.2　侧槽尺寸设计

侧槽中流量沿程增加，到末端断面达到设计流量。设计时应根据侧向进水、纵向泄流的水力特点，选定沿程各断面的形式、尺寸和槽底纵坡。侧槽设计的原则：侧槽中水流应处于缓流状态，侧槽中的水面高程应保证溢流堰为自由出流，以确保侧槽的出流能力和稳定流态。有关尺寸参数如图 4 - 21 所示。

（1）堰长

侧槽堰长 L（即溢流前缘长度）与堰型、堰顶高程、堰顶水头和溢洪道的最大设计流量有

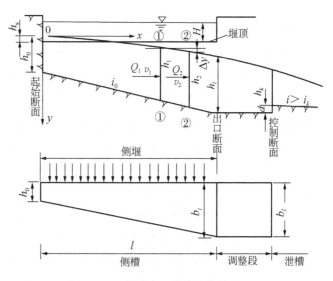

图 4 - 21　侧槽水面曲线计算简图

关。堰型应根据工程规模、流量大小选择，对于大、中型工程一般选择实用堰。溢流堰长度可按下式计算：

$$L = \frac{Q}{m\sqrt{2g}H_0^{\frac{3}{2}}}$$ （4－11）

式中　Q——溢洪道的最大泄流量，m^3/s；

　　　H_0——计入行近流速堰顶水头，m；

　　　m——流量系数，与堰型有关。

（2）槽底纵坡

侧槽应有适宜的纵坡以满足泄洪要求。由于过堰水流的大部分能量消耗于槽内水体间的旋转撞击，水流的顺槽流速完全取决于水体的自重和水力比降。因此，槽底纵坡应有一定的坡度。当纵坡 i 较陡时，槽内水流为急流，水流不能充分掺混消能，因此，槽底纵坡应小于槽末断面水流的临界坡，槽内水流为缓流。初步拟定时，一般采用槽底纵坡为 $0.01 \sim 0.05$，最大以不超过 0.1 为宜。

（3）侧槽横断面

由于岸坡较陡，侧槽的横断面宜按窄深式布置。这样，有利于增加槽内水深，稳定流态。在陡峭的山坡上，窄深断面要比宽浅断面节省开挖量。以图 4－22 为例，如窄深断面过水面积为 ω_1，宽浅断面过水面积为 ω_2，当 $\omega_1 = \omega_2$ 时，窄深断面可节省开挖面积 ω_3。

为了适应流量沿程不断增加的特点，侧槽横断面底宽应沿侧槽轴向自上而下逐渐加大。首先，根据地形地质条件通过工程类比法初选

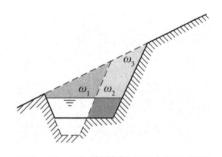

图 4－22　不同侧槽断面挖方量比较图

若干起始断面底宽 b_0，并经过经济比较确定。侧槽末端断面底宽 b_L 可按比值 b_0/b_L 确定。一般来说，b_0/b_L 值越小，侧槽开挖量越省。但是，b_0/b_L 过小时，由于槽底需要开挖较深，调整段的工程量也相应增加。因此，合理的 b_0/b_L 值应根据槽址的地形地质条件通过经济比较确定。通常的 b_0/b_L 值宜采用 $0.5 \sim 1.0$。采用机械施工时，b_0 的最小值应满足施工最小宽度要求。

侧槽靠岸一侧的边坡以较陡为宜，一般采用 $m_1 = 0.3 \sim 0.5$；靠溢流堰一侧，一般可取 $m_2 = 0.5$ 左右。

（4）槽底高程

侧槽的槽底高程，以满足溢流堰为非淹没出流和减少开挖量作为控制条件。由于侧槽沿程水面为一降落曲线，因此，确定槽底高程的关键是首先确定侧槽起始断面的水面高程，并由该水面高程减去断面水深求得该处的槽底高程。试验研究结果表明，若槽内水面线在侧槽始端最高点超出溢流堰顶的高度不超过堰顶水头的 0.5 倍时，仍可认为溢流堰沿程出流属于非淹没出流。为节省开挖量，适当提高渠底高程，常取侧槽起始断面水位高出堰顶水位 $h_s = 0.5H$，据此确定槽底高程。

侧槽水面曲线的推算，首先必须确定控制断面水深 h_L。控制断面一般选用侧槽末端断面（若设水平调整段，则以调整段末端为控制断面），由该断面的临界水深 h_k 计算侧槽末

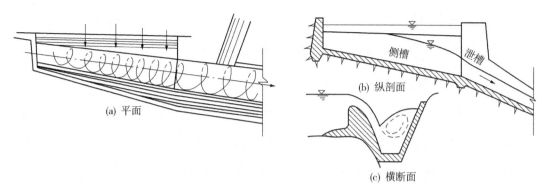

图 4 - 23　侧槽内流态示意图

端水深 h_L。为减少侧槽开挖量，应使侧槽末端断面水深 h_L 尽量接近经济断面水深。江西省水利科学研究所的研究成果认为，采用 $h_L = (1.2 \sim 1.5) h_k$ 较为理想，h_k 为该断面的临界水深，当 $b_L / b_0 = 5$ 时取 1.5；$b_L / b_0 = 1.0$ 时取 1.2，其余情况按内插法选用。

为使水流平顺进入泄槽，常需在侧槽末端设置一水平调整段与泄槽连接，并在调整段末端设置控制断面。调整段的长度以不小于 $(2 \sim 3) h_k$ 为宜；控制断面则用抬高泄槽起始断面高程或收缩槽宽构成，使水流在该断面形成临界流，该断面的水深即为临界水深 h_k，h_k 可由水力学公式计算。

4.3.3　侧槽水力计算要点

侧槽水力计算的任务是水面曲线计算，从而选择适宜的侧槽底板纵坡 i 和断面尺寸。

根据水库调洪演算确定的溢洪道设计流量 Q、堰顶高程和水头 H，选定允许淹没水深 h_s，侧槽变坡系数 m，底宽变率 b_0 / b_L，槽底纵坡 i_0 和末端水深 h_L 可按下述步骤进行侧槽的水力计算。

（1）选择堰型

根据最大设计流量 $Q_{\max}$ 和相应的设计水头 $H_{\max}$ 计算溢流前缘净长度 L。

（2）计算侧槽末端水深

根据设计流量和控制断面宽度 b_k（图 4 - 21 中，$b_k = b_L$），计算控制断面的临界水深 h_k，进而计算侧槽末端水深 h_L。

（3）确定控制断面坝高

根据侧槽末端水深 h_L、控制断面临界水深 h_k 和底宽 b_0、b_L，计算相应断面流速 v_L、v_k，并由式（4 - 12）确定控制断面坎高 d：

$$d = (h_L - h_k) + (1 + \zeta)\left(\frac{v_L^2 - v_k^2}{2g}\right) \qquad (4 - 12)$$

式中　h_L、v_L——侧槽末端水深和流速，m、m/s；

　　　h_k、v_k——侧槽控制断面临界水深和流速，m、m/s；

　　　ζ——局部水头损失系数，可取 0.2。

（4）计算各断面流量

将侧槽沿程划分为若干计算段，定出若干断面（断面编号从始端开始依次编为 1、2、3、4…），近似按式（4 - 13）计算各断面流量 Q_i：

$$Q_i = qX_i \qquad (4-13)$$

式中　q——流量，近似取 $q = Q/L$，$\mathrm{m^3/(s \cdot m)}$；

　　　　Q——设计流量，$\mathrm{m^3/s}$；

　　　　L——溢流堰净长，m；

　　　　X_i——计算断面至侧槽始端水平距离，m；

　　　　Q_i——计算断面流量，$\mathrm{m^3/s}$。

（5）侧槽水面曲线推算

侧槽水面曲线推算是从侧槽末端水深 h_L 向上游推算，如图 4-24 所示，相邻两计算断面的水深关系可按下式求得：

$$h_i = h_{i+1} + \Delta y - \Delta x_i \tan\theta_i$$

$$(4-14)$$

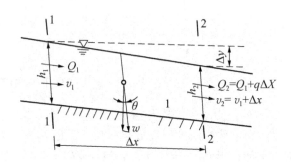

图 4-24　水力计算示意图

式中　h_i、h_{i+1}——相邻两计算断面水深，m；

　　　　Δx_i——相邻两计算断面水平距离，m；

　　　　θ_i——侧槽底面与水平面的夹角，°；

　　　　Δy——相邻两计算断面水面差，m。

当侧槽纵坡很小时，$i_0 = \theta_i \approx \tan\theta_i$，此时，式（4-14）可简化为如下形式：

$$h_i = h_{i+1} + \Delta y - i_0 \Delta x_i \qquad (4-15)$$

在槽中不发生水跃的情况下，相邻两计算断面落差可由动量原理推出的差分公式计算：

$$\Delta y = \frac{(v_1 + v_2)}{2g}\Big[(v_2 - v_1) + \frac{Q_2 - Q_1}{Q_1 + Q_2}(v_1 + v_2)\Big] + \bar{J}\Delta x \qquad (4-16)$$

式中　v_1、v_2——相邻两计算断面的流速，m/s；

　　　　Q_1、Q_2——相邻两计算断面的流量，$\mathrm{m^3/s}$；

　　　　$\bar{J}$——两计算断面的平均摩阻比降，$\bar{J} = \dfrac{n^2 \bar{v}^2}{\bar{R}^{4/3}}$；

　　　　n——侧槽底板糙率，混凝土为 $0.011 \sim 0.017$，岩石为 $0.025 \sim 0.045$；

　　　　$\bar{v}$——相邻两计算断面的平均流速，$\bar{v} = \dfrac{v_1 + v_2}{2}$，m/s；

　　　　$\bar{R}$——相邻两计算断面的平均水力半径，$\bar{R} = \dfrac{R_1 + R_2}{2}$。

（6）槽底高程确定

侧槽槽底高程的确定，首先要确定泄槽起始断面高程，然后按选定的侧槽纵坡确定其他断面底部高程。起始断面槽底高程可根据侧槽首端溢流堰允许的淹没水深 h_s，定出侧槽起始断面水位，由该水位减去相应水深求得该截面底部高程。其他断面槽底高程可按槽底纵坡确定。

4.4* 非常溢洪道

当地形、地质条件合适时，溢洪道可布置为正常溢洪道与非常溢洪道。非常溢洪道用于宣泄超设计标准的洪水，两者宜分开布置。由于超标准洪水出现几率极小，宣泄时间也不长，所以非常溢洪道的结构比较简单，除了控制段和泄洪能力不能降低标准以外，其余部分都可以简化布置。如泄槽可不衬砌，消能防冲设施可不布置，以获得全面综合的经济效益。

非常溢洪道一般分为漫流式非常溢洪道、自溃式非常溢洪道和爆破引溃式非常溢洪道。

非常溢洪道的位置应与大坝保持一定的距离，以泄洪时不影响其他建筑物为控制条件。为了防止泄洪造成下游的严重破坏，当非常溢洪道启用时，水库最大总下泄流量不应超过坝址相同频率的天然洪水量。

4.4.1 漫流式非常溢洪道

漫流式非常溢洪道的布置与正槽溢洪道类似，堰顶高程应选用与非常溢洪道启用标准相应的水位高程，控制段不设闸门控制，任凭水流自由漫流。控制段设计标准应与正槽溢洪道控制段相同，控制段下游的泄槽和消能防冲设施可根据具体情况简化。溢流堰过水断面通常做成宽浅式，多设于垭口或地势平坦处，以减少土石方的开挖量。

4.4.2 自溃式非常溢洪道

自溃式非常溢洪道是在溢流堰上设自溃坝，自溃坝平时可起挡水作用，但当库水位达到一定的高程时应能迅速自溃行洪，故坝体材料宜选择无粘性细砂土，压实标准不高，易自溃。自溃式非常溢洪道结构简单，施工方便，造价低廉，但其灵活性较差，溃坝时具有偶然性，可能造成自溃时间的提前或滞后。自溃式非常溢洪道有漫顶溢流自溃式和引冲自溃式两种形式。

漫顶溢流自溃式非常溢洪道由自溃坝、溢流堰和泄槽组成。坝体自溃后露出溢流堰，由溢流堰控制泄流量，如图 4－25所示。

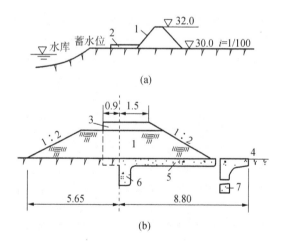

图 4－25　漫顶自溃式非常溢洪道进水口断面图（单位：m）

引冲自溃式非常溢洪道也是由自溃坝、溢流堰和泄槽组成，在坝顶中部或分段中部设引冲槽，如图 4－26所示。当库水位超过引冲槽底部高程后，水流经引冲槽向下游泄放，并把引冲槽冲刷扩大，使坝体自溃泄洪。

当自溃式非常溢洪道溢流的前缘较长时，可设隔墙将自溃坝分隔为若干段，各段坝顶高程应有差异，形成分级分段启用的布置方式，以满足库区出现不同频率罕遇洪水的泄洪要求。

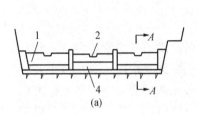
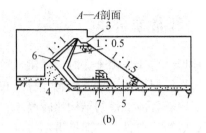

图 4 – 26　某水库引冲自溃坝式溢洪道

4.4.3　爆破引溃式非常溢洪道

与自溃式非常溢洪道相类似，爆破引溃式非常溢洪道是由溢洪道进口的副坝、溢流堰和泄槽组成。当需要宣泄洪水时，引爆预先埋设在副坝药室或廊道内的炸药，利用爆破的能量把布置在溢洪道进口的副坝强行炸开决口，形成引冲槽，并炸松决口以外坝体，通过快速水流的冲刷，使副坝迅速溃决而泄洪。由于这种引溃方式是由人工操作的，因而使坝体溃决有可靠的保证。

引例分析

（1）进口段

由于溢洪道进口紧靠水库，水流条件较好，不需引水渠，仅做喇叭口式进口段。

（2）控制端

采用宽顶堰，堰顶高程为116.70m，堰顶泄水宽度：已知最大泄量 $Q_泄 = 150 \text{m}^3/\text{s}$，堰顶高程为116.70m，校核洪水位为119.60m，堰顶水头 $H = 119.6 - 116.7 = 2.9$（m），行近流速 $v_0 \approx 0$，$H_0 \approx H$，流量系数 $m = 0.35$，则溢洪道堰顶宽度为

$$B = \frac{Q_泄}{m\sqrt{2g}H_0^{\frac{3}{2}}} = \frac{150}{0.35 \times \sqrt{2 \times 9.81} \times 2.9^{\frac{3}{2}}} = 19.591(\text{m})$$

选取溢洪道宽度为20m。

顺水流方向长度按宽顶堰要求 $2.5H < \delta < 10H$，取 $\delta = 3H = 8.7\text{m}$。因此，取9m。

（3）陡槽段

根据选定的溢洪道位置的落差，取底坡 $i = \frac{1}{8} = 0.125$，底宽 $B = 15\text{m}$。由水力学方法求得正常水深 $h_0 = 0.667\text{m}$，单宽流量 $q = 150/15 = 10\text{m}^3/(\text{s} \cdot \text{m})$，取 $\alpha = 1.1$，则临界水深 $h_k = \sqrt[3]{\frac{1.1 \times 10^2}{9.81}} = 2.238$（m），计算得临界底坡为 $i_k = 0.002\,791$。由于 $h_0 < h_k$，$i > i_k$，故属于陡坡，水流为急流。水面曲线为 b_2 型降水曲线。用分段求和法计算水面曲线。

边墙高度按计算出来的最大水深加一定超高确定。

（4）消能段

因溢洪道下游为岩基，采用挑流消能，挑射角为25°，反弧半径为8m，鼻坎高程为102.45m。按水力学公式计算挑距和冲刷坑深度，并校核是否满足要求。

（5）退水渠

将冲沟稍加修理，使水流经冲沟平顺地进入原河道。

技能训练

某大（2）型水库，正常蓄水位为30m，设计洪水位为32m（相应泄流量为150m³/s），校核洪水位33.43m（相应泄流量为210m³/s）。该地区最大风速的多年平均值为16.9m/s。坝肩山头较高，岸坡较陡。布置溢洪道泄槽处山坡坡度约为1:4，泄槽水平投影长约65m，泄槽宽8m。该地区地震基本烈度为Ⅵ度。地表为全风化粉砂岩，基岩为寒武系八村组粉砂泥岩强风化层。强风化层地基承载力标准值可取500kPa。

项目五　水闸设计

（1）掌握水闸的工作特点及分类；熟悉水闸的设计标准、水闸设计规范。（2）掌握闸孔口设计方法：①了解闸孔类型的选择方法；②掌握水闸总净宽的计算方法及公式应用；③理解闸孔的分孔方法、单孔净宽、闸墩厚度拟定、分缝方法及有关构造规定等概念；④熟悉水闸的构造要求。（3）培养学生的空间想象能力及绘制水闸横剖面的动手能力。

教学要求

知识要点	能力目标	权重
水闸的类型与工作特点	理解水闸的作用、分类、工作特点及组成	5%
水闸的孔口设计	掌握闸址选择、水闸等级划分、闸孔形式的选择、闸底板高程的确定及闸孔宽度的确定	15%
水闸的消能防冲设计	了解过闸水流的特点；理解消能防冲设计的条件；掌握底流消能设计的内容与方法	15%
闸基渗流分析与防渗设计	理解水闸地下轮廓的布置；掌握闸基渗流计算的方法；掌握防渗排水设施的布置	15%
闸室的布置与构造	理解水闸闸室的组成、布置与构造要求	10%
水闸稳定分析及地基处理	掌握闸室稳定分析的方法、荷载的计算及组合	15%
闸室的结构计算	理解闸室结构计算的内容与方法	10%
水闸与两岸的连接建筑物	理解水闸两岸的连接建筑物的作用与布置	10%
其他形式的水闸	了解其他形式的水闸	5%

引例

某排水闸建筑物等级为 2 级，水闸设计排水流量 72.2m³/s，相应闸上设计水位 11.48m（内河涌），浪高 0.5m，闸下设计水位 10.92m（外江）。防洪水位 16.89m（外江），浪高 0.8m，相应闸上水位 10.85m（内河涌）。排水渠为梯形断面，渠底宽为 12m，底高程 6.5m，渠顶高程 17.5m，两岸边坡均为 1:2。闸基持力层为粉质粘土，承载力为 140kPa，渗透系数为 1.8×10^{-7} m/s，闸上无交通要求，该地区地震烈度为 Ⅵ 度。

设计该水闸。

基本知识学习

5.1 水闸的类型与工作特点

5.1.1 概述

水闸是一种低水头建筑物，兼有挡水和泄水的作用，用以调节水位、控制流量，以满足水利事业的各种要求。关闭闸门，可以拦洪、挡潮、蓄水抬高上游水位，以满足上游取水或通航的需要。开启闸门，可以泄洪、排涝、冲沙、取水或根据下游用水的需要调节流量。水闸在水利工程中的应用十分广泛，多建于河道、渠系、水库、湖泊及滨海地区。

水闸设计应符合中华人民共和国行业标准《SL 265—2001 水闸设计规范》和现行的有关标准的规定。

水闸设计的内容有：闸址选择，确定孔口形式和尺寸，防渗、排水设计，消能防冲设计，稳定计算，沉降校核和地基处理，选择两岸连接建筑物的形式和尺寸，结构设计等。

水闸设计应认真搜集和整理各项基本资料。选用的基本资料应准确可靠，满足设计要求。水闸设计所需要的各项基本资料主要包括闸址处的气象、水文、地形、地质、试验资料以及工程施工条件、运用要求，所在地区的生态环境、社会经济状况等。

中国修建水闸的历史悠久。公元前598—前591年，楚令尹孙叔敖在今安徽省寿县建造芍陂灌区时，即设五个闸门引水。新中国成立以来，为防洪、排涝、灌溉、挡潮以及供水、发电等各种目的，修建了上千座大中型水闸和难以数计的小型涵闸，促进了工农业生产的发展，给国民经济带来了很大的效益，并积累了丰富的工程经验。如长江葛洲坝枢纽的二江泄水闸，最大泄量为 8.4×10^4 m³/s，位居中国首位，运行情况良好。国际上修建水闸的技术也在不断发展和创新，如荷兰兴建的东斯海尔德挡潮闸，闸高53m，闸身净长3km，被誉为海上长城。当前水闸的建设，正向形式多样化、结构轻型化、施工装配化、操作自动化和远动化方向发展。图 5-1 为一水闸实景。

图 5-1　广东省东莞石龙水闸实景

5.1.2　水闸的类型

水闸的种类很多，通常按其所承担的任务和闸室的结构形式来进行分类。

5.1.2.1　按水闸所承担的任务分类

（1）节制闸（或拦河闸）

拦河或在渠道上建造的水闸，枯水期用以拦截河道，抬高水位，以利上游取水或航运要求；洪水期则开闸泄洪，控制下泄流量。位于河道上的节制闸称为拦河闸，图 5-1 所示水闸即为节制闸。

（2）进水闸

进水闸建在河道、水库或湖泊的岸边，用来控制引水流量，以满足灌溉、发电或供水的需要。进水闸又称取水闸或渠首闸，见图 5-2。

（3）分洪闸

分洪闸常建于河道的一侧，用来将超过下游河道安全泄量的洪水泄入预定的湖泊、洼地，及时削减洪峰，保证下游河道的安全，见图 5-2。

（4）排水闸

排水闸常建于江河沿岸，外河水位上涨时关闸以防外水倒灌，外河水位下降时开闸排水，排除两岸低洼地区的涝渍。该闸具有双向挡水、双向过流的特点，见图 5-2。

（5）挡潮闸

挡潮闸建在入海河口附近，涨潮时关闸使海水不会沿河上溯，退潮时开闸泄水。挡潮闸具有双向挡水的特点，见图 5-2。

此外，还有为排除泥沙、冰块、漂浮物等而设置的排沙闸、排冰闸、排污闸等。

5.1.2.2　按闸室结构形式分类

（1）开敞式水闸

开敞式水闸（图 5-3a）当闸门全开时过闸水流通畅，适用于有泄洪、排冰、过木或

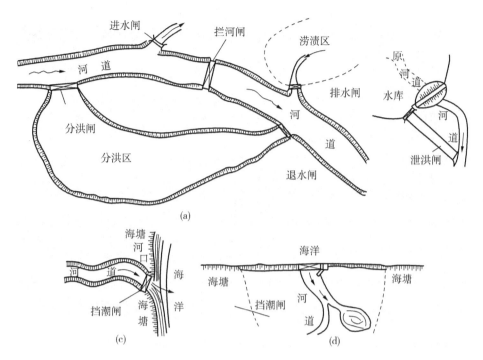

图 5 - 2 水闸的类型及位置示意图

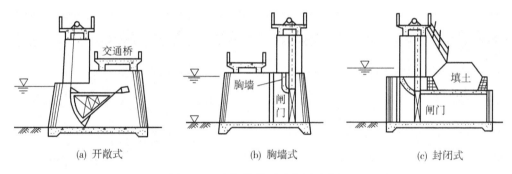

图 5 - 3 水闸的类型及位置示意图

排漂浮物等任务要求的水闸，节制闸、分洪闸常用这种形式。

（2）胸墙式水闸

胸墙式水闸（图 5 - 3b）和涵洞式水闸（图 5 - 3c），适用于闸上水位变幅较大或挡水位高于闸孔设计水位，即闸的孔径按低水位通过设计流量进行设计的情况。

胸墙式的闸室结构与开敞式基本相同，为了减少闸门和工作桥的高度或为控制下泄单宽流量而设胸墙代替部分闸门挡水，挡潮闸、进水闸、泄水闸常用这种形式。如中国葛洲坝泄水闸采用 12m×12m 活动平板门胸墙，其下为 12m×12m 弧形工作门，以适应宣泄大流量的需要。

（3）涵洞式水闸

涵洞式水闸（图 5 -3c）又称封闭式水闸。多用于穿堤引（排）水，闸室结构为封闭的涵洞，在进口或出口设闸门，洞顶填土与闸两侧堤顶平接即可作为路基而不需另设交通桥，排水闸多用这种形式。涵内水流可以是有压的或者是无压的。同胸墙式水闸一样，涵洞式水闸适用于闸上水位变幅较大或挡水位高于闸孔设计水位，即闸的孔径按低水位通过设计流量进行设计的情况。

5.1.3 水闸的工作特点

水闸既能挡水，又能泄水，且多修建在软土地基上，因而其在稳地定、防渗、消能防冲及沉降等方面都有其自身的特点。

（1）稳定方面

水闸关门挡水时，闸室将承受上下游水位差所产生的水平推力，使闸室有可能向下游滑动。闸室的设计，须保证有足够的抗滑稳定性。

（2）防渗方面

在上下游水位差的作用下，水将从上游沿闸基并绕过两岸连接建筑物向下游渗透，产生渗透压力，对闸基和两岸连接建筑物的稳定不利，尤其是建于土基上的水闸，由于土的抗渗稳定性差，有可能产生渗透变形，危及工程安全，故需综合考虑闸址地质条件、上下游水位差、闸室和两岸连接建筑物布置等因素，分别在闸室上下游设置完整的防渗和排水系统，确保闸基和两岸的抗渗稳定性。

（3）消能防冲方面

水闸开闸泄水时，在上、下游水位差的作用下，过闸水流往往具有较大的动能，流态也较复杂，而土质河床的抗冲能力较低，可能引起冲刷。此外，水闸下游常出现波状水跃（图5-4）和折冲水流（图5-5），会进一步加剧对河床和两岸的淘刷。因此，设计水闸除应保证闸室具有足够的过水能力外，还必须采取有效的消能防冲措施，以防止河道产生有害的冲刷。

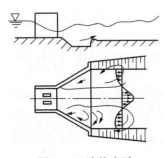

图5-4 波状水跃

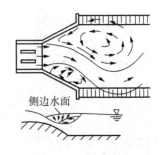

图5-5 折冲水流

（4）沉降方面

建于平原地区的水闸地基多为较松软的土基，承载力小，压缩性大，在水闸自重与外荷载作用下将会产生沉陷或不均匀沉陷，导致闸室或翼墙等下沉、倾斜，甚至引起结构断裂而不能正常工作。为此，对闸室和翼墙等的结构形式、布置和基础尺寸的设计，需与地基条件相适应，尽量使地基受力均匀，并控制地基承载力在允许范围以内，必要时应对地基进行妥善处理。对结构的强度和刚度需考虑地基不均匀沉陷的影响，并尽量减少相邻建筑物的不均匀沉陷。

5.1.4 水闸等级划分及洪水标准

5.1.4.1 工程等别及建筑物级别

平原区水闸枢纽工程应根据水闸最大过闸流量及其防护对象的重要性划分等别，其等别应按表5-1确定。规模巨大或在国民经济中占有特殊地位的水闸枢纽工程，其等别应经论证后报主管部门批准确定。

表5-1 平原区水闸枢纽工程分等指标

工程等别	I	II	III	IV	V
规模	大（1）型	大（3）型	中型	小（1）型	小（2）型
最大过闸流量（m³/s）	≥5000	5000～1000	1000～100	100～20	<20
防护对象的重要性	特别重要	重要	中等	一般	—

注：当按表列最大过闸流量及防护对象重要性分别确定的等别不同时，工程等别应经综合分析确定。

水闸枢纽中的水工建筑物应根据其所属枢纽工程等别、作用和重要性划分级别，其级别应按表5-2确定。

表5-2 水闸枢纽建筑物级别划分

工程等别	永久性建筑物级别		临时性建筑物级别
	主要建筑物	次要建筑物	
I	1	3	4
II	2	3	4
III	3	4	5
IV	4	5	5
V	5	5	

山区、丘陵区水利水电枢纽中的水闸，其级别可根据所属枢纽工程的等别及水闸自身的重要性按表5-2确定。山区、丘陵区水利水电枢纽工程等别应按国家现行的《SL 252—2000 水利水电工程等级划分及洪水标准》的规定确定。灌排渠系上的水闸，其级别可按现行的《GB 50288—1999 灌溉与排水工程设计规范》的规定确定。

对失事后造成巨大损失或严重影响，或采用实践经验较少的新型结构的2～5级主要建筑物，经论证并报主管部门批准后可提高一级设计；对失事后造成损失不大或影响较小的1～4级主要建筑物，经论证并报主管部门批准后可降低一级设计。

5.1.4.2 洪水标准

平原区水闸的洪水标准应根据所在河流流域防洪规划规定的防洪任务，以近期防洪目标为主，并考虑远景发展要求，按表5-3所列标准综合分析确定。

表5-3 平原区水闸洪水标准

水闸级别		1	2	3	4	5
洪水重现期（a）	设计	100～50	50～30	30～20	20～10	10
	校核	300～200	200～100	100～50	50～30	30～20

山区、丘陵区水利水电枢纽中的水闸，其洪水标准应与所属枢纽中永久性建筑物的洪水标准一致。山区、丘陵区水利水电枢纽中永久性建筑物的洪水标准应按国家现行的 SL 252—2000 标准的规定确定。

灌排渠系上的水闸，其洪水标准应按表5-4确定。

表5-4 灌排渠系上的水闸设计洪水标准

灌排渠系上水闸级别	1	2	3	4	5
设计洪水重现期（a）	100～50	50～30	30～20	20～10	10

注：灌排渠系上的水闸校核洪水标准，可视具体情况和需要研究确定。

平原区水闸闸下消能防冲的洪水标准应与该水闸洪水标准一致，并应考虑泄放小于消能防冲设计洪水标准的流量时可能出现的不利情况。

5.2 闸址选择和闸孔设计

5.2.1 闸址选择

闸址选择关系到工程建设的成败和经济效益的发挥，是水闸设计中的一项重要内容。闸址选择应根据水闸所负担的任务和运用要求，综合考虑地形、地质、水流、泥沙、施工、管理和其他方面等因素，经过技术经济比较选定。闸址一般设于水流平顺、河床及岸坡稳定、地基坚硬密实、抗渗稳定性好、场地开阔的河段。

由于各类水闸作用功能不一样，闸址选择时对不同的水闸有不同的要求。

节制闸或泄洪闸闸址宜选择在河道顺直、河势相对稳定的河段，经技术经济比较后可选择在弯曲河段裁弯取直的新开河道上。

进水闸、分水闸或分洪闸闸址宜选择在河岸基本稳定的顺直河段或弯道凹岸定点稍偏下游处。但分洪闸闸址不宜选择在险工堤段和被保护重要城镇的下游堤段。

排水闸（排涝闸）或泄水闸（退水闸）闸址宜选择在地势低洼、出水通畅处，排水闸（排涝闸）闸址宜选择在靠近主要涝区和容泄区的老堤堤线上。

挡潮闸闸址宜选择在岸线和岸坡稳定的潮沙河口附近，且闸址泓滩中淤变化较小、上游河道有足够的蓄水容积的地点。

5.2.2 水闸的组成

水闸通常由上游连接段、闸室段和下游连接段三部分组成，如图5-6所示。

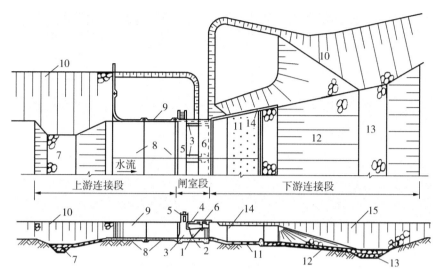

图 5 - 6　水闸的组成

1—闸门；2—闸室底板；3—闸墩；4—胸墙；5—工作桥；6—交通桥；7—上游防冲槽；
8—上游护底；9—上游翼墙；10—上、下游护坡；11—护坦；12—海墁；13—下游防冲槽；
14—下游翼墙

（1）上游连接段

上游连接段的主要作用是引导水流平稳地进入闸室，同时起防冲、防渗、挡土等作用。上游连接段包括：在两岸设置的翼墙和护坡，在河床设置的防冲槽、护底及铺盖，用以引导水流平顺地进入闸室，保护两岸及河床免遭水流冲刷，并与闸室共同组成足够长度的渗径，确保渗透水流沿两岸和闸基的抗渗稳定性。

（2）闸室段

闸室是水闸的主体，设有底板、闸门、启闭机、闸墩、胸墙、工作桥、交通桥等。闸门用来挡水和控制过闸流量，闸墩用以分隔闸孔和支承闸门、胸墙、工作桥、交通桥等。底板是闸室的基础，将闸室上部结构的重量及荷载向地基传递，兼有防渗和防冲的作用。闸室分别与上下游连接段和两岸或其他建筑物连接。

（3）下游连接段

下游连接段具有消能和扩散水流的作用。由护坦、海墁、防冲槽、两岸翼墙、护坡等组成，用以引导出闸水流向下游均匀扩散，减缓流速，消除过闸水流剩余动能，防止水流对河床及两岸的冲刷。

5.2.3　水闸堰型的选择

闸孔型式一般有宽顶堰型、低实用堰型和胸墙孔口型三种，见图 5 - 7。

（1）宽顶堰型

宽顶堰是水闸中最常用的结构形式。其主要优点是结构简单、施工方便，泄流能力比较稳定，有利于泄洪、冲沙、排淤、通航等；其缺点是自由泄流时流量系数较小，容易产生波状水跃。

（2）低实用堰型

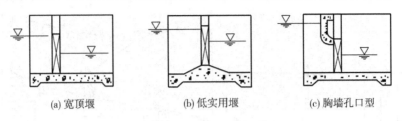

(a) 宽顶堰   (b) 低实用堰   (c) 胸墙孔口型

图 5-7 闸孔型式

低实用堰有梯形的、曲线形的和驼峰形的。实用堰自由泄流时流量系数较大，水流条件较好，选用适宜的堰面曲线可以消除波状水跃；但泄流能力受尾水位变化的影响较为明显，当 $h_s > 0.6H$ 以后，泄流能力将急剧降低，不如宽顶堰泄流时稳。上游水深较大时，采用这种孔口形式，可以减小闸门高度。

（3）胸墙孔口型

当上游水位变幅较大，过闸流量较小时，常采用胸墙孔口型。可以减小闸门高度和启门力，从而降低工作桥高和工程造价。

5.2.4 闸槛高程的确定

闸槛高程与水闸承担的任务有关，应根据河（渠）底高程、水流、泥沙、闸址地形、地质、闸的施工、运行条件，结合选用的堰型、门型和闸孔总净宽等，经技术经济比较确定。

闸底板应置于较为坚实的土层上，并应尽量利用天然地基。在地基强度能够满足要求的条件下，底板高程定得高些，闸室宽度大，两岸连接建筑相对较低。对于小型水闸，由于两岸连接建筑在整个工程中所占比重较大，因而总的工程造价可能是经济的。在大中型水闸中，由于闸室工程量所占比重较大，因而适当降低底板高程，常常是有利的。当然底板高程也不能定得太低，否则，由于单宽流量加大，将会增加下游消能防冲的工程量，闸门增高，启闭设备的容量也随之增大，并且基坑开挖也较困难。

一般情况下，拦河闸和冲沙闸的底板顶面可与河床齐平；池水闸的底板顶面在满足引用设计流量的条件下，应尽可能高一些，以防止推移致泥沙进入渠道；分洪闸的底板顶面也应较河床稍高。排水闸则应尽量定得低些，以保证将渍水迅速降至计划高程，但要避免排水出口被泥沙淤塞；挡潮闸兼有排水闸作用时，其底板顶面也应尽量定低一些。

5.2.5 计算闸孔总净宽

闸孔总净宽应根据泄流特点、下游河床地质条件和安全泄流的要求，结合闸孔孔径和孔数的选用，经技术经济比较后确定。计算时分别对不同的水流情况，根据给定的设计流量、上下游水位和初拟的底板高程及堰型来确定。

（1）对于平底闸，当水流为堰流时，计算示意图如图 5-8 所示。计算公式如式（5-1）～式（5-5）。

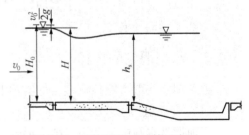

图 5-8 平底板堰流计算示意图

$$B_0 = \frac{Q}{\sigma \varepsilon m \sqrt{2g} H_0^{\frac{3}{2}}} \qquad (5-1)$$

单孔闸 $$\varepsilon = 1 - 0.171\left(1 - \frac{b_0}{b_s}\right)\sqrt[4]{\frac{b_0}{b_s}} \qquad (5-2)$$

多孔闸 $$\varepsilon = \frac{\varepsilon_Z(N-1) + \varepsilon_b}{N} \qquad (5-3)$$

$$\varepsilon_Z = 1 - 0.171\left(1 - \frac{b_0}{b_0 + d_Z}\right)\sqrt[4]{\frac{b_0}{b_0 + d_Z}} \qquad (5-4)$$

$$\varepsilon_b = 1 - 0.171\left(1 - \frac{b_0}{b_0 + \frac{d_Z}{2} + b_b}\right)\sqrt[4]{\frac{b_0}{b_0 + \frac{d_Z}{2} + b_b}} \qquad (5-5)$$

式中　B_0——闸孔总净宽，m；

Q——过闸流量，m^3/s；

H_0——计入行近流速在内的堰上水深，m；

g——重力加速度，取 9.81 m/s^2；

m——堰流流量系数，可采用 0.385；

ε——堰流侧收缩系数，对于单孔闸可按式（5-2）计算求得或由表 5-6 查得，对于多孔闸可按式（5-3）计算求得；

b_0——闸孔净宽，m；

b_s——上游河道一半水深处的宽度，m；

N——闸孔数；

ε_Z——中闸孔侧收缩系数，可按式（5-4）计算求得或由表 5-6 查得，但表中 b_s 为 $b_0 + d_Z$；

d_Z——中闸墩厚度，m；

ε_b——边闸孔侧收缩系数，可按式（5-5）计算求得或由表 5-6 查得，但表中 b_s 为 $b_0 + \frac{d_Z}{2} + b_b$；

b_b——边闸墩顺水流向边缘线至上游河道水边线之间的距离，m；

σ——堰流淹没系数，对于宽顶堰可由表 5-5 查得，表中的 h_s 为堰顶下游水深，m。

表 5-5　宽顶堰 σ 值

h_s/h_0	$\leqslant 0.72$	0.75	0.78	0.80	0.82	0.84	0.86	0.88	0.90	0.91
σ	1.00	0.99	0.98	0.97	0.95	0.93	0.90	0.87	0.83	0080
h_s/h_0	0.92	0.93	0.94	0.95	0.96	0.97	0.98	0.99	0.995	0.998
σ	0.77	0.74	0.70	0.66	0.61	0.55	0.47	0.36	0.28	0.19

当堰顶处于高淹没度（$h_s/H_0 \geqslant 0.9$）时，

$$B_0 = \frac{Q}{\mu_0 h_s \sqrt{2g(H_0 - h_s)}}$$

表5－6 侧收缩系数 ε 值

b_0/b_s	≤0.2	0.3	0.4	0.5	0.6	0.7	0.8	0.9	0.10
ε	0.909	0.911	0.918	0.928	0.940	0.953	0.968	0.983	1.000

（2）当为孔口出流时，计算示意图如图 5－9 所示，计算公式如式（5－6）～式（5－9）。

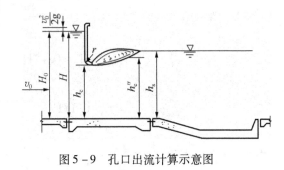

$$B_0 = \frac{Q}{\sigma'\mu h_e \sqrt{2gH_0}} \qquad (5-6)$$

$$\mu = \varphi\varepsilon' \sqrt{1 - \frac{\varepsilon'h_e}{H}} \qquad (5-7)$$

$$\varepsilon' = \frac{1}{1 + \sqrt{\lambda\left[1 - \left(\frac{h_e}{H}\right)^2\right]}} \qquad (5-8)$$

图5－9 孔口出流计算示意图

$$\lambda = \frac{0.4}{2.718^{16\frac{r}{h_e}}} \qquad (5-9)$$

式中　h_e——孔口高度，m；

　　　μ——宽顶堰上孔流流量系数，可按式（5－7）计算求得或由表5－7查得；

　　　ε'——垂直收缩系数，可由式（5－8）计算求得；

　　　φ——流速系数，可取 0.95～1.0；

　　　λ——计算系数，可由式（5－9）计算求得，该公式适用于 $0 < \frac{r}{h_e} < 0.25$ 范围；

　　　r——胸墙底圆弧半径，m；

　　　σ'——宽顶堰上孔流淹没系数，可由表5－8查得，表中 h''_c 为跃后水深，m。

水闸的过闸水位差应根据上游淹没影响、允许的过闸单宽流量和水闸工程造价等因素综合比较确定。一般情况下，平原地区水闸的过闸水位差可采用 0.1～0.3m。

水闸的过水能力与上下游水位、底板高程和闸孔总净宽等是相互关联的，设计时，需要通过对不同方案进行技术经济比较后最终确定。

5.2.6　确定闸孔总净宽及闸室单孔宽度

闸孔总净宽的确定，除满足以上过流能力计算的要求外，主要还涉及两个问题：一个是过闸单宽流量的大小，另一个是与河道总宽的关系。闸孔总净宽大体上要求与上下游河道宽度相适应，河北省根据实践经验提出大中型水闸闸室总宽度与河道宽度的比值一般不小于表5－7数值。

表5－7 水闸闸室总宽与河道宽度的比值

河道宽度	闸室总宽/河道宽度
50～100	0.6～0.75
100～200	0.75～0.85
>200	0.85

表 5 - 8 宽顶堰上孔流流量系数 μ 值表

h_0/H r/h_e	0	0.05	0.10	0.15	0.20	0.25	0.30	0.35	0.40	0.45	0.50	0.55	0.60	0.65
0	0.582	0.573	0.565	0.557	0.549	0.542	0.534	0.527	0.520	0.512	0.505	0.497	0.489	0.481
0.05	0.667	0.656	0.644	0.633	0.622	0.611	0.600	0.589	0.577	0.566	0.553	0.541	0.527	0.512
0.10	0.740	0.725	0.711	0.697	0.682	0.668	0.653	0.638	0.623	0.607	0.590	0.572	0.553	0.533
0.15	0.798	0.781	0.764	0.747	0.730	0.712	0.694	0.676	0.657	0.637	0.616	0.594	0.571	0.546
0.20	0.842	0.824	0.805	0.785	0.766	0.745	0.725	0.703	0.681	0.658	0.634	0.609	0.582	0.553
0.257	0.875	0.855	0.834	0.813	0.791	0.769	0.747	0.723	0.699		0.673	0.647	0.619	0.589

注：表中 r 为胸墙底缘的圆弧半径（m）。

最大过闸单宽流量取决于闸下游河渠的允许最大单宽流量。允许最大过闸单宽流量可按下游河床允许最大单宽流量的 $1.2 \sim 1.5$ 倍确定。根据工程实践经验，一般在细粉质及淤泥河床上，单宽流量 $5 \sim 10 \text{m}^3 /$ （s·m）；在砂壤土地基上取 $10 \sim 15 \text{m}^3 /$ （s·m）；在壤土地基上取 $15 \sim 20 \text{m}^3 /$ （s·m）；在粘土地基上取 $20 \sim 25 \text{m}^3 /$ （s·m）。下游水深较深，上下游水位差较小和闸后出流扩散条件较好时，宜选用较大值。

孔宽、孔数和闸室总宽度拟定后，再考虑闸墩等的影响，进一步验算水闸的过水能力。计算的过水能力与设计流量的差值，一般不得超过 $\pm 5\%$。

闸孔孔径应根据闸的地基条件、运用要求、闸门结构形式、启闭机容量，以及闸门的制作、运输、安装等因素，进行综合分析确定。我国大中型水闸的单孔净宽 b_0 一般采用 $8 \sim 12\text{m}$。

选用的闸孔孔径应符合国家现行的《SL 74—1995 水利水电工程钢闸门设计规范》所规定的闸门孔口尺寸系列标准。

闸孔孔数 $n = B_0/b_0$，n 值应取略大于计算要求值的整数。闸孔孔数少于 8 孔时，宜采用单数孔，以利于对称开启闸门，改善下游水流条件。

5.3 闸室的布置和构造

闸室是水闸的主体部分，开敞式水闸闸室由底板、闸墩、闸门、工作桥和交通桥等组成，有的水闸还设有胸墙。

5.3.1 底板

底板按结构形式分，主要有平底板、低堰底板（图 5 - 4b）、箱式底板（图 5 - 10a）、斜底板（图 5 - 10b）、反拱底板（图 5 - 10c）等。根据底板与闸墩的连接方式不同，底板可分为整体式与分离式两种。工程中使用最多的底板是整体式平底板。

平底板按底板与闸墩的连接方式，有整体式（图 5 - 11）和分离式（图 5 - 12）两种。

（1）整体式平底板

闸墩与底板浇筑成整体即为整体式底板。其顺流向长度可根据闸身稳定和地基应力分布较均匀等条件来确定，同时应满足上层结构布置的需要。水头愈大，地基愈差，底板应

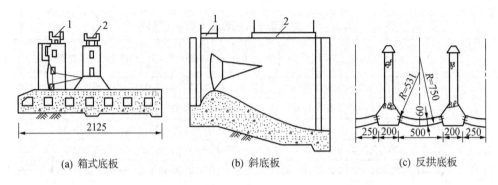

(a) 箱式底板　　　　　(b) 斜底板　　　　　(c) 反拱底板

图 5 - 10　闸底板形式（单位：cm）
1—工作桥；2—交通桥

愈长。初拟底板长度时，参考表 5 - 9：

表 5 - 9　闸室底板顺水流向长度与上下游最大水位差的比值

地基条件	闸室底板顺水流向长度/上下游最大水位差
碎石土、砾（卵）石	1.5～2.5
砂土、砂壤土	2.0～3.5
粉质壤土、壤土	2.0～4.0
粘土	2.5～4.5

底板厚度必须满足强度和刚度的要求。大中型水闸可取闸孔净宽的 1/6～1/8，一般为 1.0～2.0m，最薄不小于 0.7m，渠系小型水闸可薄至 0.3m。底板内配置钢筋。底板混凝土强度等级应满足强度、抗渗及防冲要求，一般选用 C15 或 C20。

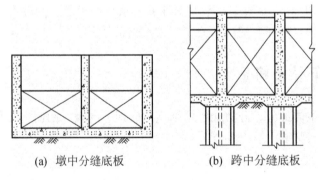

(a) 墩中分缝底板　　　　　(b) 跨中分缝底板

图 5 - 11　整体式底板

（2）分离式平底板

底板与闸墩之间用沉降缝分开，成为分离式底板，如图 5 - 12 所示。中间底板仅有防冲、防渗的要求，其厚度按自身抗滑稳定确定。一般用混凝土或浆砌石建成，必要时加少量钢筋。分离式平底板一般适用于孔径大于 8m 和密实的地基或岩基的水闸。分离式底板水闸的整体性较差，不宜用在涵洞式闸室结构中，也不宜建在地震区。

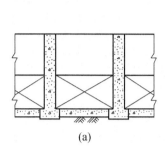 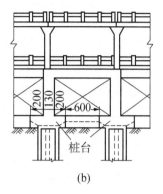

图 5 - 12　分离式底板（单位：cm）

5.3.2　闸墩

闸墩的作用主要是分隔闸门，支承闸门、胸墙、工作桥、交通桥等上部结构。闸墩结构形式应根据闸室结构抗滑稳定性和闸墩纵向刚度要求确定，一般宜采用实体式。闸墩的外形轮廓应能满足过闸水流平顺、侧向收缩小、过流能力大的要求。上游墩头可采用半圆形或尖角形，下游墩头宜采用流线形。

闸墩上游部分的顶面高程应满足以下两个要求：①水闸挡水时，不应低于水闸正常蓄水位（或最高挡水位）加波浪计算高度与相应安全超高值之和；②泄洪时，不应低于设计洪水位（或校核洪水位）与相应安全超高值之和。各种运用情况下水闸安全超高下限值见表 5 - 10。位于防洪（挡潮）堤上的水闸，其闸墩顶高程不得低于防洪（挡潮）堤堤顶高程。闸墩下游部分的顶面高程可根据需要适当降低。

表 5 - 10　水闸安全超高下限值

运用情况	水闸级别	1	2	3	4、5
挡水时	正常蓄水位（m）	0.7	0.5	0.4	0.3
	最高挡水位（m）	0.5	0.4	0.3	0.2
泄水时	设计洪水位（m）	1.5	1.0	0.7	0.5
	校核洪水位（m）	1.0	0.7	0.5	0.4

闸墩长度取决于上部结构布置和闸门的形式，一般与底板同长或稍短些。

闸墩厚度必须满足稳定与强度要求并考虑构造要求和施工方法确定。根据经验，一般浆砌石闸墩厚 0.8～1.5m，混凝土闸墩厚 1～1.6m，少筋混凝土墩厚 0.9～1.4m，钢筋混凝土墩厚 0.7～1.2m。闸墩在门槽处厚度不宜小于 0.4m。

平面闸门的门槽尺寸应根据闸门的尺寸确定，一般检修门槽深 0.15～0.25m，宽约 0.15～0.30m，主门槽深一般不小于 0.3m，宽约 0.5～1.0m。检修门槽与工作门槽之间的净距为 1.5～2.0m，以便于工作人员检修。

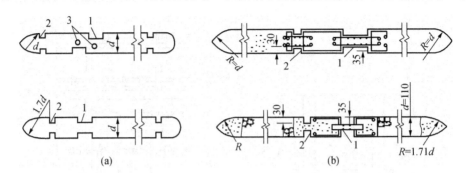

图 5 – 13　闸墩布置

5.3.3　胸墙

胸墙的作用是代替一部分闸门挡水。胸墙顶部高程与闸墩顶部高程齐平。胸墙底高程以不影响泄水为原则。

胸墙相对于闸门的位置，取决于闸门的形式。对于弧形闸门，胸墙位于闸门的上游侧；对于平面闸门，胸墙可设在闸门下游侧，也可设在上游侧。后者止水结构复杂，易磨损，但有利于闸门启闭，钢丝绳也不易锈蚀。

胸墙采用钢筋混凝土结构，结构形式可根据闸孔孔径大小和泄水要求选用。当孔径小于或等于 6m 时可采用上薄下厚的板式结构（图 5 – 14a），板式胸墙顶部厚度一般不小于 0.2m。

孔径大于 6.0m 时宜采用板梁式结构（图 5 – 14b）。梁板式的板厚一般不小于 0.12m；顶梁梁高约为胸墙跨度的 1/12 ～ 1/15；梁宽常取 0.4 ～ 0.8m；底梁由于与闸门接触，要求有较大的刚度，梁高约为胸墙跨度的 1/8 ～ 1/9，梁宽为 0.6 ～ 0.12m。

当胸墙高度大于 5m，且跨度较大时，可增设中梁及竖梁构成肋形结构图 5 – 14c 。

为使过闸水流平顺，胸墙迎水面底缘应做成流线形。

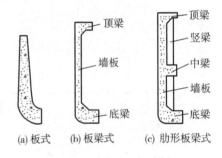

图 5 – 14　胸墙形式

胸墙与闸墩的连接方式可根据闸室地基、温度变化条件、闸室结构横向刚度和构造要求等采用简支式或固接式（图 5 – 15）。简支胸墙与闸墩分开浇筑，可避免在闸墩附近迎水面出现裂缝，但截面尺寸较大。固接式胸墙与闸墩同期浇筑，胸墙钢筋伸入闸墩内，形成刚性连接，截面尺寸较小，容易在胸墙支点附近的迎水面产生裂缝。整体式底板可用固接式，分离式底板多用简支式。

5.3.4　工作桥、交通桥

工作桥是为安装启闭机和便于工作人员操作而设在闸墩上的桥。当桥面很高时，可在闸墩上部设排架支承工作桥。

工作桥设置高程与门型有关。一般要求闸门开启后，门底高于上游最高水位，以免阻碍过闸水流。如采用活动式启闭机，桥高则可适当降低。若采用升卧式平面闸门，由于闸

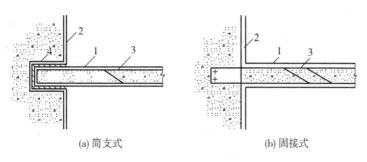

图 5 - 15 胸墙的支承形式

1—胸墙；2—闸墩；3—钢筋；4—涂沥青

门全开后处于平卧位置，因而工作桥可以做得较低。

小型水闸的工作桥一般采用板式结构。大中型水闸多采用板梁结构（图 5 - 16）。

工作桥的宽度应满足设备的需要，还应留一定富裕宽度，以供工作人员操作之用。小型水闸总宽度在 2 ～ 2.5m 之间，大型水闸总宽度在 2.5 ～ 4.5m之间。

交通桥的位置应根据闸室稳定及两岸交通连接等条件确定，通常布置在闸室靠低水位一侧。仅供人畜通行的交通桥，其宽度常不小于 3m；行驶汽车等的交通桥，应按交通部制定的规范进行设计，一般公路单车道净宽4.5m，双车道7～9m。交通桥的形式可采用板式、板梁式和拱式，中、小型工程可使用定型设计。

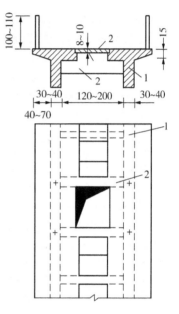

图 5 - 16 工作桥 板梁结构（单位：cm）

1—纵梁；2—横梁；3—活动铺板

5.3.5 闸室的分缝及止水设备

5.3.5.1 分缝方式及布置

水闸在垂直水流方向，每隔一定距离必须设沉降缝，兼作温度缝，以免闸室因地基不均匀沉降及温度变化而产生裂缝。缝距一般为 15 ～ 30m，缝宽为 0.02 ～ 0.03m，视地基及荷载变化情况而定。

整体式底板闸室沉降缝，一般设在闸墩中间，其目的是保证在闸室发生不均匀沉降时不妨碍闸门的正常运行。对于中孔，一般二孔或三孔一联，成为独立单元。对于边孔，为了减轻墙后填土对闸室的不利影响，特别是在地质条件较差时，最好一孔一缝或两孔一联（图 5 - 17a）。如果地

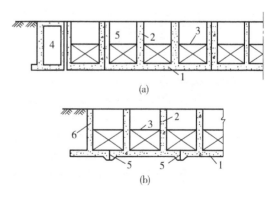

图 5 - 17 闸底板分缝型式

1—底板；2—闸墩；3—闸门；4—岸墙；
5—沉降缝；6—边墩

基条件较好，也可以将缝设在底板中间（图5-17b），这样不仅减小闸墩厚度和水闸总宽，底板受力条件也可改善。

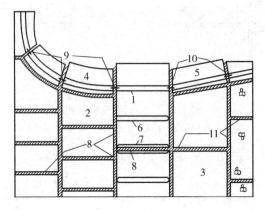

图5-18 水闸分缝布置图

1—边墩；2—混凝土铺盖；3—消力池；4—上游翼墙；5—下游翼墙；6—中墩；7—缝墩；
8—柏油油毛毡嵌紫铜片；9—垂直止水甲；10—垂直止水乙；11—柏油油毛毡止水

土基上的水闸，不仅闸室本身分缝，凡相邻结构荷重相差悬殊或结构较长、面积较大的地方都要设缝分开。如铺盖、护坦与闸室底板、翼墙连接处，消力池与闸室底板都应设缝；翼墙、混凝土铺盖及消力池底板本身也需分段、分块（图5-18）。

5.3.5.2 止水

水闸设缝后，凡具有防渗要求的缝，都应设止水设备。

止水按其位置不同分铅直止水和水平止水两种。前者设在闸墩中间，边墩与翼墙间以及上游翼墙本身；后者设在铺盖、消力池与底板和翼墙、底板与闸墩间以及混凝土铺盖及消力池本身的温度沉降缝内。两个止水交叉处的构造应妥善处理，形成完整的止水体系。

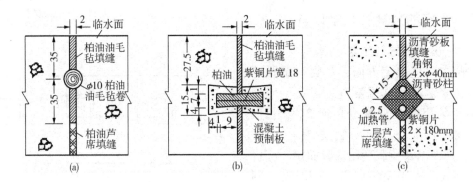

图5-19 铅直止水构造图（单位：cm）

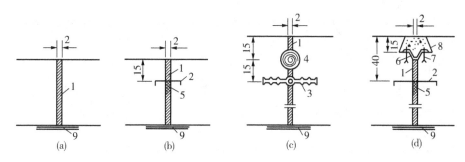

图 5 - 20　水平止水构造图（单位：cm）

1—柏油油毛毡伸缩缝；2—灌 3 号松香柏油；3—紫铜片 0.1cm（或镀钵铁片 0.12cm）；
4—φ7 柏油麻绳；5—塑料止水片；6—护坦；7—柏油油毛毡；8—三层麻袋二层油毡浸沥青

5.4　水闸的消能防冲设计

5.4.1　过闸水流特点及消能方式

水闸泄水时，可能具有较大的上下游水位差，部分势能转为动能，流速增大，具有较强的冲刷能力，而土质河床一般抗冲能力较低。因此，为了保证水闸的安全运行，必须采取适当的消能防冲措施。为了设计好水闸的消能防冲设施，应先了解过闸水流的特点及对消能防冲设施的要求。

水闸初始泄流时，闸下水深较浅，随着闸门开度的增大而逐渐加深，闸下出流由孔流到堰流，由自由出流到淹没出流都会发生，水流形态比较复杂。因此，消能设施应在任意工作情况下，均能满足消能的要求并与下游水流很好地衔接。

当水闸上、下游水位差较小时，出闸水流容易发生波状水跃，特别是在平底板的情况下更是如此。此时无强烈的水跃旋滚，水面波动，消能效果差，具有较大的冲刷能力。另外，水流处于急流状态，不易向两侧扩散，致使两侧产生回流，缩小河槽过水有效宽度，局部单宽流量增大，严重地冲刷下游河道。

一般水闸的宽度较上下游河道窄，水流过闸时先收缩而后扩散。如工程布置或多孔水闸闸门开启不当，出闸水流不能均匀扩散，极易形成折冲水流，冲毁消能防冲设施和下游河道。

平原地区的水闸，由于水头低，下游水位变幅大，水闸一般都采用底流式消能。当下游河道有足够的水深且变化较小，河床及河岸的抗冲能力较大时，可采用面流式衔接。对于山区灌溉渠道上的泄水闸和退水闸，如果下游是坚硬的岩体，又具有较大的水头时，可以采用挑流式消能。

5.4.2　底流式消能设计

5.4.2.1　设计条件的选择

水闸在泄水（或引水）过程中，随着闸门开启度不同，闸下水深、流态及过闸流量也随之变化，设计条件较难确定。一般是上游水位高、闸门部分开启、单宽流量大是控制条件，为保证水闸既能安全运行，又不增加工程造价，设计时应以闸门的开启程序、开启孔数和开启高度进行多种组合计算，进行分析比较确定。

上游水位一般采用开闸泄流时的最高挡水位。选用下游水位时，应考虑水位上升滞后于泄量增大的情况。计算时可选用相应于前一开度泄量的下游水位。下游始流水位应选择在可能出现的最低水位，同时还应考虑水闸建成后上下游河道可能发生淤积或冲刷以及尾水位变动的不利影响。

5.4.2.2 布置

底流式消能防冲设施主要由消力池、海墁和防冲槽等部分组成，其形式应根据水位流量情况、地质条件、施工能力、消能效果和经济比较结果确定。

消力池的作用是促成水跃，来保护水跃范围内的河床免遭冲刷。主要形式有三种：①下挖式，即降低护坦高程所形成的消力池；②突槛式，即护坦高程不降低，在其末端修建消能槛所形成的消力池；③综合式，是一种常用的既有挖深又筑有低槛的消力池型式。如图 5-21 所示。

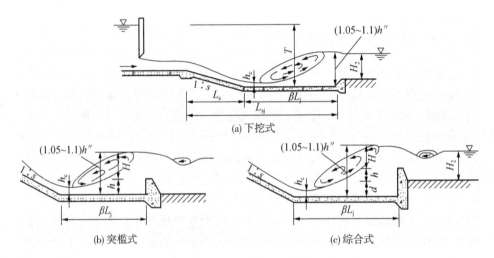

(a) 下挖式

(b) 突槛式　　　　　(c) 综合式

图 5-21　消力池形式

当闸下尾水深度小于跃后水深时，可采用挖深式消力池消能。消力池可采用斜坡面与闸底板相连接，斜坡面的坡度不宜陡于 1:4。当闸下尾水深度略小于跃后水深时，可采用突槛式消力池消能。当闸下尾水深度远小于跃后水深，且计算消力池深度又较深时，可采用下挖消力池与突槛式消力池相结合的综合式消力池消能。

当水闸上、下游水位差较大，且尾水深度较浅时，宜采用二级或多级消力池消能。

下挖式消力池、突槛式消力池或综合式消力池后均应设海墁和防冲槽（或防冲墙）。

消力池末端一般布置突槛，用以调整流速分布，减小出池水流的底部流速，且可在槛后产生小横轴旋滚，防止在尾坎后

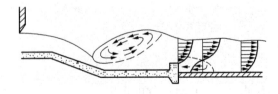

图 5-22　突槛后的流速分布

发生冲刷，并有利于平面扩散和消减边侧下游回流，见图 5 – 22。图 5 – 23 为连续式的实体槛（图 5 – 23a）和差动式的齿槛（图 5 – 23b）。

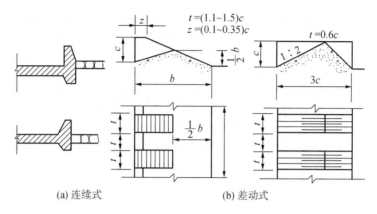

(a) 连续式　　　　　　　　　(b) 差动式

图 5 – 23　突槛形式

连续实体槛壅高池中水位的作用比齿槛好，也便于施工，一般采用较多。齿槛对调整槛后水流流速分布和扩散作用均优于实体槛，但其结构形式较复杂，当水头较高、单宽流量较大时易空蚀破坏，故一般多用于低水头的中、小型工程。图中几何尺寸可供选用时参考，最终应由水工模型试验确定。

5.4.2.3　池长、池深的确定

（1）消力池的长度

工程设计应保证水跃发生在消力池内，故消力池的长度与水跃长度有关。平底消力池产生的水跃称为自由水跃，它需要消力池较长，当采用下挖式或突槛式消力池时，池内形成强迫水跃，该水跃较自由水跃短，也比较稳定。消力池的长度包括消力池斜坡段的水平投影长度和平底段两部分。消力池的长度可按式（5 – 10）、式（5 – 11）计算。

$$L_{sj} = L_s + \beta L_j \tag{5 – 10}$$

$$L_j = 6.9(h_c'' - h_c) \tag{5 – 11}$$

式中　L_{sj}——消力池长度，m；

L_s——消力池斜坡段水平投影长度，m；

β——水跃长度校正系数，可采用 $0.7 \sim 0.8$；

L_j——水跃长度，m。

大型水闸的消力池深度和长度，在初步设计阶段，应进行水工模型试验验证。

（2）消力池的深度

消力池的深度是在某一给定的流量和相应的下游水深条件下确定的，该流量不一定是水闸所通过的最大流量，而应通过试算，取相当于 $h_c' \sim h_s$ 为最大时的流量为设计流量。设计时，应当选取最不利情况对应的流量作为确定消力池深度的设计流量。要求水跃的起点位于消力池的上游端或斜坡段的坡脚附近。

消力池深度可按式（5 – 12）～式（5 – 15）计算。

$$d = \sigma_0 h_c'' - h_s' - \Delta z \tag{5 – 12}$$

$$h_c'' = \frac{h_c}{2}\left(\sqrt{1 + \frac{8\alpha q^2}{g h_c^3}} - 1\right) \tag{5 – 13}$$

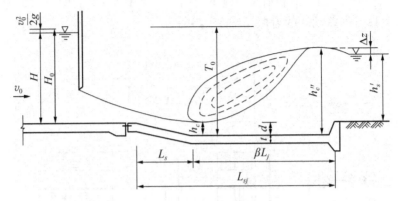

图 5 – 24   消力池计算示意图

$$h_c^3 - T_0 h_c^2 + \frac{\alpha q^2}{2g\varphi^2} = 0 \qquad (5 - 14)$$

$$\Delta z = \frac{\alpha q^2}{2g\varphi^2 h_s'^2} - \frac{\alpha q^2}{2g h_c''} \qquad (5 - 15)$$

式中　d——消力池深度，m；

　　　σ_0——水跃淹没系数，可采用 $1.05 \sim 1.10$；

　　　h_c''——跃后水深，m；式（5 – 13）和式（5 – 14）中 q 为过闸单宽流量；

　　　h_c——收缩水深，m；

　　　α——水流动能校正系数，可采用 $1.0 \sim 1.05$；

　　　T_0——总势能，m；

　　　z——出池落差，m；式（5 – 15）中 q 为消力池末端的单宽流量；

　　　h_s'——出池河床水深，m。

　　　φ——流量系数，一般取 0.95。

5.4.2.4　构造要求

消力池底板（即护坦）在运行过程中，承受水流的冲击力、水流脉动压力和底部扬压力等作用，应具有足够的重量、强度和抗冲耐磨的能力，一般用 C20 混凝土浇筑而成，并按构造配置 $\phi 10 \sim 12\text{mm}@250 \sim 300\text{mm}$ 的构造钢筋。大型水闸消力池的顶、底面均需配筋，中、小型的可只在顶面配筋。

护坦一般是等厚的，但也可采用不同的厚度。始端厚度大，向下游逐渐减小。护坦厚度可根据抗冲和抗浮要求，分别按式（5 – 16）～与式（5 – 17）计算，并取其最大值。消力池末端厚度，可采用 $t/2$，但护坦最小厚度不得小于 0.5m。

抗冲　　　$t = k_1 \sqrt{q \sqrt{\Delta H'}} \qquad (5 - 16)$

抗浮　　　$t = k_2 \dfrac{P_y - \gamma H_d}{\gamma_1} \qquad (5 - 17)$

式中　t——消力池底板始端厚度，m；

　　　k_1——消力池底板计算系数，可采用 $0.15 \sim 0.20$；

　　　k_2——消力池底板安全系数，可采用 $1.1 \sim 1.3$；

　　　P_y——扬压力，kPa；

h_d——消力池内平均水深，m；

γ——水的重度，kN/m^3；

γ_1——消力池底板的饱和重度，kN/m^3。

水闸防渗设计中，为了降低护坦底部的渗透压力，常在水平护坦的后半部设置排水孔，孔下铺设反滤层，排水孔孔径一般为 $0.05 \sim 0.1m$，间距 $1 \sim 3m$，呈梅花形布置。

护坦与闸室、岸墙及翼墙之间，以及其本身沿水流方向均应用缝分开，以适应不均匀沉陷和温度变形。护坦自身的缝距可取 $10 \sim 20m$，靠近翼墙的消力池缝距应取得小一些。护坦在垂直水流方向通常不设缝，以保证其稳定性，缝宽 $0.02 \sim 0.025m$。缝的位置如在闸基防渗范围内，缝中应设止水设备；但一般都铺贴沥青油毛毡。

为增强护坦的抗滑稳定性，常在消力池的末端设置齿墙，墙深一般为 $0.8 \sim 1.5m$，宽为 $0.6 \sim 0.8m$。

5.4.2.5　辅助消能工

为了提高消力池的消能效果，除突槛外，消力池内可设置消力墩、消力梁等辅助消能工（图 5 – 25），以加强紊动扩散，减小跃后水深，缩短水跃长度，稳定水跃，达到提高水跃消能效果的目的。

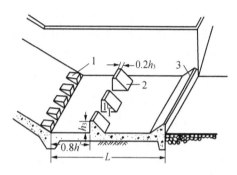

图 5 – 25　辅助消能工

5.4.3　海幔

水流经过消力池，虽已消除了大部分多余能量，但紊动仍很剧烈，流速分布也不均匀，对河床仍有较强的冲刷能力。因此，对护坦后的河床，除抗冲能力很强的岩基外，仍需设置海幔等防冲加固设施，以免引起严重冲刷，图 5 – 26 为海幔布置示意图。

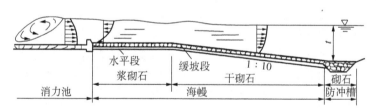

图 5 – 26　海幔布置示意图

5.4.3.1　海幔长度

海幔的长度应根据可能出现的不利水位、流量组合情况进行计算。在不确定时应试算各种水位、流量组合情况，当 $\sqrt{q_s \sqrt{\Delta H'}} = 1 \sim 9$，且消能扩散情况良好时，海幔长度可按式（5 – 18）计算

$$L_p = K_s \sqrt{q_s \sqrt{\Delta H'}} \qquad (5 – 18)$$

式中　L_p——海幔长度，m；

q_s——消力池末端单宽流量，$m^3/(s \cdot m)$；

H'——泄水时的上、下游水位差，m；

k_s——海幔长度计算系数；可由表 5 – 11 查得。

表 5 – 11　k_s 值

河床土质	粉砂、细砂	中砂、粗砂、粉质壤土	粉质粘土	坚硬粘土
k_s	14 ～ 13	12 ～ 11	10 ～ 9	8 ～ 7

5.4.3.2　海幔的布置和构造

下游河床局部冲刷不大时，可采用水平海幔；反之，采用倾斜海幔。一般在海幔起始段做 5 ～ 10m 长的水平段，其顶面高程可与护坦齐平或在消力池尾槛顶以下 0.5m 左右，水平段后做成 1:10 ～ 1:20 的斜坡，以使水流均匀扩散，调整流速分布，保护河床不受冲刷。

海幔应具有一定的柔性、透水性和表面粗糙性。具有一定的柔性，以适应下游河床可能的冲刷变形；具有一定的透水性，以便使渗水自由排出，降低扬压力；表面有一定的粗糙度，以利进一步消除余能。常用的海幔结构有以下几种。

（1）干砌石海幔。一般由粒径大于 0.3m 的石块砌成，厚度为 0.4 ～ 0.6m，下面铺设碎石、粗砂垫层，厚 0.1 ～ 0.15m（图 5 – 27a）。干砌石海幔的抗冲流速为 2.5 ～ 4m/s。为了加大其抗冲能力，可每隔 6 ～ 10m 设一浆砌石埂。干砌石常用在海幔后段。

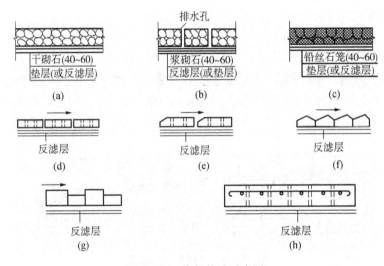

图 5 – 27　海幔构造示意图

（2）浆砌石海幔。采用强度等级为 M5 或 M8 的水泥砂浆，砌石粒径大于 0.3cm，厚度为 0.4 ～ 0.6m，砌石内设排水孔，下面铺设反滤层或垫层（图 5 – 27b）。浆砌石海幔的抗冲流速可达 3 ～ 6m/s，但柔性和透水性较差，一般用于海幔的前部约 10m 范围内。

（3））混凝土板海幔。整个海幔由板块拼铺而成，每块板的边长为 2 ～ 5m，厚度为 0.1 ～ 0.3m，板中有排水孔，下面铺设垫层（图 5 – 27d、图 5 – 27e）。混凝土板海幔的抗冲流速可达 6 ～ 10m/s，但造价较高。有时为增加表面糙率，可采用斜面式或城垛式混凝土块体（图 5 – 27f、图 5 – 27g）。铺设时应注意顺水流流向不宜有通缝。

（4）钢筋混凝土板海幔。当出池水流的剩余能量较大时，可在尾槛下游 5 ～ 10m 范围内采用钢筋混凝土板海幔，板中有排水孔，下面铺设反滤层或垫层（图 5 - 27h）。

（5）其他形式海幔。如铅丝石笼海幔（图 5 - 27c）。

5.4.4　防冲槽

水流经过海幔后，尽管多余能量进一步消除，流速分布接近河床水流的正常状态，但在海幔末端仍有冲刷现象。如要河床完全没有冲刷，海幔必须做得很长，为保证安全和节省工程量，常在海幔末端设置防冲槽（图 5 - 28）或采取其他加固措施。

海幔一般为堆石结构，槽顶与海幔顶面齐平，槽底高程取决于河床冲刷深度和堆石数量等条件。一般工程施工中，在海幔末端挖槽抛石预留足够的石块，当水流冲刷河床形成冲坑时，预留在槽内的石块沿斜坡陆续滚下，铺在冲坑的上游斜坡上，防止冲刷坑向上游扩展，保护海幔安全。

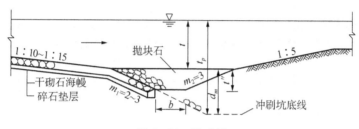

图 5 - 28　防冲槽

参照已建水闸工程的实践经验，防冲槽大多采用宽浅式的，其深度 t'' 一般取 1.5 ～ 2.5m，底宽 b 取 2 ～ 3 倍的深度，上游坡率 $m_1 = 2 \sim 3$，下游坡率 $m_2 = 3$。防冲槽的单宽抛石量 V 应满足护盖冲坑上游坡面的需要，可按式（5 - 19）估算。

$$V = Ad_m \tag{5 - 19}$$

式中　A——经验系数，一般采用 2 ～ 4；

d_m——海幔末端的可能冲刷深度，即 $d_m = 1.1 \dfrac{q'}{[v_0]} - t$，其中 q 为海幔末端的单宽流量，$\text{m}^3 / （\text{s} \cdot \text{m}）$；$[v_0]$ 为河床土质的允许不冲流速，m/s，可按表 5 - 12 查得；t 为海幔末端的水深，m。

表 5 - 12　粉性土质的不冲流速

土质	不冲流速（m/s）	土质	不冲流速（m/s）
轻壤土	0.60 ～ 0.80	重壤土	0.70 ～ 1.00
中壤土	0.65 ～ 0.85	粘土	0.75 ～ 0.95

5.5　水闸防渗设计

水闸的防渗排水设计任务在于经济合理地拟定闸的地下（及两岸）轮廓线形式和尺寸，以消除和减小渗流对水闸的不利影响，防止闸基和两岸产生渗透破坏。

根据闸上下游最大水位差和地基条件，并参考工程实践经验，确定地下轮廓线（即由防渗设施与不透水底板共同组成渗流区域的上部不透水边界）布置，须满足沿地下轮廓线的渗流平均坡降和出逸坡降在允许范围以内，并进行渗透水压力和抗渗稳定性计算。在渗流出逸面上应铺设反滤层和设置排水沟槽（或减压井），尽快地、安全地将渗水排至下游。两岸的防渗排水设计与闸基的基本相同。

5.5.1 地下轮廓设计

水闸的地下轮廓是指水闸闸底与地基的接触部分，由透水和不透水部分组成。在水闸的纵剖视图上，闸室底板、上游铺盖、板桩及水闸底板的不透水段与地基的接触线，属于不透水部分，如图 5-29 所示，图中 1、2……15、16 连线就是地下轮廓的不透水部分。水流在上下游水位差 H 作用下，经地基向下游渗透，并从护坦的排水孔等处排出。该连线是闸基渗流的第一条流线，亦称地下轮廓线，其长度称为闸基防渗长度。水闸地下轮廓的设计，主要是确定不透水部分的形状和尺寸。

5.5.1.1 闸基防渗长度的拟定

初步拟定闸基防渗长度可采用渗径系数法，应满足下式要求：

$$L \geqslant CH \tag{5-20}$$

式中 L——闸基防渗长度，即闸基轮廓线防渗部分水平段和垂直段长度的总和，m；

H——上、下游水位差，m；

C——允许渗径系数值，见表 5-13。当采用板桩时，允许渗径系数值可采用表中规定值的小值。

表 5-13　允许渗径系数值

排水条件＼地基类别	粘土	壤土	轻砂壤土	轻粉质砂壤土	粗砾夹卵石	中砾细砾	粗砂	中砂	细砂	粉砂
有滤层	2～3	3～5	5～9	7～11	2.5～3	3～4	4～5	5～7	7～9	9～13
无滤层	3～4	4～7	—	—	—	—	—	—	—	—

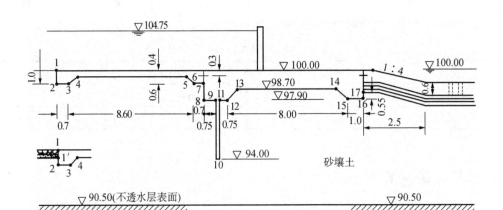

图 5-29　水闸地下轮廓（单位：m）

5.5.1.2　不同地基地下轮廓线的布置

闸基防渗长度初步确定后，可根据地基特性，参考已建的工程经验进行闸基地下轮廓线布置。

防渗设计一般采用防渗与排水相结合的原则，即在高水位侧采用铺盖、板桩、齿墙等防渗设施，用以延长渗径减小渗透坡降和闸底板下的渗透压力；在低水位侧设置排水设施，如面层排水、排水孔或减压井与下游连通，使地基渗水尽快排出，以减小水的渗透压力，并防止在渗流出口附近发生渗透变形。图 5 – 30 为闸基渗流图。

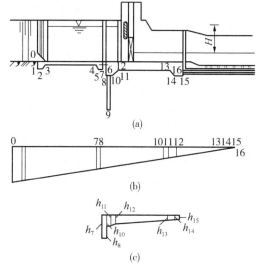

(a)

(b)

(c)

图 5 – 30　闸基渗流图

地下轮廓布置与地基土质有密切关系，现分述如下：

（1）粘性土地基

粘土或壤土具有粘聚力，不易产生管涌，但摩擦系数较小。因此，布置地下轮廓时，排水设施可前移到闸底板下，以降低底板下的渗透压力并有利于粘土加速固结（图 5 – 31），以提高闸室稳定性。防渗措施常采用水平铺盖，而不用板桩，一则板桩的透水性与粘性土相差不大，另外也可以免打板桩破坏粘土的天然结构。

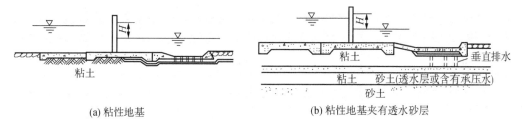

(a) 粘性地基

(b) 粘性地基夹有透水砂层

图 5 – 31　粘性地基上地下轮廓布置图

粘性土地基内夹有承压透水层时，应考虑设置垂直排水，见图 5 – 31b，以便将承压水引出。

（2）砂性土地基

砂性土粒间无粘着力，易产生渗透破坏，影响水闸安全，防止渗透变形是设计考虑的主要因素；砂性土摩擦系数较大，对减小渗透压力要求相对较小。当砂层很厚时，可采用铺盖与板桩相结合的形式，板桩可布置成"悬挂式"，排水设施布置在护坦上，见图 5 – 32a。必要时，可以在铺盖前端再加设一道短板桩，以加长渗径；当砂层较薄，下面有不透水层时，可将板桩插入不透水层，见图 5 – 32b；当地基为粉细砂土基时，为了防止地基液化，常将闸基四周用板桩封闭起来。图 5 – 32c 是某挡潮闸防渗排水的布置方式。因其受双向水头作用，故水闸上下游均设有排水设施，而防渗设施无法加长。设计时应以水头差较大的一边为主，另一边为辅，并采取除降低渗压以外的其他措施，提高闸室的稳定性。

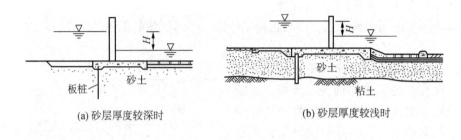

(a) 砂层厚度较深时　　　　　　(b) 砂层厚度较浅时

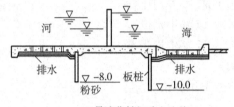

(c) 易液化粉细砂土地基

图 5 – 32　砂性地基上地下轮廓布置图

5.5.2　闸基渗流计算

闸基渗流计算的目的，在于求解渗透压力、渗透坡降，并验算地基土在初步拟定的地下轮廓线下的抗渗稳定性。土基上的水闸常用的渗流计算有改进阻力系数法和流网法，岩基上的水闸采用全截面直线分布法。

5.5.2.1　改进阻力系数法

改进阻力系数法是在阻力系数法的基础上发展起来的，这两种方法的基本原理非常相似。主要区别是改进阻力系数法的渗流区划分比阻力系数法多，在进出口局部修正方面考虑得更详细些。因此，改进阻力系数是一种精度较高的近似计算方法。

1. 基本原理

如图 5 – 33 所示，有一简单的矩形断面渗流区，其长度为 L，透水土层厚度为 T，两断面间的测压管水位差为 h。根据达西定律，通过该渗流区的单宽渗流量 q 为

$$q = K \frac{h}{L} T \tag{5 – 21}$$

或

$$h = \frac{L}{T} \frac{q}{K} \tag{5 – 22}$$

令　$\frac{L}{T} = \xi$，则得

$$h = \xi q / K \tag{5 – 23}$$

式中，ξ 为阻力系数，ξ 值仅和渗流区的几何形状有关，其是渗流边界条件的函数。

对于比较复杂的地下轮廓，需要把整个渗流区大致按等势线位置分成若干个典型渗流段，每个典型渗流段都可利用解析法或试验法求得阻力系数 ξ，其计算公式见表 5 – 13。

如图 5 – 34 所示的简化地下轮廓，可由 2、3、4、5、6、7、8、9、10 点引出等势线，将渗流区划分成 10 个典型流段，并按表 5 – 14 的公式计算出各段的 ξ，再由式（5 – 26）得到任一典型流段的水头损失 h_i。

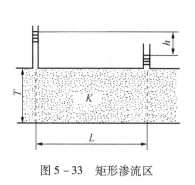

图 5-33　矩形渗流区

图 5-34　改进阻力系数法计算

　　对于不同的典型段，ξ 值是不同的，而根据水流的连续原理，各段的单宽渗流量应该相同。所以，各段的 q/K 值相同，而总水头 H 应为各段水头损失的总和，于是得

$$h_i = \frac{\xi_i q}{K} \tag{5-24}$$

$$H = \sum_{i=1}^{m} h_i = \frac{q}{K} \sum_{i=1}^{m} \xi_i \tag{5-25}$$

将式 (5-25) 代入式 (5-24) 得各段的水头损失为

$$h_i = \xi_i \frac{H}{\sum_{i=1}^{m} \xi_i} \tag{5-26}$$

表 5-14　典型流段的阻力系数

区 段 名 称	典型流段形式	阻力系数 ξ 的计算公式
进口段和出口段		$\xi_0 = 1.5\left(\dfrac{S}{T}\right)^{3/2} + 0.441$
内部垂直段		$\xi_y = \dfrac{2}{\pi}\ln\cot\left[\dfrac{\pi}{4}\left(1 - \dfrac{S}{T}\right)\right]$
内部水平段		$\xi_x = \dfrac{L - 0.7(S_1 + S_2)}{T}$

　　求出各段的水头损失后，再由出口处向上游方向依次叠加，即得各段分界点的渗压水头。两点之间的渗透压强可近似地认为呈直线分布。进出口附近各点的渗透压强，有时需

要修正。如要计算 q，可按式（5-24）进行。

2. 计算步骤

（1）确定地基计算深度。上述计算方法对地基相对不透水层较浅时可直接应用，但在相对不透水层较深时，须用有效深度 T_e 作为计算深度 T_c。T_e 可按式（5-27）计算确定。

当 $\qquad \dfrac{L_0}{S_0} \geqslant 5 \qquad\qquad T_e = 0.5L_0$

当 $\qquad \dfrac{L_0}{S_0} < 5 \qquad\qquad T_e = \dfrac{0.5L_0}{1.6\dfrac{L_0}{S_0} + 2}$ $\qquad$ （5-27）

式中 $\quad L_0$——地下轮廓的水平投影长度，m；

$\qquad S_0$——地下轮廓的铅直投影长度，m。

算出有效深度 T_e 后，再与相对不透水层的实际深度 $T_{实}$ 相比较，应取其中的小值作为计算深度 T_c。

（2）按地下轮廓形状将渗流区分成若干典型渗流段，利用表5-12计算各段的阻力系数 ξ，并计算各段的水头损失 h_i。

（3）以直线连接各分段计算点的水头值，便可绘出渗透压强分布图。

（4）进、出口段水头损失值和渗透压强分布图形进行局部修正。计算公式如下：

$$h_0' = \beta'h_0 \qquad\qquad (5-28)$$

$$\beta' = 1.21 - \dfrac{1}{\left[12\left(\dfrac{T'}{T}\right)^2 + 2\right]\left(\dfrac{S'}{T} + 0.059\right)} \qquad\qquad (5-29)$$

$$\Delta h = (1 - \beta')h_0 \qquad\qquad (5-30)$$

式中 $\quad h_0'$——进、出口段修正后的水头损失值，m；

$\qquad H_0$——按式（5-26）计算的水头损失值，m；

$\qquad \beta'$——阻力修正系数，按式（5-29）计算，当计算的 $\beta' > 1.0$ 时，则取 $\beta' = 1.0$；

$\qquad S'$——底板埋深与板桩入土深度之和，m，见图5-35a；

$\qquad T'$——板桩另一侧地基透水层深度或齿墙底部至计算深度线的铅直距离，m，见图 5-35；

$\qquad \Delta h$——修正后的水头损失减小值，m，可按式5-30计算。

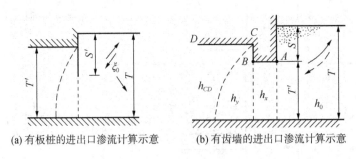

(a) 有板桩的进出口渗流计算示意　　(b) 有齿墙的进出口渗流计算示意

图5-35　进出口渗流计算示意图

（5）当阻力修正系数 $\beta' < 1$ 时，除进、出口段的水头损失需作修正外，在其附近的内

部典型段内仍需修正。

当 $h_x \geqslant \Delta h$ 时，可按下式修正：

$$h'_x = h_x + \Delta h$$

式中，h'_x 为修正后的水平段水头损失值；h_x 为水平段的水头损失值。

当 $h_x < \Delta h$ 时，可按下面两种情况修正：

①当 $h_x + h_y \geqslant \Delta h$ 时，则

$$h'_x = 2h_x, \quad h'_y = h_y + \Delta h - h_x$$

其中 h_y 为内部铅直段的水头损失值，h'_y 为修正后的内部铅直段水头损失值。

当 $h_x + h_y < \Delta h$ 时，则

$$h'_x = 2h_x, \quad h'_y = 2h_y, \quad h'_{CD} = h_{CD} + \Delta h - (h_x + h_y)$$

其中，h_{CD} 为 CD 段的水头损失值；h'_{CD} 为修正后的 CD 段水头损失值。

（6）按式（5-31）计算出口段渗流坡降 J。

$$J = \frac{h'_0}{S'} \tag{5-31}$$

出口段和水平段的渗流坡降都应满足表 5-15 的允许渗流坡降的要求，防止地下渗流冲蚀地基土并造成渗透变形。

表 5-15　水平段和出口段的允许渗流坡降 [J] 值

地基类别	允许渗流坡降值	
	水平段	出口段
粉砂	0.05～0.07	0.25～0.30
细砂	0.07～0.10	0.30～0.35
中砂	0.10～0.13	0.35～0.40
粗砂	0.13～0.17	0.40～0.45
中砾、细砾	0.17～0.22	0.45～0.50
粗砾夹卵石	0.22～0.28	0.50～0.55
砂壤土	0.15～0.25	0.40～0.50
壤土	0.25～0.35	0.50～0.60
软粘土	0.30～0.40	0.60～0.70
坚硬粘土	0.40～0.50	0.70～0.80
极坚硬粘土	0.50～0.60	0.80～0.90

注：当渗流出口处设反滤层时，表列数值可加大 30%。

5.5.2.2　流网法

对于边界条件复杂的渗流场，很难求得精确的渗流理论解，工程上往往利用流网法解决任一点渗流要素。流网的绘制可以通过实验或图解来完成。前者运用于大型水闸复杂的地下轮廓和土基，后者运用于均质地基上的水闸，既简便迅速，又有足够的精度。关于流网的基本原理和绘制方法已在土石坝一章中讲述。

5.5.2.3　全截面直线分布法

当岩基上水闸闸基设有水泥灌浆帷幕和排水孔时，闸底板底面上游端的渗透压力作用水头为 $H - h_s$，排水孔中心线处为 $\alpha(H - h_s)$，下游端为零，其间各段以此以直线连接，作用于闸底板底面上的渗透压力可按下式计算：

$$U = \frac{1}{2}\gamma(H - h_s)(L_1 + \alpha L) \qquad (5-33)$$

式中　　U——作用于闸底板底面上的渗透压力，kN/m；

L_1——排水孔中心线与闸底板底面上游端的水平距离，m；

α——渗透压力强度系数，可采用 0.25；

L——闸底板底面的水平投影长度，m；

当岩基上水闸闸基未设水泥灌浆帷幕和排水孔时，闸底板底面上游端的渗透压力作用水头为 $H - h_s$，下游端为零，其间各段以直线连接，作用于闸底板底面上的渗透压力可按下式计算：

$$U = \frac{1}{2}\gamma(H - h_s)L \qquad (5-34)$$

5.5.3　防渗及排水设施

无论是土质地基还是岩石地基，水闸地下轮廓线布置均应遵照防渗与排水相结合的原则。防渗设施是指构成地下轮廓的铺盖、板桩及齿墙，而排水设施则是指铺设在护坦、浆砌石海幔底部或闸底板下游段起导渗作用的砂砾石层。

5.5.3.1　铺盖

铺盖设在紧靠闸室的上游河（渠）底上，主要作用是延长渗径，以降低渗透压力和渗透坡降，同时具有上游防冲作用，故铺盖应具有相对的不透水性和防冲刷能力；为适应地基变形，也要有一定的柔性。铺盖常用粘土、粘壤土或沥青混凝土做成，有时也可用钢筋混凝土作为铺盖材料。

（1）粘土和粘壤土铺盖

铺盖的渗透系数应比地基土的渗透系数小 100 倍以上。铺盖的长度应由闸基防渗需要确定，一般采用上、下游最大水位差的 3~5 倍。铺盖的厚度 δ 应根据铺盖土料的允许水力坡降计算确定。

$$\delta \geqslant \Delta H / [J]$$

其中，ΔH 为铺盖顶、底面的水头差；$[J]$ 为材料的容许坡降，粘土为 4~8，壤土为 3~5。

铺盖上游端的最小厚度由施工条件确定，一般为 0.6~0.8m，逐渐向闸室方向加厚至 1.0~1.5m。铺盖与底板连接处是一薄弱部位，通常将底板前端做成斜面，使粘土能借自重及其上的荷载与底板紧贴，在连接处铺设油毛毡等止水材料，一段用螺丝固定在斜面上，另一端埋入粘土铺盖，见图 5-36。

为了防止铺盖在施工期遭受破坏和运行期间被水冲刷，应在其表面先铺设砂垫层，然后再铺设 0.3~0.5mm 厚干砌石、浆砌石或混凝土保护层。

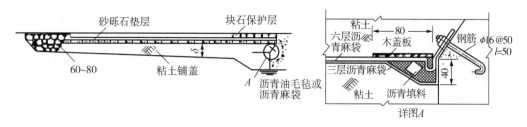

图 5 - 36　粘土铺盖的细部构造（单位：cm）

（2）混凝土、钢筋混凝土铺盖

如当地缺乏粘性土料，或以铺盖兼作阻滑板增加闸室稳定时，可采用混凝土或钢筋混凝土铺盖（图 5 - 37）。其厚度根据构造要求确定，一般为 0.4～0.6m，与底板连接处应加厚至 0.8～1.0m。铺盖与底板、翼墙之间用沉降缝分开。为减小地基不均匀沉降和温度变化的影响，混凝土铺盖本身亦通常设置顺水流方向的永久缝，缝距为 15～20m，靠近翼墙的缝距应小一些。铺盖与翼墙及底板之间设沉降缝，所有缝中均应设止水（图 5 - 37）。混凝土强度等级为 C15，配置温度和构造钢筋。对于要求起阻滑作用的铺盖应按受力大小配筋。

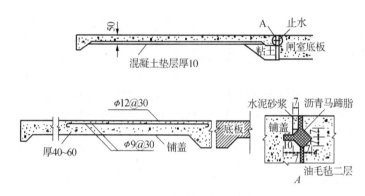

图 5 - 37　钢筋混凝土铺盖

5.5.3.2　垂直防渗体

（1）板桩

板桩的作用随其位置不同而不同。一般设在闸底板上游端或铺盖前端，主要用以降低渗透压力，有时也设在底板下游端，以减小出口段坡降或出逸坡降，但一般不宜过长，否则将过多地加大底板所受的渗透压力。

打入不透水层的板桩，嵌入深度不应小于 1.0m。如透水层很深，则板桩长度视渗流分析结果和施工条件而定，一般采用水头的 0.6～1.0 倍。

板桩材料有木材、钢筋混凝土和钢材三种。木板桩长一般为 3～5m，最大 8m，厚 0.08～0.12m，适用于砂土地基。钢筋混凝土板桩，多为现场预制，长 4～6m，宽 0.5～0.6m，厚 0.1～0.5m，适用于各种非岩石地基。板桩顶端与闸室底板的连接形式有两种，一种是把板桩紧靠底板前缘，顶部嵌入粘土铺盖一定深度，见图 5 - 38a；另一种是把板桩顶部嵌入底板底面特设的凹槽内，桩顶填塞可塑性较大的不透水材料，见图 5 - 38b。前者适用于闸室沉降量较大，而板桩尖已插入坚实土层的情况；后者则适用于闸室沉降量小，而板桩尖未达到坚实土层的情况。

（2）高压喷射灌浆帷幕

高压喷射注浆止水帷幕，就是利用钻机把带有喷嘴的注浆管钻进至土层预定的深度后，以 20～40MPa 的压力把浆液或水从喷嘴中喷射出来，形成喷射流冲击破坏土层。当能量大、速度和脉动状的射流，其动压大于土层结构强度时，土颗粒便从土层中剥落下来。一部分细颗粒随浆液或水冒出地面，其余土粒在射流的冲击力、离心力和重力等的作用下，与浆液搅拌混合，并按一定的浆土比例和质量大小，有规律地重新排列。浆液凝固后，便在

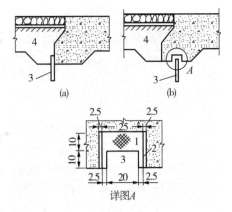

图 5 – 38　板桩与底板的连接
1—沥青；2—预制挡板；3—板桩；4—铺盖

土层中形成一个固结体。由多个高压喷射注浆固结体形成帷幕，可以用来作为垂直防渗体。

固结体的形状和高压喷射流的作用方向、移动轨迹及持续喷射时间有关。当喷射流做 360°旋转（旋喷）时，固结体呈圆形；喷射流束固定一个方向喷射（定喷）时，固结体为条形；当喷射体做顺、逆时针方向小于 180°往复喷射（摆喷）时，固结体呈扇形。用于做垂直防渗体的高压喷射体，大多采用定喷或摆喷结构。

（3）地下连续墙

利用各种挖槽机械，借助于泥浆的护壁作用，在地下挖出窄而深的沟槽，并在其内浇注适当的材料而形成一道具有防渗（水）、挡土和承重功能的连续的地下墙体。

在挖基槽前先作保护基槽上口的导墙，用泥浆护壁，按设计的墙宽与深分段挖槽，放置钢筋骨架，用导管灌注混凝土置换出护壁泥浆，形成一段钢筋混凝土墙。逐段连续施工成为连续墙。施工主要工艺为导墙、泥浆护壁、成槽施工、水下灌注混凝土、墙段接头处理等。

5.5.3.3　齿墙

闸底板的上、下游端一般都设有齿墙，它有利于抗滑稳定，并可延长渗径。齿墙深度一般为 1～2m。

5.5.3.4　排水设施

排水的位置直接影响渗压的大小和分布，应根据闸基土质情况和水闸的工作条件，做到既减小渗压又避免渗透变形。一般采用直径为 0.01～0.02m 的卵石、砾石或碎石等平铺在预定范围内，最常用的是在护坦和浆砌石海幔底部，或伸入底板下游齿墙稍前方，厚约 0.2～0.3m。为防止渗透变形，应在排水与地基接触处（即渗流出口附近）做好反滤层。有关反滤层的设计可参见土石坝有关章节。

5.5.4　水闸的侧向绕渗

水闸建成挡水后，除闸基渗流外，渗流还从上游高水位经水闸两侧填土流向下游，这就是侧向绕渗。绕渗对翼墙、岸墙施加水压力，影响其稳定性；在渗流出口处，以及填土

与岸、翼墙的接触面上可能产生渗透变形。此外，它还会影响闸和地基的安全。因此，应做好侧向防渗排水设施。

两岸防渗布置，必须与闸基防渗相配合。当采用渗径计算法确定防渗长度时，两岸各可能的渗径长度都不得小于闸基长度。当墙后土质与地基不同时，应考虑不同的渗径系数，并取较大值。

若铺盖长于翼墙，在岸坡上也应设铺盖，或在伸出翼墙范围的铺盖侧部加设垂直防渗措施，以保证铺盖的有效防渗长度，防止在空间上形成防渗漏洞。

防渗设备除利用翼墙和岸墙外，还可根据需要，在岸墙或边墩后面靠近上游处设置一道或两道防渗刺墙，以增加侧向渗径。刺墙与边墩或岸墙之间需要用沉陷缝分开，缝中设置止水。刺墙长度视防渗长度需要而定，其高度应高出侧渗自由水面，底高程一般与闸底板齐平。

为排除渗水，单向水头的水闸可在下游翼墙和护坡上设置排水设施。排水设施可根据墙后回填土的性质选用排水孔或连续排水垫层。

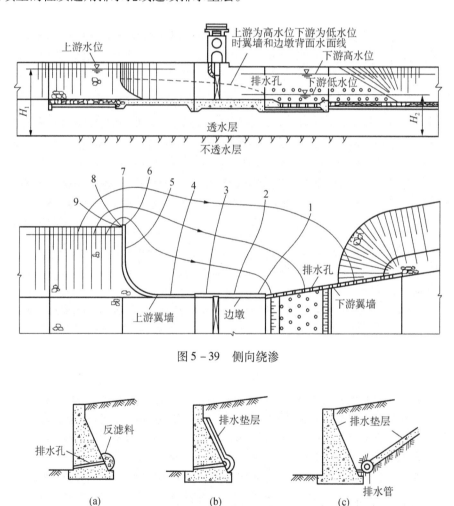

图 5 - 39　侧向绕渗

图 5 - 40　下游翼墙后的排水设施

5.6 闸室稳定分析及地基处理

5.6.1 闸室荷载及组合

水闸竣工时，地基所受的压力最大，沉降也较大。过大的沉降，特别是不均匀沉降，会使闸室倾斜，影响水闸的正常运行。当地基承受的荷载过大，超过其容许承载力时，将使地基整体发生破坏。水闸在运行期间，受水平推力的作用，有可能沿地基或深层滑动。因此，必须分别验算水闸在不同工作情况下的稳定性。

闸室稳定计算宜取顺水流向永久缝之间的闸室单元进行验算；对于孔数较少而未分缝的小型水闸，可取整个闸室（包括边墩）作为验算单元。

水闸承受的主要荷载有：自重、水重、水平水压力、扬压力、浪压力、泥沙压力、土压力及地震荷载等。

（1）水闸结构自重

水闸结构自重包括底板、闸墩、胸墙、工作桥、启闭机及交通桥等的自重，按几何尺寸及材料重度计算确定。水闸结构使用的建筑材料主要是混凝土、钢筋混凝土和浆砌石。混凝土的重度可采用 $23.5 \sim 24.0 \text{kN/m}^3$，钢筋混凝土的重度可采用 $24.5 \sim 25 \text{kN/m}^3$，浆砌石的重度可采用 $21 \sim 23 \text{kN/m}^3$。

闸门启闭机及其他永久设备应尽量采用实际重量，但一般在前期设计阶段闸门设计尚未完成，可根据经验公式估算。如露顶式平面钢闸门，门高 $5 \sim 8\text{m}$ 时可采用经验公式：

$$G = K_z K_c K_g H^{1.43} B^{0.08}$$

式中，G 为闸门自重；H、B 为孔口高度与宽度，单位为 m；K_z 为闸门行走支撑系数，对于滑动式支撑，$K_z = 0.81$；对于滚动式支撑，$K_z = 1.0$；对于台车式支撑，$K_z = 1.3$；K_c 为材料系数，闸门材料为普通碳素钢时，$K_c = 1.0$；闸门材料为普通低合金结构钢时，$K_c = 0.8$；K_g 为孔口高度系数，门高 $5 \sim 8\text{m}$ 时，$K_g = 0.13$。其他形式的闸门自重估算可参考有关闸门设计资料。启闭机的自重可根据启闭机型号查阅厂家资料。

（2）水重

作用在水闸底板上的水重应按照其实际体积与水的重度计算确定。水的重度取 9.81kN/m^3。

（3）水平水压力

指作用于胸墙、闸门、闸墩及底板上的水平水压力。上下游应分别计算。对于粘土铺盖（图 5-41a），a 点压强按静水压力计算，b 点取该点的扬压力值，两者之间按线性规律考虑。对混凝土铺盖，止水片以上仍按静水压力计算，以下按梯形分布（图 5-41b），d 点取该点的扬压力值，止水片底面 c 点的水压力等于该点的浮托力加 e 点处的渗透压力，即认为 c、e 点间无渗压水头损失。

①粘土铺盖：如图 5-41a 所示，a 点处水平水压力强度按静水压强计算，b 点处则取该点的扬压力强度值，两点之间，以直线相连进行计算。

②混凝土铺盖：当为混凝土或钢筋混凝土铺盖时，如图 5-41b 所示，止水片以上的水平水压力仍按静水压力分布计算，止水片以下按梯形分布计算，c 点的水平水压力强度

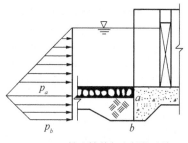
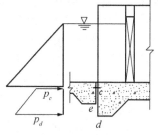

(a) 粘土铺盖与底板的连接　　　　　(b) 混凝土铺盖与底板的连接

图 5 - 41　作用在铺盖与底板连接处的水压力

等于该点的浮托力强度值加上 e 点的渗透压力强度值，d 点则取该点的扬压力强度值，c、d 点之间按直线连接计算。

（4）波浪压力

按以下步骤分别计算波浪要素以及波浪压力。波浪要素可根据水闸运用条件，计算情况下闸前风向、风速、风区长度、风区内的平均水深等因素计算。波浪压力应根据闸前水深和实际波态进行计算。

平原、滨海地区水闸按甫田试验站公式计算出 h_m 与 L_m，公式见土石坝部分，计算波浪压力时按照重力坝波浪压力公式进行。

（5）其他荷载

泥沙压力同重力坝部分。

扬压力的计算方法参见防渗设计一节。

土压力按主动土压力计算。

作用于水闸上的风压力应根据水闸闸前风向、风速和水闸受力面积等计算确定，计算风速的取值可参考《DL 5077—1997 水工建筑物荷载设计规范》的有关规定。

地震区修建水闸，当设计烈度为 7 度或大于 7 度时，需考虑地震影响。地震荷载应包括建筑物自重以及其上的设备自重所产生的地震惯性力、地震动水压力和地震动土压力。按现行规范《SL 203—1997 水工建筑物抗震设计规范》进行计算。

荷载组合分为基本组合和特殊组合。基本组合由同时出现的基本荷载组成。特殊组合由同时出现的基本荷载再加一种或几种特殊荷载组成。但地震荷载不应与设计洪水位或校核洪水位组合。

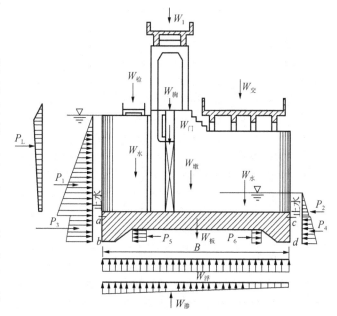

图 5 - 42　水闸挡水情况荷载示意图

计算闸室稳定和应力时的荷载组合可按表 5 – 16 的规定采用。必要时可考虑其他可能的不利组合。

水闸在运行情况下的荷载分布，如图 5 – 42 所示。

表5 – 16　荷载组合表

荷载组合	计算情况	自重	水重	静水压力	扬压力	土压力	淤沙压力	风压力	浪压力	冰压力	土的冻胀力	地震荷载	其他	说明
基本组合	完建情况	√	—	—	—	√	—	—	—	—	—	—	√	必要时，可考虑地下水产生的扬压力
	正常蓄水位情况	√	√	√	√	√	√	√	√	—	—	—	√	按正常蓄水位组合计算水重、静水压力、扬压力及浪压力
	设计洪水位情况	√	√	√	√	√	√	√	√	—	—	—	—	按设计洪水位组合计算水重、静水压力、扬压力及浪压力
	冰冻情况	√	√	√	√	√	√	√	—	√	—	—	√	按正常蓄水位组合计算水重、静水压力、扬压力及冰压力
地震情况	施工情况	√	—	—	—	√	—	—	—	—	—	—	√	按正常蓄水位组合计算水重、静水压力、扬压力及浪压力
	检修情况	√	—	√	√	√	√	√	—	—	—	—	√	应考虑施工中各阶段的临时荷载
	校核洪水位情况	√	√	√	√	√	√	√	√	—	—	—	—	按正常蓄水位组合（必要时可按校核洪水位组合或冬季低水位条件）计算静水压力、扬压力及浪压力
	地震情况	√	√	√	√	√	√	√	√	—	—	√	—	按校核洪水位组合计算水重、静水压力、扬压力及浪压力

5.6.2　闸室稳定分析

5.6.2.1　闸室稳定安全指标

土基上的闸室稳定计算应满足以下要求。

（1）在各种计算情况下，闸室平均基底压力不大于地基允许承载力，即

$$\frac{p_{\max} + p_{\min}}{2} \leqslant \left[p_{地基}\right] \tag{5-35}$$

（2）闸室基底应力的最大值与最小值之比不大于表5-17规定的允许值，即

$$\eta = \frac{p_{\max}}{p_{\min}} \leqslant \left[\eta\right] \tag{5-36}$$

表5-17　土基上闸室基底应力最大值与最小值之比的允许值 $\left[\eta\right]$

地基土质	荷载组合	
	基本组合	特殊组合
松软	1.50	2.00
中等坚实	2.00	2.50
坚实	2.50	3.00

注：①对于特别重要的大型水闸，采用值按表列数值适当减小。

②对于地震情况，采用值可按表列数值适当增大。

③对于地基特别坚实或可压缩土层很薄的水闸，可不受本表的规定限制。

表5-18　土基上沿闸室基底面抗滑稳定安全系数的允许值 $\left[K_c\right]$

荷载组合		水闸级别			
		1	2	3	4、5
基本组合		1.35	1.30	1.25	1.20
特殊组合	Ⅰ	1.20	1.15	1.10	1.05
	Ⅱ	1.10	1.05	1.05	1.00

注：①特殊组合Ⅰ适用于施工情况、检修情况及校核洪水位情况。

②特殊组合Ⅱ适用于地震情况。

（3）沿闸室基础底面的抗滑稳定安全系数应大于表5-18规定的允许值，即

$$K_c \geqslant \left[K_c\right] \tag{5-37}$$

5.6.2.2　闸室稳定计算

（1）验算闸室基底压力

①当结构布置及受力情况对称时，按下式计算：

$$p_d^u = \frac{\sum G}{A} \pm \frac{\sum M}{W} \tag{5-38}$$

式中　p_d^u——闸室基底上下游压力值，kPa；

$\sum G$——作用在闸室上的全部竖向荷载（包括闸室基础底面上的扬压力在

内），kN；

$\sum M$——作用在闸室上的全部竖向和水平向荷载对于基础底面垂直水流方向的形心轴的力矩，规定逆时针为正，kN·m；

A——闸室基础底面的面积，m^2；

W——闸室基础底面对于该底面垂直水流方向的形心轴的截面矩，m^3。

②当结构布置及受力情况不对称时，按下式计算

$$p_d^u = \frac{\sum G}{A} \pm \frac{\sum M_x}{W_x} \pm \frac{\sum M_y}{W_y} \qquad (5-39)$$

式中 $\sum M_x$、$\sum M_y$——作用在闸室上的全部竖向和水平向荷载对于基础底面形心轴 x、y 的力矩，kN·m；

W_x、W_y——闸室基础底面对于该底面形心轴 x、y 的截面矩，m^3。

（2）验算闸室的抗滑稳定

对建在土基上的水闸，除应验算其在荷载作用下沿地基的抗滑稳定外，当地基面的法向应力较大时，还需核算深层抗滑稳定性。一般情况下，不会发生深层滑动。

水闸沿闸室基础底面的抗滑稳定安全系数，应按式（5-40）、式（5-41）之一进行计算。

$$K_C = \frac{f \sum G}{\sum H} \qquad (5-40)$$

$$K_C = \frac{\tan\phi \sum G + C_0 A}{\sum H} \qquad K_C = \frac{f' \sum G + C'A}{\sum H} \qquad (5-41)$$

式中 K_C——沿闸室基础底面的抗滑稳定安全系数；

f——闸室基础底面与地基之间的摩擦系数；

$\sum H$——作用在闸室上的全部水平向荷载，kN；

$\tan\phi$——闸室基础底面与土质地基之间摩擦角的正切值；

C_0——闸室基础底面与土质地基之间的粘结力，kPa。

粘性土地基上的大型水闸，沿闸室基础底面的抗滑稳定安全系数宜按式（5-41）计算。

当闸室承受双向水平向荷载作用时，应验算其合力方向的抗滑稳定性。

闸室基础底面与地基之间的摩擦系数 f 值，可按表5-19选用。

闸室基础底面与土质地基之间摩擦角值及粘聚力 C_0 值可根据土质类别按表5-20的规定采用。

按表5-20的规定选用 ϕ_0 值和 C_0 值时，应按式（5-42）折算综合摩擦系数。对于粘性土地基，如折算的综合摩擦系数大于0.45，或对于砂性土地基，如折算的综合摩擦系数大于0.50，选用的 ϕ_0 值和 C_0 值均应有论证。

综合摩擦系数可按下式计算：

$$f_0 = \frac{\tan\phi_0 \sum G + C_0 A}{\sum G} \qquad (5-42)$$

式中 f_0——综合摩擦系数。

表 5-19 摩擦系数 f 值

地基类别		f 值	地基类别		f 值
粘土	软弱	$0.20\sim0.25$	砾石、卵石		$0.50\sim0.55$
	中等坚硬	$0.25\sim0.35$	碎石土		$0.40\sim0.50$
	坚硬	$0.35\sim0.45$	软质岩石	极软	$0.40\sim0.45$
壤土、粉质壤土		$0.25\sim0.40$		软	$0.45\sim0.55$
砂壤土、粉砂土		$0.35\sim0.40$		较软	$0.55\sim0.60$
细砂、极细砂		$0.40\sim0.45$	硬质岩石	较坚硬	$0.60\sim0.65$
中砂、粗砂		$0.45\sim0.50$		坚硬	$0.65\sim0.70$
砂砾石		$0.40\sim0.50$			

表 5-20 ϕ_0、C_0 值

土质地基类别	ϕ_0	C_0
粘性土	0.9ϕ	$(0.2\sim0.3)C$
砂性土	$(0.85\sim0.90)\phi$	0

注：表中 ϕ 为室内饱和固结快剪（粘性土）或饱和快剪（砂性土）试验测得的内摩擦角，（°）；C 为室内饱和固结快剪试验测得的粘结力（kPa）。

当闸室沿基础底面抗滑稳定安全系数小于允许值时，可在原有结构布置的基础上，结合工程的具体情况，采取下列一种或几种抗滑措施：

①将闸门位置移向低水位一侧，或将水闸底板向高水位一侧加长。

②适当增大闸室结构尺寸；

③增加闸室底板的齿墙深度。此时可能的失稳滑动是水闸沿齿墙底面连同齿墙间土壤一齐滑动，因此抗滑稳定安全系数式中分别为齿墙间滑动面上土壤的内摩擦角和粘结力；G 为作用在滑动面上垂直力的总和（包括齿墙间土体重量，按浮容重计）；A' 为齿墙间土体的剪切面积。

④加铺盖长度或在不影响防渗安全的条件下将排水设施向水闸底板靠近。

⑤利用钢筋混凝土铺盖作为阻滑板，但闸室自身的抗滑稳定安全系数不应小于 1.0（计算由阻滑板增加的抗滑力时，阻滑板效果的折减系数可采用 0.80），阻滑板应满足限裂要求。阻滑板所增加的抗滑力可由下式计算：

$$S = 0.8f(G_1 + G_2 - V) \tag{5-43}$$

式中 G_1、G_2——阻滑板上的水重和自重；

$\qquad V$——阻滑板下的扬压力；

$\qquad f$——阻滑板与地基间的摩擦系数。

5.6.3 闸基的沉降

由于土基压缩变形大，容易引起较大的沉降和不均匀沉降。沉降过大，会使闸顶高程

降低，达不到设计要求；不均匀沉降过大时，会使底板倾斜，甚至断裂及止水破坏，严重地影响水闸正常工作。因此，应计算闸基的沉降，以便分析了解地基的变形情况，作出合理的设计方案。计算时应选择有代表性的计算点进行。计算点确定后，用分层综合法计算其最终沉降量，计算公式如下：

$$S = m \sum_{i=1}^{n} \frac{e_{1i} - e_{2i}}{1 + e_{1i}} h_i \tag{5 - 44}$$

式中　　S——土质地基最终沉降量，m；

　　　　M——地基沉降修正系数，$1.0 \sim 1.6$；

　　　　n——土质地基压缩层计算深度范围内的土层数；

　　　　e_{li}——基础底面以下第 i 层土在平均自重应力作用下，由压缩曲线查得的相应孔隙比；

　　　　e_{2i}——基础底面以下第 i 层土在平均自重加平均附加应力作用下，由压缩曲线查得的相应孔隙比；

　　　　h_i——基础底面以下第 i 层土的厚度，m。

土质地基允许最大沉降量和最大沉降差，应以保证水闸安全和正常使用为原则，根据具体情况研究确定。天然土质地基上水闸地基最大沉降量不宜超过 0.15m，最大沉降差不宜超过 0.05m。为了减小不均匀沉降，可采用以下措施：

①尽量使相邻结构的重量不要相差太大。

②重量大的结构先施工，使地基先行预压。

③尽量使地基反力分布趋于均匀，闸室结构布置匀称。

④必要时对地基进行人工加固。

5.6.4　地基处理

根据工程实践，当粘性土地基的标准贯入击数大于 5，砂性土地基的标准贯入击数大于 8 时，可直接在天然地基上建闸，不需要进行处理。但对淤泥质土、高压缩性粘土和松砂所组成的软弱地基，则需处理。常用的处理方法见表 5–21，地基处理的具体设计方法参考《土力学与地基基础》。

表 5–21　软弱土地基处理方法分类表

编号	分类	处理方法	原理及应用	适用范围
1	换填法	砂石垫层、素土垫层、灰土垫层、工业废渣垫层	以砂石、素土、灰土和矿渣等强度较高的材料，置换地基表层软弱土，提高持力层的承载力，扩散应力，减少沉降量	适用于处理淤泥、淤泥质土、湿陷性黄土、素填土、杂填土地基及暗沟、暗塘等浅层处理
2	预压法	天然地基预压、砂井预压、塑料排水带预压、真空预压、降水预压	在地基中增设竖向排水体，加速地基的固结和强度增长，提高地基的稳定性；加速沉降发展，使基础沉降提前完成	适用于处理淤泥、淤泥质土和冲填土等饱和粘性土地基

编号	分类	处理方法	原理及应用	适用范围
3	强夯法	强力夯实（动力固结）	利用强夯的夯击能，在地基中产生强烈的冲击能和动应力，迫使土动力固结密实	适用于碎石、砂土、低饱和度的粉土、粘性土、湿陷性黄土、杂填土等地基
4	振冲法	振冲置换法、振冲挤密法	采用专门的技术措施，以砂、碎石等置换软弱地基中部分软弱土，与未处理部分土组成复合地基，从而提高地基承载力，减少沉降量	振冲密实法适用于处理砂土和粘土地基。振冲置换法适用于处理不排水抗剪强度大于 20 kPa 的粘性土、粉土、饱和黄土和人工填土等
5	挤密桩法	土或灰土挤密法	采用一定的技术措施，通过振动或挤密，使土体的孔隙减少，在振动挤密的过程中，回填灰土、素土，与地基土组成复合地基，从而提高地基承载力，减少沉降量	适用于处理地下水位以上的湿陷性黄土、素填土和杂填土等地基
6	砂石桩法	振动成桩法、锤击成桩法	通过振动桩或锤击成桩，减少松散砂土的孔隙比，或在粘性土中形成桩土复合地基，从而提高地基承载力，减少沉降量，或部分消除土的液化性	适用于挤密松散砂土、素填土和杂填土等地基
7	深层搅拌法	用水泥或其他固化剂、外掺剂进行深层搅拌形成桩体	深层搅拌法是利用深层搅拌机，将水泥浆与地基土在原位拌和，搅拌后形成柱状水泥土体，可提高地基承载力，减少沉降，增加稳定性和防止渗漏、建成防渗帷幕	适用于处理淤泥、淤泥质土、粉土和含水量较高，且地基承载力标准值不大于 120 kPa 的粘性土等地基
8	高压喷射注浆法	高压注浆单管法、二重管法和三重管法	将带有特殊喷嘴的注浆管，通过钻孔置入到处理土层的预定深度，然后将浆液（常用水泥浆）以高压冲切土体。在喷射浆液的同时，以一定速度旋转、提升，即形成水泥土圆柱体；若喷嘴提升而不旋转，则形成墙状固结体，加固后可用以提高地基承载力，减少沉降，防止砂土液化、管涌和基坑隆起，形成防渗帷幕	适用于处理淤泥、淤泥质粘土、粘性土、粉土、黄土、砂土、人工填土等地基。当土中含有较多的大粒径块石、坚硬粘性土、大量植物根茎或有过多的有机质时，应根据现场试验结果确定其适用程度

编号	分类	处理方法	原理及应用	适用范围
9	托换法	桩式托换、灌浆托换、基础加固等	通过桩式托换或灌浆托换提高地基承载力，通过基础加固对损伤、损坏或开裂基础进行加固	适用于既有建筑物的加固、增层或扩建，以及受修建地下工程、新建工程或深基坑开挖影响的既有建筑物的地基处理和基础加固

5.7 闸室的结构计算

闸室是一空间结构，受力比较复杂。为了简化计算，一般都将其分解为若干部件（如闸墩、底板、胸墙、工作桥、交通桥等）分别进行结构计算，同时又考虑相互之间的连接作用。

5.7.1 闸墩的结构计算

闸墩结构计算包括闸墩应力计算和平面闸门槽（或弧形闸门支座）的应力计算。

闸墩的计算工况有：①运用期，两边闸门都关闭时，闸墩承受最大水头时的水压力（包括闸门传来的水压力）、墩自重及上部结构重量。②检修期，一孔检修，上下游检修门关闭而邻孔过水或关闭时，闸墩承受侧向水压力、闸墩及其主要结构的重力。

5.7.1.1 平面闸门闸墩应力计算

闸墩应力主要有纵向（顺水流方向）和横向（垂直水流方向）两个方面，闸墩最危险的断面是闸墩与底板的结合面，因此将该结合面作为计算面。把闸墩视为固结于底板的悬臂梁，近似地用偏心受压公式计算应力。

（1）墩底水平截面上的正应力计算

闸门关闭时，闸墩承受上下游水位差产生的水压力（图 5 - 43），对墩底应力不利，可用以下公式计算闸墩底部上下游处的正应力：

$$\sigma_d^u = \frac{\sum W}{A} \pm \frac{\sum M}{I_{\mathrm{I}}} \frac{L}{2} \qquad (5 - 45)$$

式中　　σ_d^u——墩底上、下游正应力，kPa；

$\sum W$——作用在闸墩上全部垂直力（包括自重）之和，kN；

A——墩底水平截面面积，m^2；

$\sum M$——作用在闸墩上的全部荷载对墩底水平截面中心轴（近似地作为形心轴）Ⅰ—Ⅰ的力矩之和，kN·m；

L——墩底长度，m；

I_{I}——墩底截面对Ⅰ—Ⅰ轴的惯性矩，近似地取为 $I_{\mathrm{I}} = B (0.98L)^3/12$，$m^4$；$B$ 为墩厚，m。

（2）墩底水平面上剪应力的计算

剪应力 τ 应按下式计算：

$$\tau = \frac{QS_{\text{I}}}{I_{\text{I}}b} \qquad (5-46)$$

式中 Q——作用在墩底水平截面上的剪力，kN；

S_{I}——剪应力计算截面处以外的各部分面积对 I—I 轴的面积矩之和，m^3；

b——剪应力计算截面处的墩宽，m。

（3）墩底水平截面上的横向正应力计算

闸门检修期间，闸墩承受侧向水压力（图 5-44），是横向计算的最不利条件，其横向正应力按下式计算：

$$\sigma_d^u = \frac{\sum W}{A} \pm \frac{\sum M}{I_{\text{II}}} \frac{B}{2} \qquad (5-47)$$

式中 $\sum M$——横向水压力对墩底水平截面中心轴 II—II 的力矩之和，kN·m；

I_{II}——墩底截面对 II—II 轴的惯性矩，m^4。

（4）边墩、缝墩墩底主拉应力计算

当边墩和缝墩闸孔闸门关闭承受最大水头时，边墩和缝墩受力不对称（图 5-45），墩底受纵向剪力和扭矩的共同作用，可能产生较大的主拉应力。半扇闸门传来的水压力 P 不通过缝墩底面形心，产生的扭矩为 $M_n = Pb_l$，其中 b_l 为 P 至形心轴 III—III 的距离。扭矩 M_n 在 A 点（1/2 墩长的边界处）产生的剪应力近似值 τ_1 为：

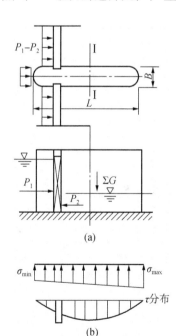

图 5-43 墩底运用时期应力计算

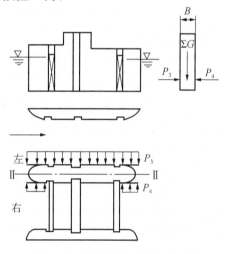

图 5-44 墩底检修时期应力计算

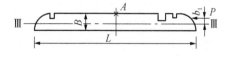

图 5-45 边墩、缝墩应力计算

$$\tau_1 = \frac{Mn}{0.4B^2L} \qquad (5-48)$$

水压力 P 对水平截面的剪切作用，A 点产生的剪应力近似值为：

$$\tau_2 = \frac{3}{2} \frac{P}{BL} \qquad (5-49)$$

A 点的主拉应力 σ_{zl} 为

$$\sigma_{zl} = \frac{\sigma}{2} + \frac{1}{2}\sqrt{\sigma^2 + 4(\tau_1 + \tau_2)^2} \quad (5-50)$$

式中　σ——边墩或缝墩在 A 点的正应力（以压应力为负）；

　　　σ_{zl}——不得大于混凝土的允许拉应力，否则应配受力钢筋。

（5）门槽应力计算

门槽颈部因受闸门传来的水压力而可能受拉，应进行强度计算，以确定配筋量。计算时在门槽处截取脱离体（取下游段或上游段底板以上闸墩均可）（图 5-46），将闸墩及其上部结构重量、水压力及闸墩底面以上的正应力和剪应力等作为外荷载施加在脱离体上。根据平衡条件，求出作用于门槽截面 BE 中心的力 T_0 及力矩 M_0，然后按偏心受压公式求出门槽应力 σ。

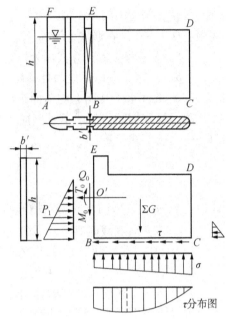

图 5-46　门槽应力计算

$$\sigma = \frac{T_0}{A} \pm \frac{M_0 \dfrac{h}{2}}{I} \qquad (5-51)$$

式中　T_0——脱离体上水平作用力的总和；

　　　A——门槽截面面积，$A = b'h$；

　　　M_0——脱离体上所有荷载对门槽截面中心 o' 的力矩之和；

　　　I——槽截面对中心轴的惯性矩，$I = b'h^3/12$；

　　　b'、h——门槽截面宽度和高度。

（6）闸墩配筋

①闸墩配筋。闸墩的内部应力不大，一般不会超过墩体材料的允许应力，按理可不配置钢筋。但考虑到混凝土的温度、收缩应力的影响，以及为了加强底板与闸墩间施工缝的连接，仍需配置构造钢筋。垂直钢筋一般每米 3～4 根 $\phi 10～14$mm，下端伸入底板 25～30 倍钢筋直径，上端伸至墩顶或底板以上 2～3m 处截断（温度变化较小地区）；考虑到检修时受侧向压力的影响，底部钢筋应适当加密。水平向分布钢筋一般用 $\phi 8～12$mm，每米 3～4 根。这些钢筋都沿闸墩表面布置。

闸墩的上下游端部（特别是上游端），容易受到漂流物的撞击，一般自底至顶均布置构造钢筋，网状分布。闸墩墩顶支承上部桥梁的部位，亦要布置构造钢筋网。

②门槽配筋。一般情况下，门槽顶部为压应力，底部为拉应力。若拉应力超过混凝土的允许拉应力时，则按全部拉应力由钢筋承担的原则进行配筋；否则配置构造钢筋，布置在门槽

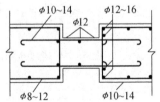

图 5-47　门槽配筋

两侧，水平排列，每米3～4根，直径较之墩面水平分布钢筋适当加大（图5-47）。

5.7.1.2 弧形闸门闸墩

弧形闸门的闸墩不需设置门槽，弧形闸门上作用的水压力通过凸出与闸墩边缘的牛腿集中传递给闸墩。闸门关闭挡水时，牛腿在半扇弧形闸门水压力 R 的法向分力 N 和切向分力 T 共同作用下工作，分力 N 使牛腿弯曲和剪切，T 则使牛腿产生扭曲和剪切。牛腿可视为短悬臂梁进行内力计算和配筋。

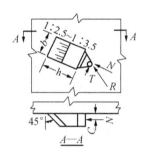

图5-48 牛腿荷载示意图

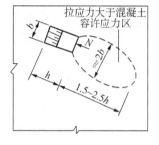

图5-49 牛腿附近闸墩受力图

牛腿处闸墩在分力 N 作用下，根据偏光弹性试验表明，在牛腿前约2倍牛腿宽，1.5～2.5倍牛腿高范围（图5-49），墩内的主拉应力大于混凝土的容许拉应力，需要配钢筋。在此范围以外，拉应力小于混凝土的容许拉应力，不需配筋或按构造配筋。在牛腿处闸墩钢筋面积可按下式计算：

$$A_s = \frac{\gamma_0 \psi \gamma_d N'}{f_y} \tag{5-52}$$

式中 N'——牛腿前大于混凝土容许拉应力范围内的总拉力，约为牛腿集中力的70%～80%；

γ_0——结构重要性系数；

ψ——设计状况系数；

γ_d——结构系数。

f_y——钢筋抗拉强度设计值，MPa。

重要的大型水闸，应经试验确定闸墩的应力状态，并据此配置钢筋。

5.7.2 整体式平底板内力计算

整体式平底板的平面尺寸远较厚度为大，可视为地基上的受力复杂的一块板。目前工程实际仍用近似简化计算方法进行强度分析。一般认为闸墩刚度较大，底板顺水流方向弯曲变形远较垂直水流方向小，假定顺水流方向地基反力呈直线分布，故常在垂直水流方向截取单宽板条进行内力计算。

按照不同的地基情况采用不同的底板应力计算方法。相对密度 $D_r > 0.5$ 的砂土地基或粘性土地基，可采用弹性地基梁法。相对密度 $D_r \leqslant 0.5$ 的砂土地基，因地基松软，底板刚度相对较大，变形容易得到调整，可以采用地基反力沿水流流向呈直线分布，垂直水流流向为均匀分布的反力直线分布法。对小型水闸，则常采用倒置梁法。

5.7.2.1 弹性地基梁法

该法认为底板和地基都是弹性体，底板变形和地基沉降协调一致，垂直水流方向地基反力不呈均匀分布（图 5-50），据此计算地基反力和底板内力。此法考虑了底板变形和地基沉降相协调，又计入边荷载的影响，比较合理，但计算比较复杂。当采用弹性地基梁法分析水闸底板应力时，应考虑可压缩土层厚度 T 与弹性地基梁半长 $L/2$ 之比值的影响。当 $2T/L$ 小于 0.25 时，可按基床系数法（文克尔假定）计算；当 $2T/L$ 大于 2.0 时，可按半无限深的弹性地基梁法计算；当 $2T/L$ 为 $0.25 \sim 2.0$ 时，可按有限深的弹性地基梁法计算。

弹性地基梁法计算地基反力和底板内力的具体步骤如下：

（1）用偏心受压公式计算闸底纵向（顺水流方向）地基反力。

（2）在垂直水流方向截取单宽板条及墩条，计算板条及墩条上的不平衡剪力。

以闸门槽上游边缘为界，将底板分为上、下游两段，分别在两段的中央截取单宽板条及墩条进行分析，如图 5-50a 所示。作用在板条及墩条上的力有：底板自重（q_1）、水重（q_2）、中墩重（G_1/b_1）及缝墩重（G_2/b_2），中墩及缝墩重（包括其上部结构及设备自重在内）中，在底板的底面有扬压力（q_3）及地基反力（q_4），如图 5-50b 所示。

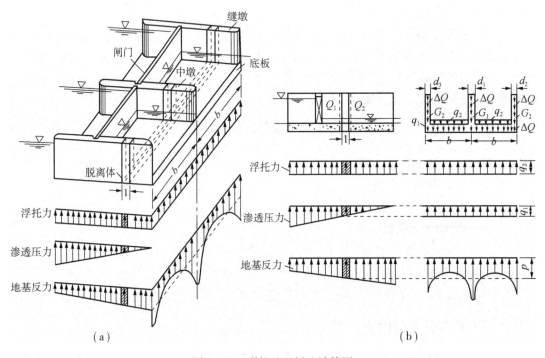

图 5-50　弹性地基梁法计算图

由于底板上的荷载在顺水流方向是有突变的，而地基反力是连续变化的，所以，作用在单宽板条及墩条上的力是不平衡的，即在板条及墩条的两侧必然作用有剪力 Q_1 及 Q_2，并由 Q_1 及 Q_2 的差值来维持板条及墩条上力的平衡，差值称为不平衡剪力。以下游段为例，根据板条及墩条上力的平衡条件，取 $F_y = 0$，则

$$\frac{G_1}{b_2} + 2\frac{G_2}{b_2} + \Delta Q + (q_1 + q_2' - q_3 - q_4)L = 0 \tag{5-53}$$

由式 5-53 可求出 ΔQ，式中假定 ΔQ 的方向向下，如算得结果为负值，则 Q 的实际作用方向应向上，$q_2' = q_2 (L - 2d_2 - d_1)/L$。

（3）确定不平衡剪力闸墩和底板上的分配。

不平衡剪力 Q 应由闸墩及底板共同承担，各自承担的数值，可根据剪应力分布图面积按比例确定。为此，需要绘制计算板条及墩条截面上的剪力分布图。对于简单的板条和墩条截面，可直接应用积分法求得，如图5-51所示。

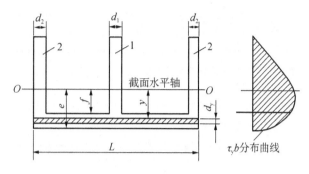

图5-51 不平衡剪力 Q 分配计算简图
1—中墩；2—缝墩

由材料力学得知，截面上的剪应力 τ_y（kPa）为：

$$\tau_y = \frac{\Delta Q}{bJ}S$$

式中　ΔQ——不平衡剪力，kN；

　　　J——横断面惯性矩，m^4；

　　　S——计算截面以下的面积对全截面形心轴的面积矩，m^3；

　　　b——截面在 y 处的宽度，底板部分 $b = L$，闸墩部分 $b = d_1 + 2d_2$，m。

显然，底板截面上的不平衡剪力 $\Delta Q_{\text{板}}$ 应为：

$$\Delta Q_{\text{板}} = \int_f^e \tau_y L dy = \int_f^e \frac{\Delta Q S}{JL} L dy = \frac{\Delta Q}{J}\int_f^e S dy$$

$$= \frac{\Delta Q}{J}\int_f^e (e - y)L\left(y + \frac{e-y}{2}\right)dy = \frac{\Delta Q L}{2J}\left[\frac{2}{3}e^3 - e^2 f + \frac{1}{3}f^3\right] \quad (5-54)$$

一般情况，不平衡剪力的分配比例是：底板约占10%～15%，闸墩约占85%～90%。

（4）计算基础梁上的荷载。

①将分配给闸墩上的不平衡剪力与闸墩及其上部结构的重量作为梁的集中力。

中墩集中力

$$P_1 = \frac{G_1}{b_2} + \Delta Q_{\text{墩}}\left(\frac{d_1}{2d_2 + d_1}\right) \quad (5-55)$$

缝墩集中力　　　　　　　$$P_2 = \frac{G_2}{b_2} + \Delta Q_{\text{墩}}\left(\frac{d_2}{2d_2 + d_1}\right)$$

②将分配给底板的不平衡剪力化为均布荷载，并与底板自重、水重及扬压力等合并，作为梁的均布荷载，即

$$q = q_1 + q_2' - q_3 + \frac{\Delta Q_{\text{板}}}{L} \quad (5-56)$$

底板自重 q_1 的取值，因地基性质而异：由于粘性土地基固结缓慢，计算中可采用底板自重的50%～100%；而对砂性土地基，因其在底板混凝土达到一定刚度以前，地基变形几乎全部完成，底板自重对地基变形影响不大，在计算中可以不计。

（5）考虑边荷载的影响。边荷载是指计算闸段底板两侧的闸室或边墩背后回填土及岸

墙等作用于计算闸段上的荷载。如图 5–52 所示，计算闸段左侧的边荷载为其相邻闸孔的闸基压应力，右侧的边荷载为回填土的重力以及侧向土压力产生的弯矩。

边荷载对底板内力的影响，与地基性质和施工程序有关，在实际工程中，可按表 5–22 的规定计及边荷载的计算百分数。

表 5–22　边荷载计算百分数

地基类别	边荷载使计算闸段底板内力减少	边荷载使计算闸段底板内力增加
砂性土	50%	100%
粘性土	0	100%

注：①对于粘性土地基上的老闸加固，边荷载的影响可按本表规定适当减小。
②计算采用的边荷载作用范围可根据基坑开挖及墙后土料回填的实际情况研究确定，通常可采用弹性地基梁长度的 1 倍或可压缩层厚度的 1.1 倍。

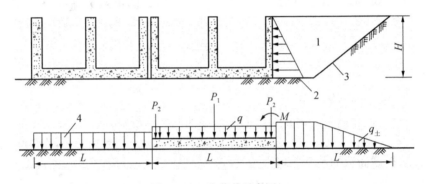

图 5–52　边荷载示意图
1—回填土；2—侧向土压力；3—开挖线；4—相邻闸孔的闸基压应力

（6）计算地基反力及梁的内力。根据 $2T/L$ 值判别所需采用的计算方法，然后利用已编制好的数表（例如郭氏表）计算地基反力和梁的内力，并绘出内力包络图，然后按钢筋混凝土或少筋混凝土结构配筋，并进行抗裂或限裂计算，底板的钢筋布置形式如图 5–53 所示。

底板的主拉应力一般不大，可由混凝土承担，不需要配置横向钢筋，故面层、底层钢筋作分离式布置（图 5–53）。受力钢筋每米不少于 3 根，且 ϕ 12mm < ϕ 32mm，一般为 ϕ 12～25mm，构造钢筋为 ϕ 10～

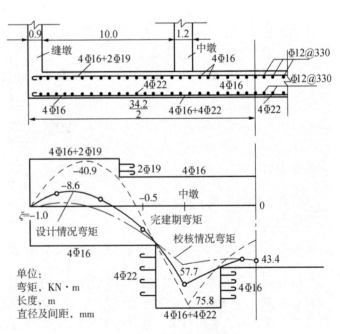

图 5–53　底板的钢筋布置形式

12mm。底板底层如计算不需配筋，施工质量有保证时，可不配置。面层如计算不需配筋，每米可配 3～4 根构造钢筋以抵抗表面水流的剧烈冲刷。垂直于受力钢筋方向，每米可配置 3～4 根 $\phi 10～12mm$ 的分布钢筋。受力钢筋在中墩处不切断，相邻两跨直通至边墩或缝墩外侧处切断，并留保护层。构造筋伸入墩下 30 倍直径。

5.7.2.2 反力直线法

该法假定地基反力在垂直水流方向也为均匀分布。其计算步骤是：

(1) 用偏心受压公式计算闸底纵向地基反力。

(2) 确定单宽板条及墩条上的不平衡剪力。

(3) 将不平衡剪力在闸墩和底板上进行分配。

(4) 计算作用在底板梁上的荷载。

将由式（5-55）计算确定的中墩集中力 P_1 和缝墩集中力 P_2 化为局部均布荷载，其强度分别为 $p_1 = P_1/d_1$，$p_2 = P_2/d_2$，同时将底板承担的不平衡剪力化为均布荷载，则作用在底板底面的均布荷载为：

$$q = q_3 + q_4 - q_1 - q_2' - \frac{\Delta Q_{板}}{L} \qquad (5-57)$$

(5) 按静定结构计算底板内力。

5.7.2.3 倒置梁法

该法同样也是假定地基反力沿闸室纵向呈直线分布，横向（垂直水流方向）为均匀分布，它是把闸墩作为底板的支座，在地基反力和其他荷载作用下按倒置连续梁计算底板内力。其计算示意图如图 5-54 所示。

$$q = q_{反} + q_{扬} - q_{自} - q_{水} \qquad (5-58)$$

式中 $q_{反}$、$q_{扬}$——地基反力及扬压力；

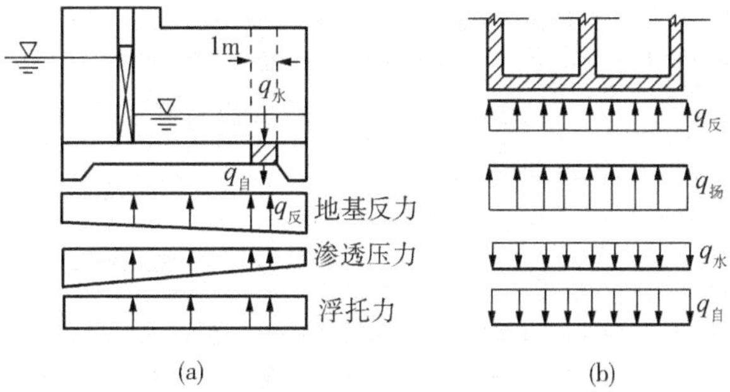

图 5-54 倒置梁计算板条荷载示意图

$q_{自}$、$q_{水}$——底板及作用于板上水的重力。

倒置梁法的缺点是没有考虑底板与地基变形协调条件，假设底板在横向的地基反力为均匀分布与实际情况不符，闸墩处的支座反力与实际的铅直荷载也不相等。因此，该法只适用于软弱地基上的小型水闸。

5.7.3 胸墙、工作桥、交通桥等结构计算

视支承和结构情况按板或板梁系统进行结构计算。其内力计算可参阅有关结构力学教材。

5.8 水闸与两岸的连接建筑物

5.8.1 连接建筑物的作用

水闸与河岸或堤、坝等连接时，必须设置上、下游翼墙和岸墙等连接建筑物，其作用是：

（1）挡两侧填土，维持土坝及两岸的稳定。

（2）保持两岸或土坝边坡不受过闸水流的冲刷。

（3）当水闸泄水或引水时，上游翼墙引导水流平顺进闸，下游翼墙使出闸水流均匀扩散，减少冲刷。

（4）控制通过闸身两侧的渗流，防止与其相连的岸坡或土坝产生渗透变形。

（5）在软弱地基上设有独立岸墙时，可以减少地基沉降对闸身应力的有害影响。

5.8.2 连接建筑物的形式和布置

5.8.2.1 上下游翼墙的布置

上游翼墙应与闸室两端平顺连接，其顺水流方向的投影长度应大于或等于铺盖长度。下游翼墙的平均扩散角每侧宜采用 $7° \sim 12°$，其顺水流方向的投影长度大于或等于消力池长度。上、下游翼墙的墙顶高程应分别高于上、下游最不利的运用水位。翼墙平面布置通常有下列几种形式：

（1）反翼墙

翼墙自闸室向上、下游延伸一段距离，然后转弯 $90°$ 插入堤岸，墙面铅直，转弯半径约 $2 \sim 5m$，如图 5-55a 所示。这种布置形式的防渗效果和水流条件较好，但工程量较大，一般适用于大中型水闸。对于渠系小型水闸，为节省工程量可采用一字形布置形式，即翼墙自闸室边墩上下游端即垂直插入堤岸。一字形布置形式进出水流条件较差。

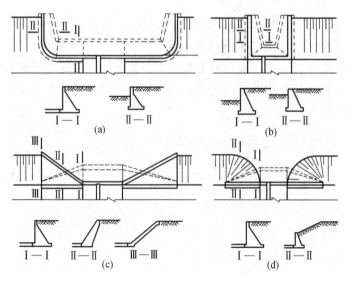

图 5-55 翼墙布置图

（2）扭曲面翼墙

扭曲面翼墙迎水面在靠近闸室处为铅直面，随着翼墙向上、下游延伸而逐渐变为倾斜面，直至与其连接的河岸（或渠道）的坡度相同为止（图5-55c）。这种布置形式的水流条件较反翼墙好，且工程量小，但施工较为复杂，应保证墙后填土的夯实质量，否则容易断裂。这种布置形式在小型渠系工程中应用较广。

（3）斜墙翼墙

斜墙翼墙在平面上呈八字形，随着翼墙向上、下游延伸，其高度逐渐降低，至末端与河底齐平，如图5-55d所示。这种布置形式不仅工程量省，施工也方便，但泄流时闸孔附近易产生立轴漩涡，冲刷河岸或岸坡，一般用于坚硬的粘性土地基上或较小水头的小型水闸。

（4）圆弧式翼墙

这种布置是自闸室边墩向上、下游用圆弧形的铅直翼墙与河岸连接。上游圆弧半径为15～30m，下游圆弧半径为35～40m，如图5-56所示。这种布置水流条件好，但模板用量大，施工复杂。适用于上、下游水位差及单宽流量较大的大中型水闸。

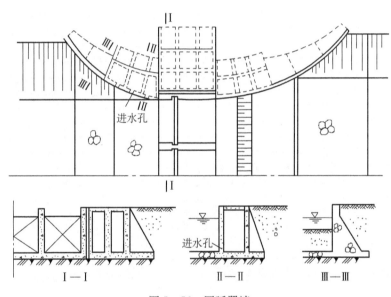

图5-56　圆弧翼墙

5.8.2.2　岸墙的布置

（1）岸墙与边墩结合

当地基较好，闸身高度不大时，闸室与边墩连成整体，利用边墩直接挡土，如图5-57a、5-57b、5-57c、5-57d所示。

（2）岸墙与边墩分开

在闸身较高、孔数较多及地基软弱的条件下，可在边墩外侧设置轻型岸墙，边墩只起支承闸门及上部结构的作用，而土压力全由岸墙承担，如图5-57e、5-57f、5-57g、5-57h所示。这种连接形式可以减少边墩和底板的内力，同时还可使作用在闸室上的荷载比较均衡，减少不均匀沉降。

（3）护坡岸墙

当地基承载力过低，可采用护坡岸墙的结构形式，如图 5-58 所示。其优点是边墩既不挡土，也不设岸墙挡土，翼墙只起挡水作用。因此，闸室边孔受力状态得到改善，适用于软弱地基。缺点是防渗和抗冻性能较差。为了挡水和防渗需要，在岸坡段设刺墙，其上游设防渗铺盖。

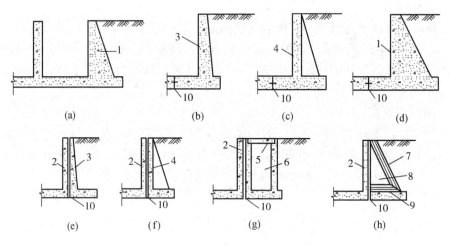

图 5-57 闸室与两岸或土坡的连接方式

1—重力式边墩；2—边墩；3—悬臂式边墩或岸墙；4—扶壁式边墩或岸墙；5—顶板；
6—空箱式岸墙；7—连拱板；8—连拱式空箱支墩；9—连拱底板；10—沉降缝

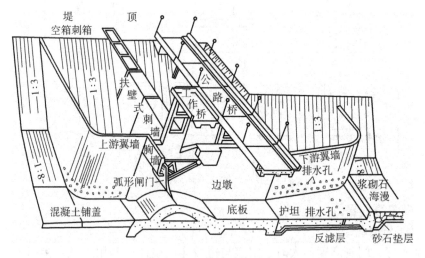

图 5-58 护坡连接形式

5.8.3 两岸连接建筑物的结构形式

两岸连接建筑物常用的形式有：重力式、悬臂式、扶壁式及空箱式等。

（1）重力式挡土墙

重力式挡土墙主要依靠其自重维持稳定（图 5-59）。常用混凝土和浆砌石建造。由于挡土墙的断面尺寸大，材料用量多，建在土基上时，墙高在 6m 以下较经济。

重力式挡土墙顶宽一般为 0.4～0.8m，边坡系数 m 为 0.25～0.5，混凝土底板厚约 0.5～0.8m，常将基础底部伸出 0.3～0.5m，前趾常需配置钢筋。

为了提高挡土墙的稳定性，墙顶填土面应设防渗（图 5-60）；墙内设排水设施，以减少墙背面的水压力。排水设施可采用排水孔（图 5-61 a）或排水暗管（图 5-61b）。排水孔直径 0.04～0.05m，孔距 2～5m，孔后设滤层。

重力式翼墙结构计算同挡土墙。

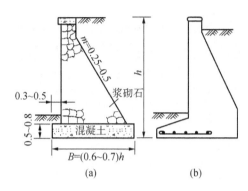

图 5-59　重力式挡土墙（单位：m）

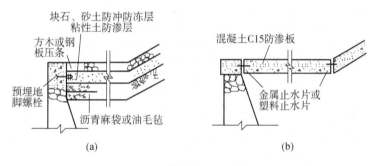

图 5-60　翼墙墙顶的防渗设施

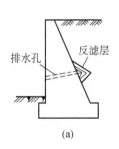
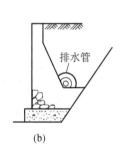

图 5-61　挡土墙的排水

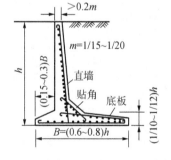

图 5-62　悬臂式挡土墙剖面图（单位：m）

（2）悬臂式挡土墙

悬臂式挡土墙是由直墙和底板组成的一种钢筋混凝土轻型挡土结构（图 5-62）。其适宜高度为 6～10m。用作翼墙时，断面为倒 T 形，用作岸墙时，则为 L 形（图 5-57e），这种翼墙具有厚度小、自重轻等优点。它主要是利用底板上的填土维持稳定。直墙顶部厚度一般不小于0.15m，底部厚度由计算确定，一般为挡土墙高度的1/10～1/12。底板前后边缘厚度不小于0.15m。底板宽度由挡土墙稳定条件和基底压力分布条件确定，一般为挡土墙高度的0.6～0.8倍。调整后踵长度，可以改善稳定条件；调整前趾长度，可以改善基底压力分布。直墙和底板近似按悬臂板计算。

（3）扶壁式挡土墙

扶壁式挡土墙由直墙、底板及扶壁三部分组成，如图5-63所示。利用扶壁和直墙共同挡土，并可利用底板上的填土维持稳定，当改变底板长度时，可以调整合力作用的位置，使地基反力趋于均匀。直墙高度在6.5m以内时，直墙和扶壁可采用浆砌石结构，当墙的高度超过9～10m以后，采用钢筋混凝土扶壁式挡土墙较为经济。

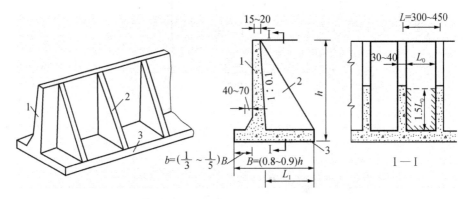

图5-63　扶壁式挡土墙（单位：cm）

1—立墙；2—扶壁；3—底板

直墙与底板的厚度与扶壁间距有关，钢筋混凝土结构，扶壁间距一般为3～4.5m，扶壁厚度为0.3～0.4m；底板厚度由计算确定，一般不小于0.4m；直墙顶端厚度不小于0.2m，下端由计算确定。悬臂段长度b约为（1/3～1/5）B。

底板的计算，分前趾和后踵两部分。前趾计算与悬臂梁相同。后踵分两种情况：当$L_1/L_0 < 1.5$（L_0为扶壁净距）时，按三边固定一边自由的双向板计算，当$L_1/L_0 > 1.5$时，则自直墙起至离直墙$1.5L_0$为止的部分，按三面支承的双向板计算，在此以外按单向连续板计算。

扶壁计算，可把扶壁与直墙作为整体结构，取墙身与底板交界处的T形截面按悬臂梁分析。

（4）空箱式挡土墙

空箱式挡土墙是扶壁式挡墙的特殊形式，由底板、前墙、后墙、扶壁、顶板和隔板等组成，如图5-64所示。利用前后墙之间形成的空箱充水或填土可以调整地基应力。空箱式挡土墙具有重力轻和地基应力分布均匀的优点，但其结构复杂，施

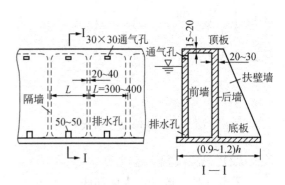

图5-64　空箱式挡土墙（单位：cm）

工麻烦，造价较高。故仅在某些地基松软的大中型水闸中使用。

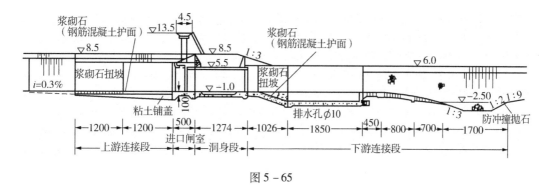

图 5 - 65

引例分析

1.

①选定闸孔的类型、闸底板高程；

②选择计算方法计算闸孔总净宽；

③选定分孔方案，拟定单孔净宽、墩厚尺寸，计算闸孔总宽度；

④进一步验算闸孔过水能力；

⑤拟定闸孔分缝方案，确定闸底板型式，绘制闸孔横剖面图。

2.

①进行水面连接计算，判断是否需要建造消力池；

②进行消力池设计（确定消力池类型、池深、池长构造）；

③进行海幔设计（确定海幔形式、长度、宽度、构造）；

④进行防冲槽设计（确定防冲槽尺寸、构造）；

⑤绘制水闸结构平面布置图、纵剖面图。

3.

①拟定地下轮廓线的布置形式；

②拟定防渗、排水设施（铺盖、板桩、闸底板、排水层、排水孔）的尺寸；

③选择闸基渗流计算方法，进行闸基渗流计算；

④计算渗压力，并绘制渗压力分布图；

⑤验算闸底板及出口处的渗透坡降。

技能训练

1. 填空题

（1）水闸是一种低水头的水工建筑物，兼有_____和_____
____的作用，用以_____、_____，以满足水利事业的各种要求。

（2）水闸按所承担的任务分为_____闸、_____闸、_____闸、_____闸和_____闸。

（3）水闸由_____段_____段和_____段组成。

（4）水闸下游易出现的不利流态有_____和_____。

（5）消能设计的控制条件一般是上游水位高，闸门_____开启和单宽流量_____。

（6）底流消能设施有_____式、_____式、_____式三种形式。

（7）水闸防渗设计的原则是在高水位侧采用_____、_____、_____等防渗措施，在低水位侧设置_____设施。

（8）闸基渗流计算的方法有_____法、_____法和_____法。

（9）改进阻力系数法把复杂的地下轮廓简化成三种典型流段，_____段及_____段和_____段。

（10）直线比例法有_____法和_____法。

（11）闸底板上、下游端一般设有齿墙，因为有利于_____，并_____。

（12）闸墩的外形轮廓应满足过闸水流_____、_____小和_____大的要求。

（13）工作桥的作用是_____，交通桥的作用是_____。

（14）对于软弱粘性土和淤泥质土，应采用_____地基处理方法。

2. 简答题

（1）水闸有哪些工作特点？

（2）闸底板高程的确定对于大型水闸和小型水闸有何区别？为什么？

（3）底流消能在闸下产生的淹没水跃的淹没度为多少？能变大或变小吗？

（4）海墁的作用是什么？对海墁有哪些要求？

（5）采取哪些工程措施可以防止闸下产生波状水跃及折冲水流？

（6）粘性土地基和砂性土地基地下轮廓的布置有何不同？

（7）闸墩的墩顶高程如何确定？

（8）平面闸门与弧形闸门相比较各有何优缺点？

（9）如图5－66，当采用混凝土铺盖时，应如何计算作用在水闸上的上游水平水压力？并绘图表示。

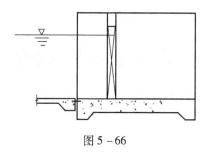

图 5 – 66

（10）当闸室的抗滑稳定安全系数不满足要求时，应采用哪些措施？

（11）水闸连接建筑物的作用是什么？翼墙的布置应注意哪些问题？

3. 案例分析

某水库总库容 $1.1 \times 10^8 \mathrm{m}^3$，拦河坝为混凝土重力坝，最大坝高 148m，大坝建筑物级别是多少？

项目六　水工隧洞设计

掌握水工隧洞的工作原理和类型，熟悉水工隧洞的构造，了解隧洞线路的选择、闸门的布置、衬砌计算等。

知识要点	能力目标	权重
水工隧洞的工作原理和类型	掌握水工隧洞的工作原理，熟悉水工隧洞类型	25%
水工隧洞的构造	熟悉进水口、出口消能、洞身断面的形式和特点	35%
水工隧洞的总体布置与选线	了解隧洞线路的选择、闸门的布置	20%
水工隧洞衬砌的结构计算	能计算水工隧洞衬砌的荷载，进行圆形有压隧洞的结构计算	20%

引例

某水库泄水隧洞的进口全部淹没在水下，进口高程接近河床高程，其担负的任务包括：预泄库水，增大水库的调蓄能力；放空水库以便检修；排放泥沙，减小水库淤积；施工导流；配合溢洪道宣泄洪水。该水库的死水位为 348 m；正常水位为 360.52 m；设计洪水位为 363.62 m，相应隧洞泄量为 90 m³/s；校核洪水位为 364.81 m，相应隧洞泄量为 110 m³/s。

本例是一则隧洞工程，下面我们将通过本例对隧洞的工作原理和类型、线路的选择、水工隧洞的构造、闸门的布置、衬砌计算等相关知识进行讲解。

基本知识学习

6.1 概述

6.1.1 水工隧洞的概念

水工隧洞是指在水利枢纽中为满足泄洪、灌溉、发电等各项任务在岩层中开凿而成，四周被围岩包围起来的水工建筑物。

6.1.2 水工隧洞的类型

水工隧洞按不同方式分类，可有以下多种类型。
①按功能分：泄洪洞、引水洞、排沙洞、放空洞、导流洞等。
②按流态分：有压洞、无压洞。
③按衬砌方式分：不衬砌隧洞、喷锚、混凝土衬砌或钢筋混凝土衬砌等。
④按流速分：高速水流隧洞（流速 > 16m/s）、低速水流隧洞（流速 < 16m/s）。

6.1.3 水工隧洞的特点

（1）结构方面

隧洞开挖前，岩体处于整体稳定状态，开挖后洞孔附近应力重新分布，岩体产生新的变形，严重的会导致岩石崩塌，需进行开挖衬砌支护。围岩变形（或塌落）而作用在衬砌上的压力称为围岩压力，是一种主动力。当衬砌受到某些主动力的作用而向围岩方向变位时，会受到围岩的限制而产生反作用力，称为弹性抗力，是一种被动力，能协助衬砌共同承受内水压力等荷载，是有利的。因此，应使隧洞尽量避开软弱岩层和不利的地质构造。

（2）水力特性

水工隧洞受高水头动水压力作用，要求隧洞体型设计得当、施工质量良好，以免出现气蚀而引起破坏。有压隧洞要求坚固的衬砌，以免漏水产生附加渗透压力。出口段水流流速高、单宽流量大，必须采取有效的消能防冲措施。

（3）施工方面

隧洞洞身断面小，其工作面比地面上小得多，洞线长，干扰大。导流隧洞的施工进度对工程的影响巨大。

6.2 水工隧洞的总体布置与选线

6.2.1 水工隧洞的线路选择

隧洞的选线直接关系到工程造价、施工难易、工程进度、工程运行可靠性等方面。影响隧洞线路选择的因素很多，如地形地质条件、施工条件等。隧洞的线路选择必须根据隧洞的用途，主要考虑以下几个方面的因素：

（1）地质条件

隧洞路线应选在地质构造简单、岩体完整稳定的地区，尽量避开破碎带，地下水位高、可能坍塌的不稳定岩石，洞线尽量与最大水平地应力方向一致，隧洞的覆盖层厚度大，施工方便。

（2）地形条件

隧洞的路线在平面上尽量采用直线布置，必要时转弯半径大于 5 倍洞径或洞宽，转角小于 60°，直线段长度不小于 5 倍洞径或洞宽。高速水流隧洞尽量不采用曲线段。

（3）水流条件

隧洞进水口应力求水流顺畅，减少水头损失。出水口与坝脚相距 200m 以上，水流应与下游河道平顺衔接。

（4）施工条件

洞线选择应考虑施工出渣通道及施工场地布置问题。应与枢纽其他建筑物保持一定距离以免洞室开挖爆破影响建筑物基岩的稳定。长隧洞可设施工支洞、斜洞、竖井等以增加开挖面。如刘家峡水电站布置有大断面的导流兼泄洪隧洞，其平面布置图见图 6-1。

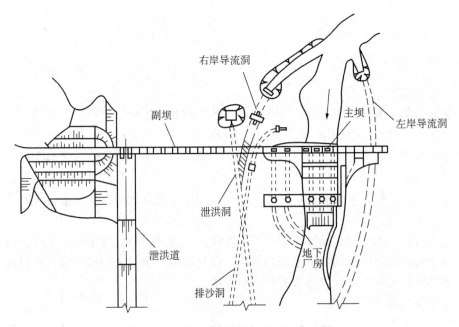

图 6-1　刘家峡水电站枢纽平面布置图

再如南水水电站，由于拦河坝处于峭壁狭窄处，南水水电站采用隧洞导流、泄洪，其平面布置图见图 6-2。

6.2.2　水工隧洞的布置

隧洞布置是否合理，影响到围岩稳定、水流条件、建设工期和工程造价。水工隧洞设计的关键在于进行合理的工程布置。水工隧洞由进口段、洞身段、出口段组成。

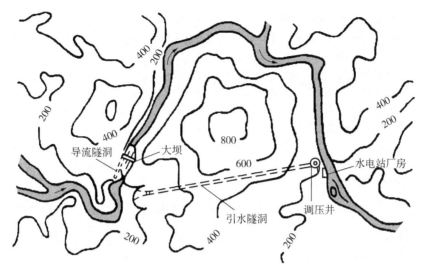

图 6-2　南水水电站枢纽平面布置图

（1）隧洞进口布置

根据不同的用途，隧洞的进口高程按照实际运用参数加以确定，发电引水隧洞的进口顶部高程应低于水库最低工作水位 0.5～1m，底部高程应高于水库淤沙高程 1m。灌溉隧洞的进口高程应保证设计流量的引水。排沙洞布置在引水洞进口侧，取较低高程。放空洞和施工导流洞进口高程应满足工程要求。

进水口的进水方式有表孔溢流式和深式进水口两种。表孔溢流式泄水时，洞内为无压流。具体布置见图 6-3。深式进水口的隧洞，可以是无压的或有压的。这种布置形式与重力坝上的泄水孔布置形式相似。

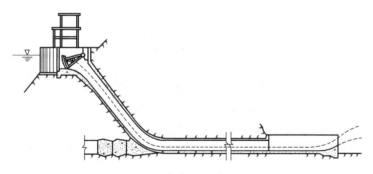

图 6-3　表孔溢流式进水口

（2）隧洞的出口布置

隧洞的出水口应保证水流平稳下泄，安全出流。有压隧洞的出口断面面积应小于洞身断面积，以保持洞内有较大的正压。可采用洞顶压坡的形式收缩出口断面。隧洞出口应采取消能防冲措施，常见的为挑流消能。

（3）隧洞的纵坡选择

有压隧洞的纵坡根据进出口高程确定，确保洞顶具有 2m 的压力水头，一般采用 3‰～10‰。无压隧洞的纵坡根据水力计算确定。

（4）闸门位置

水工隧洞一般设置工作闸门和检修闸门，检修闸门一般位于隧洞进口处，且在工作闸门上游，有压隧洞的工作闸门一般位于出口处，无压隧洞的工作闸门一般位于进口处。工作闸门应能在动水中启闭；检修闸门在动水中关闭，静水中开启。

6.3 水工隧洞的进口段

6.3.1 进口段的形式

水工隧洞进口段按其布置和结构形式不同，分为竖井式、塔式、岸塔式和斜坡式。

（1）竖井式进水口

竖井式进水口由闸前渐变段、竖井和闸后渐变段组成。优点是结构简单、节省工作桥、不受风浪和冰的影响、抗震及稳定性好。缺点是竖井开挖困难、检修门前一段隧洞检修不便。适用于河岸岩石坚固、开凿竖井无塌方危险的地段。见图6-4。

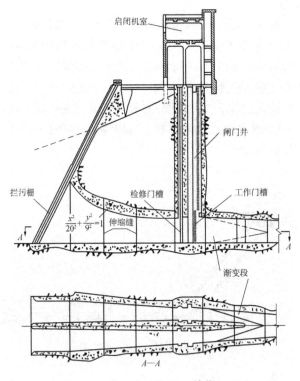

图6-4 竖井式进水口（单位：m）

（2）塔式进水口

塔式进水口由闸前渐变段、塔身和闸后渐变段组成。优点是独立悬臂结构、布置紧凑、闸门检修相对来说方便。缺点是需另设工作桥、可能增加投资、需进行稳定验算。适用于进口处岸坡低缓、覆盖层较厚、山岩破碎、不宜开凿竖井的情况。包括框架式塔（图6-5）和封闭式塔（图6-6）。

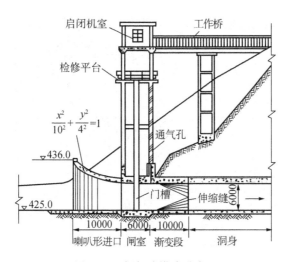

图 6 - 5　框架式塔式进水口

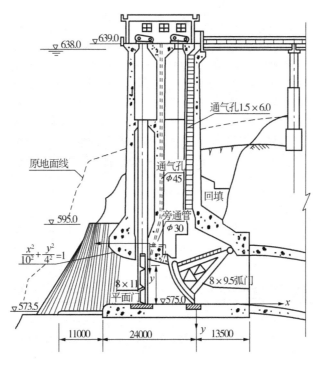

图 6 - 6　封闭式塔式进水口

（3）岸塔式进水口

岸塔式进水口的优点是稳定性比塔式好，造价比塔式省，施工方便，地形、地质条件许可时优先选用。缺点是闸门随进水口倾斜，启门力增加，不易靠自重关闭闸门。适用于进口处岩石坚固，可开挖成近于直立的陡壁，见图 6 - 7。

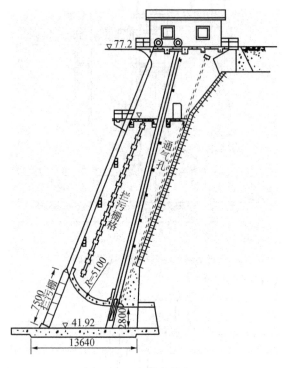

图 6-7　岸塔式进水口

（4）斜坡式进水口

斜坡式进水口的优点是结构简单，施工方便，稳定性好，造价最低。缺点是斜坡上装闸门，不易靠自重关闭闸门，需另加关门力。适用于较为完整的岩坡，见图 6-8。

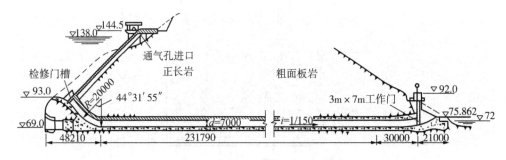

图 6-8　响洪甸泄洪洞斜坡式进水口

6.3.2　进口段的组成及构造

进口段的组成包括：进水喇叭口、闸门室、通气孔、平压管、出水渐变段等。

（1）进水喇叭口

隧洞进水口采用顶板和边墙三向收缩的平底矩形断面，形成喇叭口。收缩曲线常采用 1/4 椭圆曲线。

（2）通气孔

设在泄水隧洞进口或中部的闸门之后应设通气孔，其作用是在工作闸门各级开度下承担补气任务；检修时，在下放检修闸门后，放空洞内水流时补气；检修完成后，向检修闸门和工作闸门之间充水时，通气孔用以排气。通气孔的上部进口必须与闸门启闭机室分开设置。通气孔风速一般为20m/s。

（3）平压管

平压管绕过检修门槽设置，使检修门在静水中开启。根据所需的灌水时间确定平压管的尺寸，具体布置见图6-9。

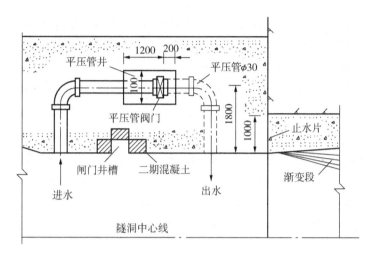

图6-9　平压管布置图

（4）拦污栅

进口处的拦污栅是为了防止水库中的漂浮物进入隧洞。

（5）渐变段、闸门室

渐变段及闸门室等，可参见重力坝深式泄水孔有关内容。

6.4　水工隧洞的洞身

6.4.1　洞身断面形式及尺寸

隧洞的断面形式与水流条件、工程地质条件和施工条件等有关。无压隧洞多采用城门洞形断面，当围岩条件较差时，常采用马蹄形断面。有压隧洞一般采用圆形断面。断面尺寸由水力计算得到。水力计算包括泄流能力、水头损失、压坡线（有压流）、水面线（无压流）。

6.4.2　洞身衬砌的类型及构造

衬砌是指沿开挖洞壁而做的人工护壁，主要作用是阻止围岩变形发展，保证其稳定；加固围岩承受围岩压力、内水压力和其他荷载；防止渗漏；保护岩石免受水流、空气、温度、干湿变化等侵蚀破坏；平整围岩，减小表面糙率。

（1）衬砌的类型

①平整衬砌（也称护面）

用混凝土、喷浆及浆砌石做成的护面，不承受荷载，仅起到平整隧洞表面、减小糙率、防止渗漏、保护岩石不受风化的作用。

②单层衬砌

用混凝土（图 6 - 10a）、钢筋混凝土（图 6 - 10b、图 6 - 10c、图 6 - 10d）或浆砌石做成。单层衬砌适用于中等地质条件，隧洞断面较大，水头及流速较高的情况；混凝土和单层钢筋混凝土衬砌的厚度不宜小于 25cm；双层钢筋混凝土衬砌的厚度不宜小于 30cm。

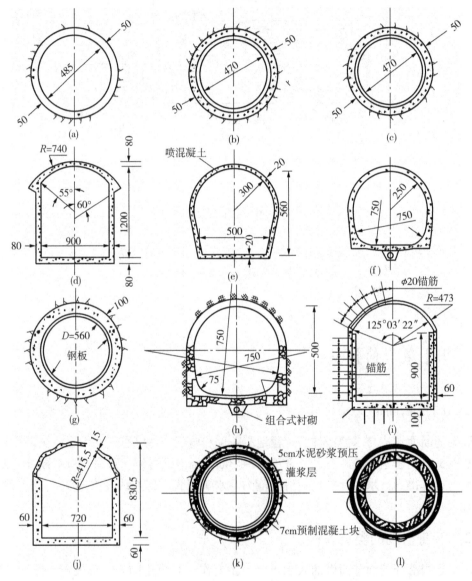

图 6 - 10　隧洞断面形式及衬砌类型（单位：cm）

（a）～（f）—单层衬砌；（g）～（f）—组合式衬砌；（k）～（l）—预应力衬砌

③喷锚衬砌

喷锚衬砌是新奥法（NATM）的表现形式，指利用锚杆和喷混凝土加固围岩，是逐渐发展起来的新型加固措施。

④组合式衬砌

在开挖断面周边不同部位采用不同的衬砌材料组合而成。如内层为钢板、钢筋网喷浆，外层为混凝土或钢筋混凝土；如顶拱为混凝土，边墙和底板采用浆砌石。

⑤预应力衬砌

预应力衬砌是指在施工中预施环向压应力，运行时衬砌可承受由巨大内水压力引起的环向拉应力。多用于高水头有压隧洞。

（2）衬砌的分缝和止水

整体式衬砌在施工中要分段分块浇筑，需设横、纵向工作缝（图6-11，6-12）；隧洞在穿过断层、软弱破碎带以及和竖井交接处，衬砌需要加厚，应设置横向变形缝（图6-13）。

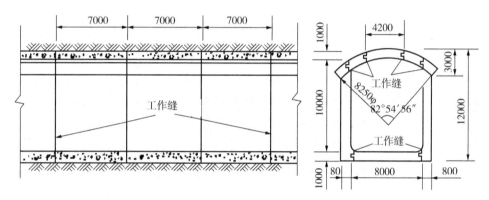

图6-11　陆浑水库泄洪洞衬砌施工分缝

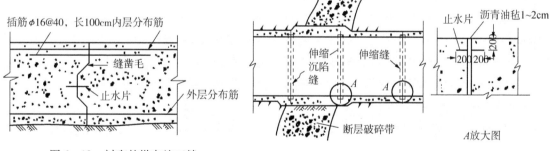

图6-12　衬砌的纵向施工缝

图6-13　伸缩沉陷缝

（3）灌浆

①回填灌浆

回填灌浆是为了填充衬砌与围岩之间的空隙，使之结合紧密，以改善传力条件和减少渗漏。一般施工中在衬砌顶拱部分时预留灌浆孔（图6-14）。灌浆范围为顶拱90°～120°之间，孔距和排距2～6m，灌浆压力一般为0.2～0.5MPa。

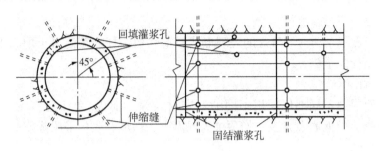

图 6 - 14　灌浆孔布置图

②固结灌浆

固结灌浆是为了加固围岩，提高围岩的强度和整体性，减小围岩压力，保证岩石的弹性抗力，减小地下水对衬砌的压力和减少渗漏。由于其一般在衬砌后进行，故还可起预压作用。灌浆孔深一般为一倍隧洞半径，梅花形，间距 2 ～ 4m。灌浆压力为 1.5 ～ 2.0 倍内水压力，一般 0.3 ～ 1.0MPa。

（4）排水

设置排水是为了降低作用在衬砌外壁上的外水压力。当外水压力较大时，无压隧洞可在洞内最高水面线以上通过衬砌来设置排水孔（图 6 - 15）。有压隧洞一般在洞底部设置纵向排水管和横向排水沟，间距 6 ～ 8m。

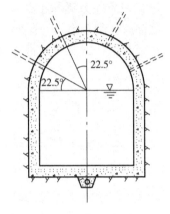

图 6 - 15　无压隧洞排水布置图

6.5　水工隧洞的出口段

有压隧洞出口处设闸门，因此设闸室，用以布置闸门及相应的启闭设备，门前设渐变段，门后接消能设施。无压隧洞出口处无闸门，因此其形式相对简单，仅设门框，以防洞脸及其上部岩体崩塌，洞身直接与消能设施相连。具体布置见图 6 - 16。

泄水隧洞出口水流的特点是隧洞出口宽度小，单宽流量大，能量集中，所以常在出口处设置扩散段，使水流扩散，减小单宽流量，然后再以适当形式消能。

（1）挑流消能

挑流消能适用于隧洞出口高程高于或接近下游水位，且地形地质条件较好的情况。挑流消能具有结构简单，施工方便的特点，国内外泄洪、排沙隧洞广泛采用这种消能方式。

（2）底流消能

底流水跃消能适用于隧洞出口高程接近下游水位的情况。底流消能具有工作可靠、消能充分、对下游水面波动影响范围小的优点，但缺点是开挖量大、施工复杂、材料用量多、造价高。

（3）洞内消能

洞内消能即洞中突扩消能也称为孔板消能，它是在有压隧洞中设置过流断面较小的孔板，利用水流流经孔板时突缩和突扩造成的漩滚，在水流内部产生摩擦和碰撞，消减大量能量。

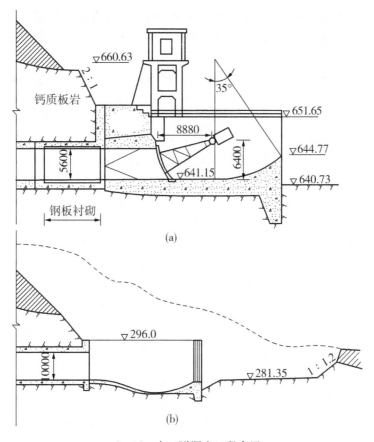

6-16 水工隧洞出口段布置

6.6 水工隧洞衬砌的荷载

作用在隧洞衬砌上的荷载一般按单位洞长计算，分为基本荷载和特殊荷载两类。基本荷载即长期或经常作用在衬砌上的荷载，包括衬砌自重、围岩压力、设计条件下的内水压力、稳定渗流情况下的外水压力、预应力等。特殊荷载即出现机遇较少的、不经常作用在衬砌上的荷载，包括校核洪水位时的内水压力和相应的外水压力、地震荷载、施工荷载、灌浆压力、温度荷载等。

（1）围岩压力

在岩体中开挖隧洞，破坏了岩体的平衡状态，引起围岩的应力重新分布，围岩发生变形，甚至塌落，衬砌承受的这些可能崩塌围岩的压力称为围岩压力，也称为山岩压力。

围岩压力按作用的方向可分为垂直围岩压力和侧向围岩压力。

对于不同的围岩类别，用不同的方法来估算围岩压力：

①对于Ⅰ类围岩，可不计围岩压力。

②对于Ⅱ、Ⅲ类围岩，可用经验估算法来估算围岩压力，在隧洞开挖后，应根据补充的地质资料和实际情况，进行必要的修正。

③对于Ⅳ、Ⅴ类围岩，可按松散介质平衡理论，采用塌落拱法估算围岩压力。块状、

中厚层或厚层状结构的围岩，可根据围岩中不稳定块体的重量来确定围岩压力。

④对于不能形成稳定塌落拱的浅埋隧洞，围岩压力可按隧洞拱顶上覆岩体的重量来估算。

⑤采用喷锚支护或钢支撑等围岩加固措施，已使围岩处于稳定状态，可少计或不计围岩压力。

经验估算法将围岩压力视为均布，计算公式如下：

$$q = (0.2 \sim 0.3)\gamma_R B$$
$$e = (0.05 \sim 0.10)\gamma_R H$$

式中　q、e——分别为垂直均布及侧向均布围岩压力强度，kN/m^2；

　　　γ_R——岩体重度，kN/m^3；

　　　B、H——分别为洞室的开挖宽度及高度，m。

（2）弹性抗力

当衬砌承受荷载后，向围岩方向变形时，会受到围岩的抵抗，这个抵抗力称为弹性抗力。弹性抗力是当衬砌受力后向围岩变形，围岩反作用于衬砌，而使衬砌受到的被动抗力。弹性抗力的存在，对于衬砌是有利的。

影响弹性抗力的因素主要是，围岩的岩性、构造、强度及厚度，同时还必须保证衬砌与围岩紧密结合。为有效地利用弹性抗力，常对围岩进行灌浆加固并填实衬砌与围岩间的空隙。由于弹性抗力对于衬砌是有利的，对弹性抗力的估算不能过高。

围岩的弹性抗力 p_0 可由下式计算：

$$p_0 = K\delta$$

式中　p_0——围岩的弹性抗力强度，kN/cm^2；

　　　δ——围岩受力面的法向位移，cm；

　　　K——围岩的弹性抗力系数，kN/cm^3。

围岩的法向位移 δ 值，可根据衬砌的荷载（包括弹性抗力在内），经计算求得。

弹性抗力的存在要求围岩有足够的厚度，对于有压洞，只有在围岩厚度大于3倍开挖洞径时，才可考虑弹性抗力。对于无压洞，如果两侧有足够的厚度且无不利的滑动面时，可以考虑弹性抗力。

（3）内水压力

内水压力是指作用在衬砌内壁上的水压力。它是有压隧洞的主要荷载。

内水压力可分解为两部分：即均匀内水压力和非均匀内水压力（无水头洞内满水压力）。

均匀内水压力是由洞顶内壁以上的水头产生的，计算式为：

$$p_1 = \gamma h$$

式中　γ——水的重度，kN/m^3；

　　　h——高出衬砌内壁顶点以上的内水压力水头，m。

非均匀内水压力是指洞内充满水，洞顶处水压力为零，洞底处的水压力为 $2\gamma r_i$ 时的水压力。计算式为：

$$p_2 = \gamma r_i(1 - \cos\theta)$$

式中　r_i——衬砌内半径，m

θ——计算点半径与洞顶半径的夹角。

非均匀内水压力的合力，方向向下，数值等于单位洞长内的总水重。

内水压力为以上两者的叠加。内水压力的计算简图如图6-17所示。

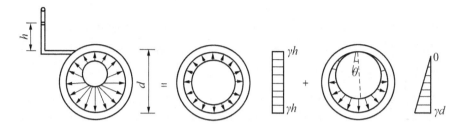

图6-17 水工隧洞内水压力计算图

（4）外水压力

外水压力是指作用在衬砌外壁上的地下水压力，其值取决于水库蓄水后的地下水位线的高低，难以准确计算。对于无压隧洞，一般采用在衬砌外壁布置排水措施来消除外水压力。对于有压隧洞，外水压力有抵消内水压力的作用，需要慎重考虑。

工程中常将地下水位线至隧洞衬砌外壁的作用水头乘上一个折减系数β_e后，作为地下水位线的计算值。

作用在衬砌外壁上的外水压力可按下式估算：

$$p_e = \beta_e \gamma h'$$

式中　p_e——作用在衬砌结构外表面的外水压力强度，kN/m^2；

　　　β_e——外水压力折减系数参见表6-1；

　　　h——隧洞中心至地下水位线的作用水头，m；

　　　γ——水的重度，kN/m^3。

表6-1 外水压力折减系数β值

级别	地下水活动状态	地下水对围岩稳定的影响	β_e值
1	洞壁干燥或潮湿	无影响	$0 \sim 0.20$
2	沿结构面有渗水或滴水	风化结构面充值物质，地下水降低结构面的抗剪强度，对软弱岩体有软化作用	$0.1 \sim 0.40$
3	沿裂隙或软弱结构面有大量滴水、线状流水或喷水	泥化软弱结构面充填物质，地下水降低结构面的抗剪强度，对中硬岩体有软化作用	$0.25 \sim 0.60$
4	严重滴水，沿软弱结构面有小量涌水	地下水冲刷结构面中充填物质，加速岩体风化，对断层等软弱带软化泥化，并使其膨胀崩解，以及产生机械管涌。有渗透压力，能鼓开较薄的软弱层	$0.40 \sim 0.80$
5	严重股状流水，断层等软弱带有大量涌水	地下水冲刷携带结构面充填物质，分离岩体，有渗透压力，能鼓开一定厚度的断层等软弱带，能导致围岩塌方	$0.65 \sim 1.00$

地下水位线分布如图 6-18 所示。

（5）衬砌自重

衬砌自重是指沿隧洞轴 1m 长衬砌的重量。

衬砌单位面积上的自重强度 g 为：

$$g = \gamma_h \delta$$

式中　γ_h——衬砌材料的重度，kN/

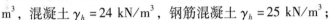

6-18　地下水位线分布图

m^3，混凝土 $\gamma_h = 24 \ kN/m^3$，钢筋混凝土 $\gamma_h = 25 \ kN/m^3$；

δ——衬砌厚度，应考虑超挖回填的影响，m。

（6）其他荷载

灌浆压力、温度荷载、地震荷载等一些其他荷载，或为施工期临时作用或对衬砌影响较小或出现概率很小，在设计中较少考虑。

设计中常考虑的荷载组合有：

①正常运用情况：围岩压力 + 衬砌自重 + 设计洪水时的内、外水压力。

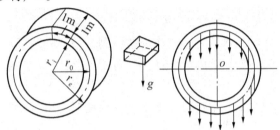

6-19　衬砌自重计算示意图

②施工、检修情况：围岩压力 + 衬砌自重 + 可能最大的外水压力。

③非常运用情况：围岩压力 + 衬砌自重 + 校核洪水时的内、外水压力。

6.7　水工隧洞衬砌的结构计算

衬砌结构计算的内容包括：确定衬砌厚度、配置钢筋数量、校核衬砌强度。有压隧洞多采用圆形断面，均匀内水压力是控制衬砌断面的主要荷载。为充分利用围岩的弹性抗力，应使衬砌与围岩紧密贴接，并要求围岩厚度超过三倍开挖洞径。本节以圆形有压隧洞的结构计算为例进行讲述。

进行衬砌结构计算时，一般先将隧洞按实际情况分为若干段，从每段中选出某一代表断面进行计算，首先初拟衬砌形式和厚度，其次计算各种荷载产生的内力，按不同的荷载组合叠加后，最后进行强度校核、配筋及修改。

6.7.1　均匀内水压力作用下的内力计算

在进行有压隧洞衬砌设计时，常根据均匀内水压力初步计算衬砌厚度及钢筋数量。当有压隧洞直径 $D < 6m$，围岩为 Ⅰ、Ⅱ 类，且围岩厚度大于 3 倍开挖洞径时，可只按内水压力作用来计算衬砌的厚度和应力，而不需要考虑其他荷载的影响。

6.7.1.1　混凝土衬砌（按混凝土未开裂考虑）

当围岩符合考虑弹性抗力的条件时，衬砌在均匀内水压力 p 作用下，衬砌外壁表面将会产生均匀的弹性抗力 p_0。具体分布见图 6-20。

此时，将衬砌视为无限弹性介质中的厚壁圆管，根据衬砌与围岩接触面的径向变位相容条件，采用弹性理论中的厚壁管公式进行求解。

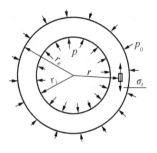

图 6-20　弹性抗力分布图

（1）围岩的弹性抗力 p_0

$$p_0 = \frac{1 - A}{t^2 - A}p$$

$$A = \frac{E - K_0(1 + \mu)}{E + K_0(1 + \mu)(1 - 2\mu)}$$

式中，A 为无因次数，称为弹性特征因数。E、K_0 的单位分别以 kPa、kN/m^3 计。当不计弹性抗力时，$K_0 = 0$，则 $A = 1$，$p_0 = 0$。

（2）衬砌的边缘应力

厚壁管在均匀内水压力 p 和弹性抗力 p_0 的作用下，按照弹性理论的解答，管壁厚度内任意 r 半径处的切向正应力 σ_t 为：

$$\sigma_t = \frac{1 + (\frac{r_e}{r})^2}{t^2 - 1}p - \frac{t^2 + (\frac{r_e}{r})^2}{t^2 - 1}p_0$$

衬砌的内边缘切向应力 σ_i 及外边缘切向应力 σ_e 为：

$$\sigma_i = \frac{t^2 + A}{t^2 - A}p$$

$$\sigma_e = \frac{1 + A}{t^2 - A}p$$

式中，t 为壁管的外缘半径与内缘半径之比，且 $t = \frac{r_e}{r_i} > 1$，所以 $\sigma_i > \sigma_e$，即内边缘切向应力 σ_i 为衬砌设计的控制条件。

（3）混凝土衬砌厚度

在求混凝土的衬砌厚度时，假设衬砌厚度为 h，则 $t = \frac{r_e}{r_i} = \frac{r_i + h}{r_i} = 1 + \frac{h}{r_i}$，且令 σ_i 等于混凝土的允许轴向抗拉强度 $[\sigma_{hl}]$，经整理后可得：

$$h = r_i\left[\sqrt{A\frac{[\sigma_{hl}] + p}{[\sigma_{hl}] - p}} - 1\right]$$

$$[\sigma_{hl}] = \frac{R_l}{K_l}$$

式中　R_l——混凝土的设计抗拉强度；

　　　K_l——混凝土的抗拉安全系数按表 6-2 选用。

表 6-2　混凝土的抗拉安全系数

隧　洞　级　别	1		2、3	
荷载组合	基本	特殊	基本	特殊
混凝土达到设计抗拉强度时的安全系数	2.1	1.3	1.8	1.6

当计算出的 h 很小时，采用值不应小于构造要求的最小厚度。可以看出，$[\sigma_{hl}]$ 应大于 p，A 应为正值，否则将出现 h 无解或不合理。当 $A>0$，而 $[\sigma_{hl}]<p$ 时，应提高混凝土的强度等级或改用钢筋混凝土。当 $[\sigma_{hl}]$ 与 p 很接近时，h 的计算值将会大到不合理的程度，为使混凝土衬砌不致过厚，一般限制水头不大于 20m，否则，采用钢筋混凝土衬砌。

（4）应力校核

当衬砌厚度由内水压力和其他荷载共同作用来确定时，则衬砌的内、外边缘切向应力应按下式来进行强度校核。

$$\sigma_i = \frac{t^2+A}{t^2-A}P + \frac{\sum M}{W} - \frac{\sum N}{F} \leqslant [\sigma_{hl}]$$

$$\sigma_e = \frac{1+A}{t^2-A}P - \frac{\sum M}{W} - \frac{\sum N}{F} \leqslant [\sigma_{hl}]$$

式中　$\sum M$、$\sum N$—— 除内水压力以外的其他荷载使衬砌某截面产生的弯矩和轴向压力，使衬砌内表面受拉的弯矩为正，使衬砌断面受压的轴向力为正；

　　W——衬砌的抗弯截面模量；

　　F——沿洞线 1m 长衬砌混凝土的纵断面面积。

与洞长有关的参数均按洞长为 1m 计。

6.7.1.2　钢筋混凝土衬砌

（1）按混凝土未出现裂缝情况计算

此时与上述混凝土衬砌的计算情况相似，对上述公式稍加修改即可。即混凝土的截面积 F 由混凝土的折算截面积 F_n 代替；混凝土构件混凝土的允许轴向抗拉强度 $[\sigma_{hl}]$ 由钢筋混凝土构件的混凝土允许轴向抗拉强度 $[\sigma_{gh}]$ 代替。

钢筋混凝土衬砌厚度为：

$$h = r_i\left[\sqrt{\frac{[\sigma_{gh}]+p}{[\sigma_{gh}]-p}} - 1\right]$$

衬砌内边缘应力，可按下式进行校核：

$$\sigma_i = \frac{F}{F_n}\frac{t^2+A}{t^2-A}P \leqslant [\sigma_{gh}]$$

式中　F——沿洞线 1m 长衬砌混凝土的纵断面面积；

　　F_n——F 中包括钢筋在内的折算面积；

$$F_n = F + \frac{E_g}{E_h}(f_i+f_e)$$

　　E_g——钢筋的弹性模量；

　　E_h——混凝土的弹性模量；

　　f_i——衬砌的内层钢筋截面积；

　　f_e——衬砌的外层钢筋截面积。

按上式求出的 h 值小于零或小于衬砌结构要求的最小厚度时，应采用结构要求的最小厚度。

内外层的钢筋可对称布置，钢筋面积可按结构要求的最小配筋率配置。

（2）按混凝土衬砌出现裂缝情况计算

若隧洞衬砌开裂后，内水外渗不危及围岩和相邻建筑物的安全时，应按允许出现裂缝而限制裂缝开展宽度的方式来设计，以减小衬砌厚度。裂缝的宽度不应超过 0.2 ～ 0.3mm，对于水质有侵蚀性的衬砌，最大裂缝宽度不应超过 0.15 ～ 0.25mm。限裂设计可以大量节省混凝土和钢筋用量，目前广为采用。

衬砌开裂后，丧失承担内水压力的能力，内水压力主要由围岩承担，因此，要求围岩具有承担内水压力的能力。

当围岩条件较差，或洞径超过 6m 时，不能只考虑内水压力。此时应求出均匀内水压力作用下的内力，与其他荷载引起的内力进行组合，然后再来设计。

6.7.2   考虑弹性抗力时在其他荷载作用下衬砌内力计算

圆形有压洞的衬砌除了内水压力荷载外，还会承受围岩压力、衬砌自重无水头洞内满水压力、外水压力等荷载。在围岩地质条件较好情况下，计算这些荷载产生的内力时，应考虑弹性抗力的存在。

根据研究分析，约在隧洞顶部中心角 90°范围以外部分，衬砌变形指向围岩，作用有弹性抗力，其分布规律如图 6 - 21 所示。

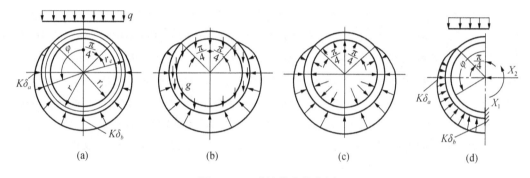

图 6 - 21   弹性抗力分布图

$$\frac{\pi}{4} \leqslant \varphi \leqslant \frac{\pi}{2}, \quad K\delta = -K\delta_a \cos 2\varphi$$

$$\frac{\pi}{2} \leqslant \varphi \leqslant \pi \qquad K\delta = K\delta_a \sin^2\varphi + K\delta_b \cos^2\varphi$$

式中 φ ——计算断面半径与过洞顶铅直线的夹角；

$K\delta_a$、$K\delta_b$ ——分别为 $\varphi = \frac{\pi}{2}$ ，及 $\varphi = \pi$ 处的弹性抗力值。

假定：荷载关于圆断面的铅直中心线对称；垂直和水平围岩压力为均匀分布；衬砌自重沿衬砌中心线均匀分布；隧洞无水头而满水时，内、外水压力作用方向均为径向；不计衬砌与围岩之间的摩擦力。可利用结构力学的方法，求得上述各项荷载单独作用下的内力计算公式。

6.7.3   不考虑弹性抗力时其他荷载作用下衬砌内力计算

在围岩地质条件差，岩体破碎的情况下，就不应考虑弹性抗力的作用。这时，由于岩体破碎软弱，还需考虑侧向围岩压力的作用。在各项荷载作用下（侧向围岩压力能自行平衡，可以除外），衬砌外壁将承受地基反力，假定地基反力作用在衬砌的下半圆，方向为径向，呈余弦曲线分布。地基反力的最大值 R 在衬砌的最底处，可由平衡条件求得。其荷载及反力分布如图 6-22 所示。

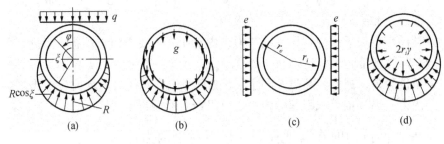

图 6-22　荷载及反力分布图

引例分析

引例中隧洞工程设计，主要包括工程布置、水力计算、隧洞的衬砌设计、细部构造几个部分。

（1）工程布置

该隧洞工程包括洞型选择、洞线位置和工程布置。在确定洞型和洞线位置后进行工程布置时，需要确定隧洞的进口形式，引例中隧洞进口部位山体岩石条件较好，采用竖井式进口，在岩体中开挖竖井，将闸门放在竖井底部，在井的顶部布置启闭机及操作室、检修平台。竖井式进口结构简单，不受风浪影响，地震影响也较小，比较安全。在进口段的设计中，需要确定进口喇叭口段、闸室段、通气孔、渐变段等的进口高程、长度等各项参数。洞身段要根据洞线长确定洞身段长，拟定坡降、洞径，并进行水力学试算。出口段需要确定出口断面、渐变段长度、出口闸室段闸门、门槽、消能工及尾水渠布置。

（2）水力计算

包括校核洪水位时过流能力校核，水库放空时间计算，绘制总水头线，测压管水头线、消能计算。

（3）隧洞的衬砌设计

包括衬砌的类型选择、计算断面的选择、拟定衬砌厚度、计算各种荷载产生的内力、荷载组合、配筋计算、抗裂计算、计算断面配筋图，设计的衬砌断面如图 6-23 所示。

（4）细部构造

包括缝的布置与构造、灌浆孔的布置及排水的布置。

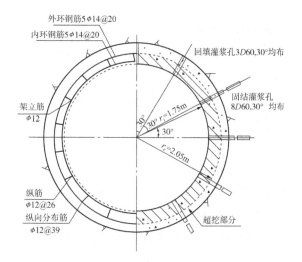

图 6 - 23 衬砌断面配筋图

技能训练

1. 判断题

（1）围岩的弹性抗力与衬砌的刚度无关。（   ）

（2）山岩压力的大小与岩体质量无关。（   ）

（3）无压隧洞要避免明满流交替出现的情况。（   ）

（4）一条隧洞可以有多种用途，即不同用途的隧洞在一定条件下可以结合在一起。
（   ）

（5）隧洞的工作闸门在动水中启闭，而检修闸门需要在静水中启闭。（   ）

（6）无论是有压隧洞还是无压隧洞，在闸门后都需要设通气孔。（   ）

（7）洞内消能一般适用于龙抬头式布置的隧洞。（   ）

（8）无压隧洞的断面尺寸是由水面曲线确定的。（   ）

（9）有压隧洞的断面一般为圆形。（   ）

（10）隧洞的衬砌主要是为了防渗。（   ）

（11）隧洞的衬砌一般不需要分缝。（   ）

（12）隧洞的固结灌浆和回填灌浆的作用相同。（   ）

2. 名词解释

（1）一洞多用；（2）龙抬头；（3）平压管；（4）洞内消能；（5）锚喷支护；（6）山岩压力；（7）弹性抗力。

3. 填空

（1）水工隧洞一般由＿＿＿＿＿＿＿＿＿＿＿、＿＿＿＿＿＿＿＿＿＿＿和＿＿＿＿＿＿＿
＿＿＿＿＿＿ 3 部分组成。

（2）隧洞进水口的形式有＿＿＿＿＿＿＿＿＿＿＿、＿＿＿＿＿＿＿＿＿＿＿、＿＿＿＿
＿＿＿＿＿＿和＿＿＿＿＿＿＿＿＿＿＿ 4 种。

（3）隧洞的消能方式有_____、_____和_____。

（4）无压隧洞常用的断面形式有_____、_____、_____和_____4种。

（5）隧洞衬砌的作用是_____、_____、_____、_____和_____。

（6）作用在隧洞衬砌上的基本荷载有_____、_____、_____、_____。

（7）正常运用情况下，衬砌荷载的组合为_____。

4. 问答题

（1）常见的水工隧洞有哪几种？其作用和工作特点如何？

（2）进行多用途的隧洞布置时，如何解决其相互间的矛盾？

（3）如何进行水工隧洞的总体布置？其线路如何选择？

（4）水工隧洞的工作闸门和检修闸门各有何工作特点？

（5）水工隧洞的消能措施有哪几种？各适用于什么情况？

（6）隧洞衬砌的类型有哪几种？如何选择衬砌形式？

（7）作用在衬砌上的荷载有哪些？如何组合？

（8）如何对隧洞衬砌进行强度校核？

（9）衬砌分缝的作用是什么？分缝的原则和要求如何？

项目七 渠道与渠系建筑物

教学目标

掌握渠系建筑物的分类、作用、特点；掌握渠道的结构与形式；掌握渡槽的水力计算及结构分析；了解跌水、陡坡、倒虹吸的作用、构造、特点、要求与适用条件。

教学要求

知识要点	能力目标	权重
渠系建筑物的分类、作用、特点	了解渠系建筑物的分类、作用、特点	10%
渠道的构造	了解渠道的构造；掌握渠道断面尺寸设计	20%
渡槽的水力计算及结构分析	掌握梁式渡槽设计	40%
跌水、陡坡、倒虹吸的作用、构造、特点、要求与适用条件	能对照实物分别指出跌水、陡坡和倒虹吸的组成、构造、特点、要求、适用条件	20%
	能识读跌水、陡坡和倒虹吸的构造图	10%

基本知识学习

7.1 渠首

为了满足农田灌溉、水力发电、工业及生活用水的需要，在河道适宜地点修建由几个建筑物组成的水利枢纽，称为取水的水利枢纽。因其位于引水渠之首，又称渠首或渠首工程。

引水枢纽工程的等别划分应遵照 1999 年颁布的中华人民共和国国家标准《灌溉与排水设计规范》执行，具体指标见表 7 - 1。

表 7-1　引水枢纽工程分等指标

工程等别	一	二	三	四	五
规模	大（1）型	大（2）型	中型	小（1）型	小（2）型
引水流量（m³/s）	>200	200～50	50～10	10～2	<2

取水枢纽有两种取水方式，一是自流引水，二是提水引水。对于自流引水按有无拦河坝（闸）又分为无坝取水和有坝取水两种类型。

7.1.1　无坝取水枢纽

当引水比（引水流量与天然河道之比）不大，防沙要求不高，取水期间河道的水位和流量能够满足或基本满足要求时，只需在河道岸边的适宜地点选定取水口，即可从河道侧面引水，而无需修建拦河闸（坝），这种取水方式称为无坝取水。这是一种最简单的取水方式，工程简单，投资少，工期短，易于施工，但不能控制取水渠道的水位和流量，受河道水流和泥沙运动的影响，取水保证率低。

7.1.1.1　无坝取水枢纽位置的选择

选定适宜的渠首位置，对于保证引水，减少泥沙入渠，起着决定性作用。为此，在确定渠首位置时，必须掌握河岸的地形、地质资料，研究水文、泥沙特性及河床演变规律，并遵循以下几项原则。

（1）根据弯道环流原理，取水口应选在稳固的弯道凹岸顶点以下一定距离，以引取表层较清的水流，防止或减少推移质泥沙进入渠道（图 7-1）。取水口距离弯道起点约为河宽的 4～5 倍，可用下式初步拟定。

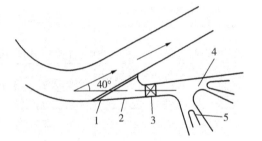

图 7-1　无坝渠首

1—导沙坎；2—引水渠；3—进水闸；
4—东沉沙条渠；5—西沉沙条渠

$$L = mB \sqrt{4 \frac{R}{B} + 1}$$

式中，m 为系数，根据试验 $m = 0.6～1.0$，当 $m = 0.8$ 时，取水口的进沙量最少；B 为河道的水面宽；R 为弯道的中心线半径。

（2）尽量选择短的干渠线路，避开陡坡、深谷及塌方地段，以减少工程量。

（3）对有分汊的河段，不宜将渠首设在汊道上，因主流摆动不定，容易导致汊道淤塞，造成引水困难。必要时，应对河道进行整治，将主流控制在汊道上。

7.1.1.2　无坝取水枢纽的布置原则

（1）引水角（引水渠轴线与河道主流轴线的夹角）应为锐角。

为了使水流平稳地进入引水渠，减少入渠泥沙，引水角应尽量减小，但不应小于 30°，否则会使结构布置大为复杂。一般采用 30°～45°。

（2）在保证安全的前提下，尽量缩短闸前引水渠的长度，以减少水头损失和泥沙的淤积。

（3）进水闸前一般都设拦沙导流坎，以减少入渠泥沙。

（4）冲沙闸与引水渠中的夹角一般选用30°～60°。

7.1.2　有坝取水枢纽

当河道水量丰沛，但水位较低或引水量较大，无坝取水不能满足要求时，应建拦河闸或溢流坝，用以抬高水位，以保证引取需要的水量。

7.1.2.1　有坝取水枢纽位置的选择

（1）有坝渠首的位置一般应在灌区的上游，以减小闸（坝）高，使灌区的农田大部分能自流灌溉。渠首的位置应尽可能距灌区近些，使干渠长度缩短，以减少输水损失，降低工程造价。

（2）在多泥沙河流上，有坝渠首的位置应选在河床稳定的河段；在弯曲河道上，取水口应选在弯道的凹岸；在顺直河段上，取水口应位于主流靠近河岸的地方。

（3）渠道位置应选择河岸稳固、高程适宜的地段，以减小护岸工程，避免增加渠首土石方的开挖量。

（4）坝址应有较好的地质条件。最好是岩基，其次是砂卵石和坚实的粘土、砂砾石及沙基亦可，但淤泥和泥沙不宜作为坝基。

（5）河道的宽窄适宜。河道过宽，坝轴线长度增加，工程量大；过窄，施工及建筑物的布置比较困难。

（6）当河流有支流汇入时，渠首位置宜选在支流汇入处的上游，以免渠首受支流泥沙的影响。

7.1.2.2　有坝取水枢纽的布置

由于河流特性、渠首运用等条件的不同，有坝取水渠首有着许多不同的布置形式。主要包括沉沙（冲沙）槽式、人工弯道式、分层取水式（冲沙廊道式）及底栏栅式4种。

（1）沉沙槽式。利用导水墙与进水闸翼墙在闸前形成的沉沙槽沉淀粗颗粒泥沙，丰水期开启冲沙闸，将泥沙排向下游，见图7-2a。

（2）人工弯道式。利用人工弯道产生的环流，减少泥沙入渠。

（3）分层取水式。利用含沙量沿水深分布不均的特点，在进水闸下部设冲沙廊道，从上面引取表层较清的水，泥沙经由冲沙廊道排向下游，见图7-2b。

（4）底栏栅式。在溢流坝体内设置输水廊道，顶面有金属栏栅。过水时，部分水流由栏栅间隙落入廊道，然后进入渠道或输水隧洞。这种布置形式可防止大于栅条间隙的砂石进入廊道，适用于坡陡流急，水流挟有大量推移质的山区河流，见图7-2c。

7.1.3　沉沙池

为防止泥沙入渠，常在取水口附近或引水渠前段的适宜地段设置沉沙池，用于将沉淀后较清的水引入渠道。

沉沙池是一个断面远大于引水渠道断面的静水池。挟沙水流进入池内，由于流速低，致使大部分较粗颗粒的泥沙逐渐下沉。需要沉淀的泥沙，视引水的用途而异：对发电，为防止泥沙磨损水轮机，缩短水轮机的使用寿命和降低效率，要求沉淀80%～90%粒径大于0.25～0.5mm的泥沙；对灌溉，则需将80%～90%粒径大于0.03～0.05mm的泥沙沉淀

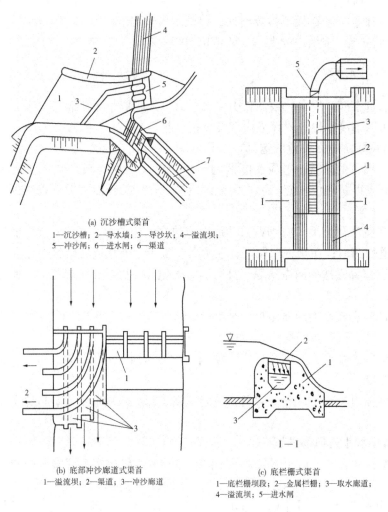

(a) 沉沙槽式渠首
1—沉沙槽；2—导水墙；3—导沙坎；4—溢流坝；
5—冲沙闸；6—进水闸；6—渠道

(b) 底部冲沙廊道式渠首
1—溢流坝；2—渠道；3—冲沙廊道

(c) 底栏栅式渠首
1—底栏栅坝段；2—金属栏栅；3—取水廊道；
4—溢流坝；5—进水闸

图 7-2 有坝渠首

下来。沉沙池按冲洗泥沙的方法分为定期冲洗沉沙池和连续冲洗沉沙池，后者结构较复杂，适用于含沙量较大、泥沙颗粒较粗、不允许停止供水的情况。当没有条件进行水力冲洗时，也可采用机械清淤。

7.2 渠道与渠系

渠道是灌溉、发电、航运、给水、排水等水利工程中广为采用的输水建筑物。灌溉渠道一般分为干、支、斗、农、毛五级，构成灌溉系统。

渠道设计的任务是在给定设计流量后，选择渠道路线、确定纵横断面及渠道的构造等。

在利用渠道输水时，为了控制水流，合理分配水量，以满足农田灌溉、水力发电、工业及生活用水的需要，在渠道（渠系）上修建的水工建筑物，统称渠系建筑物。

渠系建筑物按其作用可分为：

（1）渠道。是指为农田灌溉或排水的渠道，一般分为干、支、斗、农四级，构成渠道系统,简称为渠系。

(2) 调节及配水建筑物。用以调节水位和分配流量,如节制闸、分水闸等。

(3) 交叉建筑物。渠道与山谷、河流、道路、山岭等相交时所修建的建筑物,如渡槽、倒虹吸管、涵洞等。

(4) 落差建筑物。在渠道落差集中处修建的建筑物,如跌水、陡坡等。

(5) 泄水建筑物。为保护渠道及建筑物安全或进行维修,用以放空渠水的建筑物,如泄水闸、虹吸泄洪道等。

(6) 冲沙和沉沙建筑物。为防止和减少渠道淤积,在渠首或渠系中设置的冲沙和沉沙设施,如冲沙闸、沉沙池等。

(7) 量水建筑物。用以计量输配水量的设施,如量水堰、量水管嘴等。

渠系中的建筑物,一般规模不大,但数量多,总的工程量和造价在整个工程中所占比重较大。为此,应尽量简化结构,改进设计和施工,以节约原材料和劳力,降低工程造价。

本书仅就渠道、渡槽、倒虹吸管、涵洞、跌水及陡坡作简要介绍。

7.2.1 渠道选线

渠道选线是渠道设计的关键。灌溉渠道的选线不仅关系到安全行水与工程造价,还关系到灌区合理开发问题。选线时应综合考虑地形、地质、施工条件及挖填平衡、便于管理养护等各种因素。

(1) 地形条件

平原地区的渠道选线,最好是直线,并选在挖方与填方相差不多的地方,应尽量避免深挖高填,转弯也不应过急,对于衬砌的灌溉、动力渠道,转弯半径应大于 $2.5B$(B 为渠道水面宽度);不衬砌的渠道,转弯半径应大于 $5B$。动力渠道的最小转弯半径按下式计算:

$$R_{\min} = 11v^2 \sqrt{A} + 12 \tag{7-1}$$

式中　$R_{\min}$——渠道的最小转弯半径,m;

　　　A——渠道的过水断面面积,m²;

　　　v——渠道内水流速度,m/s。

渠道应与道路、河流正交。山坡地区的渠道,应尽量沿等高线方向布置,以免过大的挖填方量。当渠道通过山谷、山脊时,应对高填、深挖、绕线、渡槽、穿洞等方案进行比较,从中选出最优方案。

(2) 地质条件

渠道路线应尽量避开渗水严重、流沙、沼泽、滑坡以及开挖困难的岩层地带。必要时,可采取防渗措施以减少渗漏;采取外绕回填或内移深挖以避开滑坡地段;采用混凝土或钢筋混凝土衬砌以保证渠道安全运行。这些均需通过方案比较确定。

(3) 施工条件

施工时的交通运输、水和动力供应,机械施工场地以及取土弃土的位置等条件,均应加以考虑。

由上述可见,渠道选线必须重视野外踏勘工作,从技术上、经济上详细分析比较,才能得到造价低、运行安全的渠道路线。渠道选线一般分为初勘、复勘、初测、纸上定线及定线测量几个阶段。各个阶段的勘测内容及深度广度，根据具体情况及有关规范进行。

7.2.2 渠道的纵横断面

7.2.2.1 渠道纵断面

从明渠均匀流公式 $Q = \omega c\sqrt{Ri}$ 和 $V = c\sqrt{Ri}$ 可知，当流量一定时，渠道纵坡 i 越大，渠道横断面 ω 便越小，渠道工程就越省。但 i 大，流速也大，可能造成渠道冲刷，灌溉渠道还将减小自流灌溉面积。因此，渠道纵、横两个断面是相互联系的，实际工作中并不能把它们截然分开，而是将纵、横断面设计交替进行，反复比较，最后确定合理的设计方案。

选用渠道纵坡时应考虑以下几点：

地面坡度：渠道的纵坡应尽量接近地面坡度，避免挖、填方过大。

土壤情况：土壤易冲刷的渠道，纵坡应缓；地质条件较好的渠道，纵坡可适当陡一些。

流量大小：流量大时，纵坡宜缓；流量小时宜陡。

水源含砂量：含砂量小时，应考虑防冲，纵坡宜缓；含砂量大时，考虑防淤，纵坡宜适当陡些。

灌区渠道纵坡的一般数值如下：

平 原 区：干渠 $i = 1/5000 \sim 1/10000$；支渠 $i = 1/3000 \sim 1/7000$；斗渠 $i = 1/2000 \sim 1/5000$；农渠 $i = 1/1000 \sim 1/3000$。

湖滨沿海：干渠 $i = 1/8000 \sim 1/15000$；支渠 $i = 1/6000 \sim 1/8000$；斗渠 $i = 1/4000 \sim 1/5000$；农渠 $i = 1/2000 \sim 1/3000$。

丘 陵 区：干渠 $i = 1/2000 \sim 1/5000$；支渠 $i = 1/1000 \sim 1/3000$；斗渠 $i = 1/200 \sim 1/1000$；农渠 $i = 1/200 \sim 1/1000$。

渠道断面设计除确定渠道纵坡外，还要确定渠道正常高水位和最低水位线、渠底和堤顶高程线以及渠道沿程地面高程线。

7.2.2.2 渠道横断面

渠道横断面的形状，最常用的是梯形，因为它便于施工，并能保持渠道边坡的稳定，如图 7-3a、c 所示。当在坚固的岩石中开挖渠道时，则宜采用矩形渠道，如图 7-3b、d 所示。当渠道通过城镇矿区或斜坡地段，渠宽受到限制时，可采用混凝土等材料砌筑的土渠，如图 7-3e、f 所示。

渠道的断面尺寸，应根据水力计算确定。梯形土渠的边坡应根据稳定条件确定，土渠的边坡系数 m 一般为 $1 \sim 2$。对于挖深大于 5m 或填高超过 3m 的土坡，必须进行稳定计算，计算方法和土石坝的稳定计算相同。为了管理方便和边坡稳定，每隔 $4 \sim 6$m 高设一马道，马道宽度为 $1.5 \sim 2.0$m，并设排水沟。

按明渠均匀流公式确定渠道的横断面，应正确选择渠道的纵坡和糙率，它们的大小将直接影响渠道断面尺寸的大小和渠道冲和淤。当渠道流量 Q、比降 i、糙率 n 及边坡系数 m 已定时，可按以下步骤计算渠道的实用经济断面。

首先按水力最优断面计算水深 h_m：

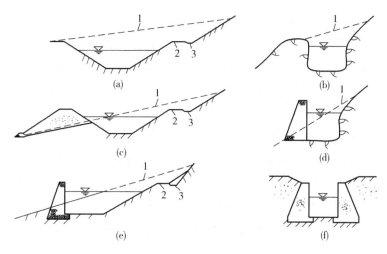

图 7 - 3 渠道横断面形状

(a)、(c)、(e)、(f) 土基；(b)、(d) 岩基

1—原地面线；2—马道；3—排水沟

$$h_m = 1.189 \left[\frac{nQ}{m' - m\sqrt{i}} \right]^{3/8} \qquad (7-2)$$

式中，$m' = 2\sqrt{1+m^2}$。

然后根据具体情况，选取 α 值。$\alpha = \dfrac{v_m}{v} = \dfrac{\omega}{\omega_m} = \left(\dfrac{R_m}{R}\right)^{2/3}$，其中 v_m、ω_m、R_m 为与水力最优断面相应的流速、过水断面面积和水力半径。v、ω、R 为渠道实际经济断面的流速、过水断面面积和水力半径。为使 ω 与 ω_m 相接近，又要避免断面窄深，可选用 $\alpha = 1.01 \sim 1.04$。α 确定后，由以下两式，计算经济断面的水深 h 和渠道底宽 b。

$$\left(\frac{h}{h_m}\right)^2 - 2\alpha^{2/5}\left(\frac{h}{h_m}\right) + \alpha = 0 \qquad (7-3)$$

$$\frac{b}{h} = \frac{\alpha}{\left(\dfrac{h}{h_m}\right)^2}(m' - m) - m \qquad (7-4)$$

为了计算方便，根据式 (7-3)、式 (7-4) 制成计算表 7-1 供查用。

表 7 - 1

m	α					备 注
	1.00	1.01	1.02	1.03	1.04	
	h/h_m					
	1.00	0.823	0.761	0.717	0.683	
	b/h					
0.00	2.000	2.986	3.523	4.007	4.459	一般 α 值采用 1.00 ~ 1.04 即可满足实际需要
0.25	1.562	2.452	2.941	3.380	3.790	
0.50	1.236	2.089	2.558	2.978	3.370	

m	α					备 注
	1.00	1.01	1.02	1.03	1.04	
	h/h_m					
	1.00	0.823	0.761	0.717	0.683	
	b/h					
0.75	1.000	1.860	2.332	2.756	3.151	一般 α 值采用 1.00～1.04 即可满足实际需要
1.00	0.828	1.721	2.220	2.662	3.075	
1.25	0.704	1.664	2.192	2.665	3.106	
1.50	0.606	1.640	2.209	2.719	3.195	
1.75	0.532	1.653	2.269	2.822	3.338	
2.00	0.472	1.686	2.354	2.953	3.511	
2.25	0.424	1.737	2.460	3.107	3.711	
2.50	0.385	1.802	2.581	3.280	3.932	
2.75	0.352	1.856	2.714	3.465	4.166	
3.00	0.325	1.958	2.856	3.662	4.413	
3.50	0.28	2.317	3.158	4.073	4.927	
4.00	0.246	2.331	3.478	4.507	5.466	

由表 7-1 可以看到，当渠道过水断面 ω 为水力最优断面面积 ω_m 的 1.01～1.04 倍时，相应的水深 $h = (0.823 \sim 0.683)h_m$，这就使渠道断面既与水力最优断面相近，又使水深和相应底宽有一定选择范围。

最后核算渠道的平均流速是否符合不冲不淤的要求。不冲流速视土质及水深而定，一般为 1.0～1.5m/s；不淤流速常采用经验公式估算，为了防止渠道丛生杂草，大型渠道的最小平均流速通常应大于 0.5m/s，小型渠道可以不小于 0.2～0.3m/s。

【例 7-1】 已知设计流量 $Q = 120 \text{m}^3/\text{s}$，$i = 1/3500$，$m = 1.5$，$n = 0.015$，求渠道的实用经济断面。

首先由式（7-2）求水力最优断面水深 h_m

$$h_m = 1.189 \left[\frac{nQ}{(m' - m)\sqrt{i}} \right]^{3/8} = 1.189 \left[\frac{0.015 \times 120}{(3.606 - 1.5)\sqrt{1/3500}} \right]^{3/8} = 5.18 \, (\text{m})$$

$$(m' = 2\sqrt{1 + m^2} = 2\sqrt{1 + 1.5^2} = 3.605)$$

再选取 $α = 1.00, 1.01, 1.02, 1.03, 1.04$。由表 7-1 查得相应的 h/h_m 与 b/h，其数值见表 7-2。

表 7-2

α	h/h_m	B/h	$h = h_m \times h/h_m$	$b = h \times B/h$	v
1.00	1.00	0.606	5.18	3.14	2.12
1.01	0.823	1.640	4.26	6.99	2.10
1.02	0.761	2.209	3.94	8.70	2.08
1.03	0.717	2.719	3.71	10.89	2.06
1.04	0.683	3.195	3.54	11.31	2.04

最后计算 b、h 及流速 v，如表 7 - 2 所示。由表可以看出，流速变化甚微，而 b、h 变化都很大，由此可根据具体情况，确定合适的 h 及 b。一般在挖方渠道中，最好选用较大的水渠，可得较窄的底宽；若为半挖半填渠道，最好选用宽浅断面。

若流速过大不满足防冲要求，可放缓纵坡，以降低流速。

7.2.3 渠道渗漏及防渗措施

渠道的渗漏，不仅降低渠系水利用系数，缩小灌溉面积；并会抬高地下水位，导致土壤冷浸；在有盐碱威胁的地区，还可以导致次生盐碱化的发生，严重影响农业生产。因此，对土质渠道的渗漏性质、渗漏损失的测定及其防治措施进行综合研究处理是不容忽视的。

渠道渗漏损失的大小，主要与渠道的土壤性质、水文地质条件、输水时间及渠道的水力要素有关。渠道水的渗漏过程，一般可分为自由渗漏和顶托渗漏两个阶段。自由渗漏阶段，渠道渗漏不受地下水的顶托，一般发生在渠道输水的初期，或者地下水位较深及具有良好的地下水流出条件的地区。顶托渗漏发生在地下水位上升至渠道底，渠道渗漏受到地下水的顶托影响的情况。

（1）自由渗漏情况下的渗漏损失计算

①比拟法：选择地质条件相似的老灌溉渠道的多年实测资料，推测新建渠道的渗漏值。

②实测法：在无邻近渠道渗漏资料时，可以在拟建的渠道上按其土质分类进行实测试验，或者结合施工进行实验，取得实测的渗漏损失率，即可算出新渠道的渗漏损失。

③试验公式法：目前计算渠道渗漏损失的经验公式较多，对干、支渠道输水损失的估计及斗渠以下渠道输水损失的计算，建议采用考斯加可夫公式：

$$\sigma = \frac{A}{Q^m} \qquad (7 - 5)$$

式中 σ——每千米长的渠道渗漏量与渠道流量 Q（m³/s）的百分比；

A、m——系数和指数，应根据相似地区实测资料选用，无实测资料时，可近似采用表 7 - 3 数值。

表 7 - 3 A、m 值

土壤类别	透水性	A	m
重粘土及粘土	弱	0.70	0.30
重粘土壤	中下	1.30	0.35
中粘土壤	中	1.90	0.40
轻粘土壤	中上	2.65	0.45
砂壤土及轻砂壤土	强	3.40	0.50

（2）顶托渗流情况下渠道渗漏损失的计算

顶托渗流情况下的渗漏损失计算，现有的理论方法比较复杂，通常采用自由渗流有关公式乘以顶托损失修正系数 v（$v < 1$）作近似估算，修正系数值的选用可参考有关资料。

7.3 渡槽

当渠道与山谷、河流、道路相交时，为连接渠道而设置的过水桥，称为渡槽。渡槽设

计的主要内容有：选择适宜的渡槽位置和形式，拟定纵横断面，进行细部设计

7.3.1　位置选择

在渠系（渠道）总体规划确定之后，对长度不大的中、小型渡槽，其槽身位置即可基本确定，并无太多的选择余地。但对地形、地质条件复杂，长度较长的渡槽，常需在一定范围内对不同方案进行技术经济比较。定位的一般原则是：

（1）渡槽宜置于地形、地质条件较好的地段。要尽量缩短槽身长度，降低槽墩高度。进、出口应力求与挖方渠道相接，如为填方渠道，填方高度不宜超过6m，并需做好夯实加固和防渗排水设施。

（2）跨越河流的渡槽，应选在河床稳定、水流顺直的地段，渡槽轴线尽量与水流流向正交。

（3）渠道与槽身在平面布置上应成一直线，切忌急剧转弯。

7.3.2　形式选择

渡槽由进口段、槽身、出口段及支承结构等部分组成。按支承结构的形式可分为梁式渡槽和拱式渡槽两大类，见图7-4。

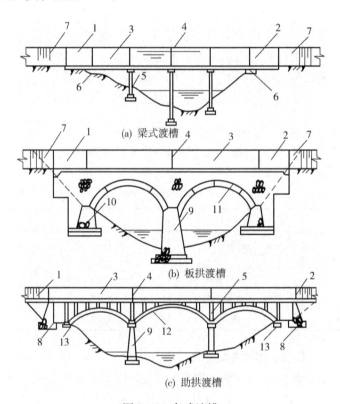

(a) 梁式渡槽

(b) 板拱渡槽

(c) 助拱渡槽

图7-4　各式渡槽

1—进口段；2—出口段；3—槽身；4—伸缩缝；5—排架；6—支墩；7—渠道
8—重力式槽台；9—槽墩；10—边墩；11—砌石板拱；12—肋拱；13—拱座

（1）梁式渡槽

渡槽的槽身直接地撑在槽墩或槽架上，既可用以输水又起纵向梁作用。各伸缩缝之间的每一节槽身，沿纵向有两个支点，一般做成简支的，也可做成双悬臂的，前者的跨度常用 8～15m，后者可达 30～40m。

支承结构可以是重力墩或排架，见图 7-5。重力墩可以是实体的或空心的，实体墩用浆砌石或混凝土建造，由于用料多，自重大，仅用于槽墩不高、地质条件较好的情况；空心墩壁厚 0.2m 左右，由于自重小，刚度大，省材料，因而在较高的渡槽中得到了广泛应用。槽架有单排架、双排架和 A 字形排架等形式。单排架的高度一般在 15m 以内；双排架高度可达 15～25m 左右；A 字形排架稳定性好，适应高度大，但施工复杂，造价高，用得较少。

基础形式与上部荷载及地质条件有关。根据基础的埋置深度可分为浅基础和深基础，埋置深度小于 5m 的为浅基础；大于 5m 的为深基础，深基础多为桩基和沉井。

槽身横断面常用矩形和 U 形。矩形槽身可用浆砌石或钢筋混凝土建造。对无通航要求的渡槽，为增强侧墙稳定性和改善槽身的横向受力条件，可沿槽身在槽顶每隔 1～2m 处设置拉杆，如图 7-6a。如有通航要求，则可适当增加侧墙厚度或沿槽长每隔一定距离加肋，如图 7-6b，槽身跨度采用 5～12m。

U 形槽身是在半圆形的上方加一直段构成，常用钢筋混凝土或预应力钢筋混凝土建造。为改善槽身的受力条件，可将底部弧形段加厚。与矩形槽身一样，可在槽顶加设横向拉杆，如图 7-6c。

矩形槽身常用的深宽比为 0.6～0.8，U 形槽身常用 0.7～0.8。

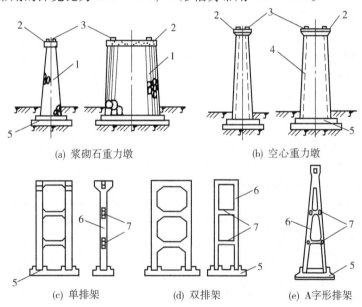

(a) 浆砌石重力墩　　　　　　　　(b) 空心重力墩

(c) 单排架　　　　(d) 双排架　　　　(e) A 字形排架

图 7-5　槽墩及槽架

1—浆砌石；2—混凝土墩帽；3—支座钢板；

4—预制块砌空心墩身；5—基础；6—排架柱；7—横梁

（2）拱式渡槽

当渠道跨越地质条件较好的窄深山谷时，以选用拱式渡槽较为有利。拱式渡槽由槽

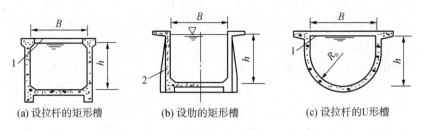

(a) 设拉杆的矩形槽   (b) 设肋的矩形槽   (c) 设拉杆的U形槽

图 7－6　矩形及 U 形槽身横断面
1—拉杆；2—肋

墩、主拱圈、拱上结构和槽身组成。

主拱圈是拱式渡槽的主要承重结构，常用的主拱圈有板拱和肋拱两种形式。

板拱渡槽主拱圈的径向截面多为矩形，可用浆砌石、钢筋混凝土或预制钢筋混凝土块砌筑而成。箱形板拱为钢筋混凝土结构，拱上结构可做成实腹或空腹，见图 7－4b。如我国湖南省郴县乌石江渡槽，主拱圈为箱形，设计流量为 $5\mathrm{m}^3/\mathrm{s}$，槽身为 U 形，净跨达 110m。

肋拱渡槽的主拱圈为肋拱框架结构，当槽宽不大时，多采用双肋，拱肋之间每隔一定距离设置刚度较大的横梁系，以加强拱圈的整体性，拱圈一般为钢筋混凝土结构。拱上结构为空腹式。槽身一般为预制的钢筋混凝土 U 形槽或矩形槽。肋拱渡槽是大、中跨度拱式渡槽中广为采用的一种形式，如图 7－4c。

7.3.3　梁式渡槽结构设计

7.3.3.1　槽身设计

槽身横断面形式和尺寸拟定

槽身横断面型式有矩形、U 形、圆形、半椭圆形和抛物线形。但常用的是矩形和 U 形。大流量渡槽多采用矩形，中小流量可用矩形或 U 形。矩形槽身常用钢筋混凝土或预应力钢筋混凝土结构，U 形槽身还可以用钢丝网水泥或预应力钢丝网水泥结构。

（1）矩形槽身

矩形槽身按其结构形式和受力条件不同，又可分为以下几种：

①无拉杆矩形槽（图 7－7）：该种形式结构简单，施工方便。侧墙在水压力作用下，如同一悬臂梁，当墙较高时，墙底弯矩较大，配筋较多，适用于有通航要求的中小型渡槽。侧墙顶厚按构造要求常不小于 0.08m，墙底厚度应按计算确定，但一般不小于 0.15m。当流量较大或通航要求槽身较宽时，为了减小底板厚度，可在底板下面增设一根或几根中间纵梁，而形成多纵梁形式，图 7－7b 为侧墙不作纵梁考虑的形式，图 7－7c 为将侧墙作为边纵梁考虑的形式，在支承部位设支座或将侧墙局部下伸置于槽墩之上。

②有拉杆的矩形槽：对无通航要求的中小型渡槽，为改善侧墙的受力条件，在墙顶设置拉杆，使槽身横向受力如同框架结构一样，从而显著地减少横向钢筋用量。拉杆间距一般为 1.5～2.5m。侧墙常做成等厚的，其厚度约为墙高的 1/12～1/16。常用厚度为 0.1～0.2m。在拉杆上面还可铺板，作人行道用（图 7－8）。

③肋板式矩形槽：所谓肋板式矩形槽，是沿槽身每隔一定距离在两侧及底板加设 U 形

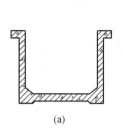
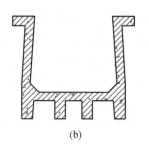
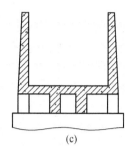

图 7-7 无拉杆矩形槽身

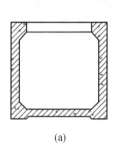
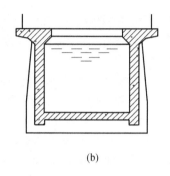
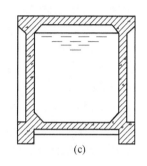

图 7-8 有拉杆矩形槽身

肋与纵梁形成槽板的双向支撑，侧墙和底板可以双向板计算。从而减小侧墙和底板的厚度，节约混凝土和钢筋用量。这种形式适用于通航的大中型渡槽，如图 7-9 所示。其缺点是结构受力和构造比较复杂，耗用模板量大，施工困难。

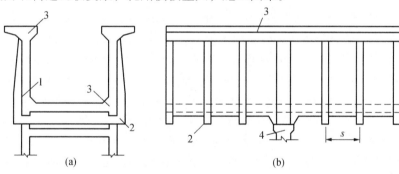

图 7-9 肋板式矩形槽身
1—板；2—肋；3—纵梁；4—支承排架

肋的间距应保证侧墙和底板为双向受力的四边支撑板，通常取侧墙高度的 0.7～1.0 倍。侧墙顶部和底部均须局部加大，形成纵向的顶梁和底梁，其刚度应不小于 5～6 倍板的刚度，宽和厚应大于板厚的两倍。肋的宽度一般不小于侧墙的厚度，肋厚度一般为 2.0～2.5 倍厚墙。

矩形槽的侧墙和底板连接形式通常有两种：一种是侧墙底与底板齐平（图 7-10a）；另一种是侧墙底面低于底板底面（图 7-10b）。当槽身为简支时，侧墙下部受拉，底板和纵梁共同作用也受拉，后一种形式可以减小底板的拉应力，从而减小底板出现裂缝的可能性，故后一种形式为好。但当纵梁为等跨双悬臂支撑时，侧墙顶部受拉，则宜采用前一种形式，它构造简单、施工方便。为了改善应力分布，避免应力集中，在侧墙与底板交接处。常设补角，补角角度30°～60°，边长一般为$0.2～0.3\text{m}$。

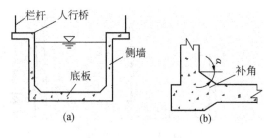

图 7 - 10　侧墙与底板连接形式

（2）U 形槽身

U 形槽身的面由半圆加直线段构成，如图 7 - 11 所示。这是一种轻型而经济的薄壳结构，它具有水力条件好、纵向刚度较大、横向内力小等优点。为增强槽身纵向刚度和整体性，一般需加设顶梁和横向拉杆，拉杆间距一般为 $1～3\text{m}$，拉杆上可设铺板兼作便桥。

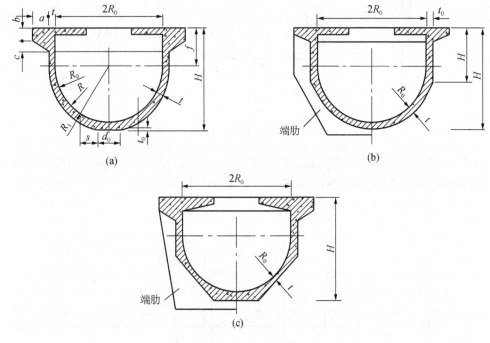

图 7 - 11　U 形槽身

初拟钢筋混凝土 U 形槽的断面尺寸时，可参考下列经验数据（图 7 - 11a）。

槽壁厚度：$t = (1/10～1/15)R_0$，常用 $8～15\text{cm}$；

直线段高：$f = (0.2～0.6)R_0$；

$a = (1.5～2.5)t$

顶梁尺寸：$b = (1～2)t$

$c = (1～2)t$

为了满足槽身横向刚度，要求 $H/t \leqslant 15～20$ 及 $H/R_0 < 2$。为满足横向抗裂要求，可将槽底弧段加厚（图 7 - 11a），其尺寸为：

$$t_0 \approx (1～1.5)t; \quad d_0 \approx (0.5～0.6)R_0; \quad s_0 \approx (0.35～0.4)R_0$$

也有将槽壁外侧上部做成直线段的（图 7 – 11b），直线的尺寸为：
$$H_1 = (0.4 \sim 0.5)H；t_1 = (1 \sim 2)t$$
还有将槽壁外侧全部做成折线的（图 7 – 11c）。

为了改善槽身纵向受力状态并便于槽身支承及吊装，在槽两端应设置端肋，端肋的外侧轮廓可做成梯形或折线形（图 7 – 11b、图 7 – 11c）。

钢丝网水泥 U 形槽，槽壁厚一般仅为 2 ~ 3cm，纵向与横向用 1 ~ 2 层 ϕ 3 ~ 6mm 的细钢筋做成槽身形状，再铺设 2 ~ 4 层钢丝抹以水泥砂浆制成。其优点是弹性好、抗拉强度高、自重轻、便于预制吊装，但因刚度小、抗冻耐久性差、钢丝易被锈蚀甚至产生裂缝漏水现象，故一般用于小型渡槽。

7.3.3.2　渡槽水力计算

水流通过渡槽的水面线如图 7 – 12 所示。z 为由于进口段流速增大，水流位能的一部分转化为动能及进口水头损失之和；槽内水流为均匀流，沿程水头损失为 $z_1 = iL$；z_2 为由于出口段流速减小，水流的一部分动能转化为位能减去出口水头损失后的水面回升值。

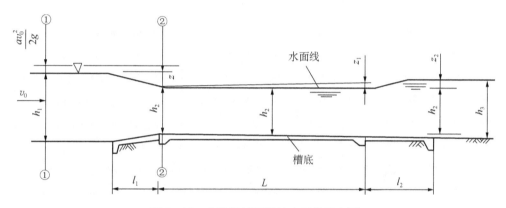

图 7 – 12　水流通过渡槽的水面线示意图

根据图示的水流条件，有

$$Q = \omega C \sqrt{Ri} \qquad (\text{m}^3/\text{s}) \qquad (7 – 6)$$

$$\Delta z = (z - z_2) + z_1 \qquad (\text{m}) \qquad (7 – 7)$$

z 值可按淹没宽顶堰计算：

$$z = \frac{Q^2}{(\varepsilon \varphi \omega \sqrt{2g})^2} \qquad (7 – 8)$$

根据实际观测和模型试验，$z_2 \approx \frac{1}{3} z$。

式中　ω——过水断面面积，m^2；

$\quad\quad C$——谢才系数；

$\quad\quad R$——水力半径，m；

$\quad\quad \varepsilon, \varphi$——分别为侧收缩系数和流速系数，均可取 0.9 ~ 0.95；

$\quad\quad g$——重力加速度，m/s^2。

试算时，先将假设的水深 h 和拟定的净宽 B、纵坡 i 代入式（7 – 6），要求计算所得的流量等于或稍大于设计流量，然后计算 Δz，如果 Δz 等于或略小于规定允许的水位降落值，

则 i、B 和 h 即相应确定。否则，需另行拟定 i、B 和 h，重复上述计算，直到满足要求为止。

净宽 B、水深 h 和底坡 i 确定后，即可定出槽身的断面尺寸和首末端的底面高程。槽壁顶面高程等于通过设计流量时的水面高程加超高。最后还需以通过最大流量对所拟定的断面进行验算。

7.3.3.3 槽身结构计算

槽身为一空间薄壁结构，受力比较复杂，在实际工程中，近似地分成纵向及横向两部分进行平面结构计算。

（1）纵向计算

在槽身纵向取一节，按梁的理论进行计算。根据支撑情况，可以是简支梁或双悬臂梁。

矩形渡槽，可将侧墙作为纵梁考虑，按受弯构件计算其纵向正应力及剪应力，并进行配筋和抗裂或裂缝宽度验算。

U 形槽身，需先求出截面形心轴位置（图 7 - 13），再按下式计算其边缘应力：

$$\left.\begin{array}{l} \sigma_{压} = \dfrac{M}{I}y_1 \\[2mm] \sigma_{拉} = \dfrac{M}{I}y_2 \end{array}\right\} \qquad (7-9)$$

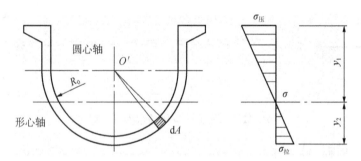

图 7 - 13 形心轴位置示意图

式中 $\sigma_{压}$、$\sigma_{拉}$——槽身纵向边缘应力；

M——计算截面承受的弯矩；

I——截面对形心轴的惯性矩；

y_1、y_2——形心轴至受压、受拉边缘的距离。

按纵向抗裂的要求，建议控制 $\sigma_{拉} \leqslant (1.6 \sim 2.0) R_L$（$R_L$ 为混凝土的设计抗拉强度），工程等级高而钢筋百分率低的采用小值。对于较重要的工程，应按下式进行抗裂验算：

$$\sigma_{拉} = \frac{M}{I_0}y_2' \leqslant \frac{\gamma R_f}{K_f} \qquad (7-10)$$

式中 $\sigma_{拉}$——考虑钢筋折算面积在内的纵向边缘拉应力；

I_0——换算截面的惯性矩；

y_2'——换算截面形心轴至受拉边缘的距离；

γ——截面抵抗矩的塑性系数；

R_f——混凝土的抗裂设计强度；

K_f——钢筋混凝土构件的抗裂安全系数。

U 形槽身的纵向钢筋一般按总拉力法计算，即考虑受拉区混凝土已开裂不能承受拉力，形心轴以下全部拉力由钢筋承担。即

$$\left.\begin{aligned}A_g &= \frac{Kz_{总}}{R_g}\\z_{总} &= \int \sigma \mathrm{d}A = \frac{M}{I}\int y\mathrm{d}A = \frac{M}{I}S_{\max}\end{aligned}\right\} \qquad (7-11)$$

式中　A_g——钢筋面积；

　　　$z_{总}$——形心轴以下的总拉力；

　　　R_g——钢筋的抗拉设计强度；

　　　K——强度安全系数；

　　　$S_{\max}$——形心轴以下的静矩面。

其他符号意义同上。

以上计算方法适用于槽跨与槽宽之比大于 3 的情况（多数属于这种情况），当其比值小于 3 时，则应按空间问题求解应力，也可近似地按上述方法计算。

纵向计算的荷载应按满水（计算到拉杆中心）、自重和人群荷载组合进行设计。

（2）横向计算

由于荷载沿槽身纵向的连续性和均匀性，在进行横向计算时，可沿着槽身纵向取 1.0m 长的脱离体，按平面问题进行分析。作用于脱离体上的荷载由两侧的剪力差维持平衡。

①无拉杆矩形槽

无拉杆矩形槽的横向计算，是把侧墙作为固结于地板上的悬臂梁，并忽略其轴向力的影响，近似按静定受弯矩构件计算；并设脱离体两侧的不平衡剪力对结构不产生弯矩，将它集中作用于侧墙底面而按支撑链杆考虑。于是，便得到如图 7-14b、图 7-14c 所示的计算简图。在满水时，墙底弯矩 M_a 和底板跨中弯矩 M_c 为：

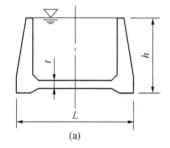 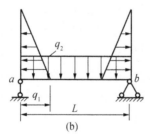 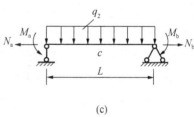

图 7-14　内力计算图

$$M_a = \frac{1}{6}\gamma h^3 \qquad (7-12)$$

$$M_c = \frac{1}{8}q_2 L^2 - M_a = \frac{1}{8}(\gamma h + \gamma_h t)L^2 - \frac{1}{6}\gamma h^3 \qquad (7-13)$$

式中　L——底板的计算跨度；

t——底板厚度;

γ_h——钢筋混凝土的容重;

h——槽内水深。

由式（7-13）可以看出，底板跨中弯矩 M_c 随槽内水深 h 而改变，对式（7-13）令 $\mathrm{d}M_c/\mathrm{d}h = 0$ 可得，当 $h = L/2$ 时，M_c 最大，但此时地板的轴向拉力较小，故应按水深 $h = L/2$ 及满水时两种情况分别计算底板跨度中内力，按偏心受拉对底板进行配筋，取其大者。

如侧墙顶没有人行桥时，应计入桥身自重及人群荷载对侧墙中心线所产生的内力。

②有拉杆的矩形槽：由于槽身在拉杆之间的断面和设置拉杆处的断面其横向变位相差甚微，故仍可沿槽身纵向取单位长度为脱离体进行计算。

侧墙与底板交接处，一般均设补角加强，故可视为刚性结点；拉杆与墙顶虽为整体连接，但因拉杆刚度远比侧墙刚度为小，故可视为铰接；由于荷载与结构均对称，沿中心线切口处只有弯矩和轴向力，故可视为不能水平移动但可上下移动的双链接杆支座。为了简化计算并偏于安全，认为所有荷载均作用于侧墙和底板厚度的中心线上。计算简图如图 7-17 所示，为一次超静定结构。

计算表明，当侧墙与底板等厚或相差不多，且槽宽与槽高之比为 $1.25 \sim 1.67$ 时，槽内满水为横向内力计算的控制荷载，并近似地将水位取至拉杆中心线处。

当荷载及计算简图确定后，即可按结构力学方法计算内力，也可直接用下式计算拉杆的轴向拉力。

7.3.3.4　进口与渠道的连接

为使槽内水流与渠道平顺衔接，在渡槽的进、出口需要设置渐变段，渐变段长 l_1 和 l_2 可分别采用进、出口渠道水深的 4 倍和 6 倍。

渐变段的结构形式，可参见"水闸"一节。

除小型渡槽外，由于以下原因，常在渐变段与槽身之间另设一节连接段。①对 U 形槽身需要从渐变段末端的矩形变为 U 形；②为停水检修，需要在进口预留检修门槽（有时出口也留）；③为在进、出口布置交通桥或人行桥；④为便于观察和检修槽身进、出口接头处的伸缩缝。连接段的长度可根据布置要求确定，见图 7-15。

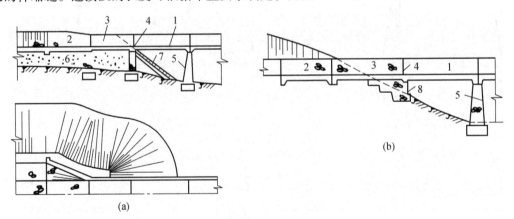

(a)　(b)

图 7-15　槽身与渠道的连接

1—槽身；2—渐变段；3—连接段；4—伸缩缝；5—槽墩；6—回填土；7—砌石护坡；8—底座

对抗冲能力较低的土渠，为防止渠道受冲，尚需在靠近渐变段的一段渠道上加做砌石护面，长度约等于渐变段的长度。

有关结构计算及细部设计可参阅有关论著。

7.3.3.5　单排架矩形钢筋混凝土渡槽计算举例

【例7-2】某渡槽根据槽址处的地质、地形条件和施工能力选用单排架矩形钢筋混凝土渡槽，跨长10m，共13跨，总长130m。

1. 设计基本资料

（1）建筑物等级：四级

（2）上下游渠道水力要素：设计流量 $Q = 2.5\,\text{m}^3/\text{s}$，相应水深 $h = 1.41\,\text{m}$，流速 $v = 0.85\,\text{m/s}$；加大流量 $Q = 3.4\,\text{m}^3/\text{s}$，相应水深 $h = 1.61\,\text{m}$，流速 $v = 0.914\,\text{m/s}$。渠道底宽 $b = 0.7\,\text{m}$，边坡系数 $m = 1.0$。

（3）水文气象资料：沟内流量不大，可不考虑；多年平均气温 13.2℃，最高气温 43.3℃，最低气温 -15.8℃，最大冻土深度 25cm；最大风速 20m/s。

（4）地质资料：泥质胶结砂砾岩，断层较小，承载力 $[\sigma] = 200\,\text{kPa}$，摩擦系数 $f = 0.4$。

2. 水力计算

（1）过水断面计算：选取纵坡 $i = 1/700$，底宽 $B = 1.60\,\text{m}$，糙率 $n = 0.014$，按明渠均匀流公式 $\dfrac{1}{n}BhR^{2/3}i^{1/2}$ 进行试算，求水深 h，计算结果为：

当 Q 为设计流量 2.5(m^3/s) 时，可得 $h = 1.00\,\text{m}$，$B/h = 1.60$；

当 Q 为加大流量 3.4(m^3/s) 时，可得 $h = 1.27\,\text{m}$，$B/h = 1.26$。

计算结果均符合 $B/h = 1.25 \sim 1.67$ 的要求。

（2）进口水面降落计算：参见图 7-12，按淹没宽顶堰流量公式计算。已知 $Q = 2.5\,\text{m}^3/\text{s}$，渠道行进流速 $v_0 = 0.85\,\text{m/s}$，并设 $\sigma = 0.9$，$\varphi = 0.95$，则

$$z_0 = \frac{Q^2}{(\sigma\varphi\omega\sqrt{2g})^2} = \frac{2.5^2}{(0.9 \times 0.95 \times 1.6 \times 1.0 \times \sqrt{2 \times 9.8})^2} = 0.17(\text{m})$$

$$z = z_0 - \frac{av_0}{2g} = 0.17 - \frac{0.95 \times 0.85^2}{2 \times 9.8} = 0.135(\text{m})$$

（3）出口水面回升值：采用 $z_2 \approx \dfrac{1}{3}z = 0.045(\text{m})$

（4）沿程水头损失：$z_1 = L \cdot i = 130 \times \dfrac{1}{700} = 0.186(\text{m})$

（5）渡槽总水头损失：$\Delta z = z + z_1 - z_2 = 0.135 + 0.186 - 0.045 = 0.276(\text{m})$

因为渠系规划所规定的水头损失值为 0.30m，所以拟定的槽身纵坡和过水断面是适宜的。

（6）进出口高程的确定：已知区内水深 $h_1 = h_3 = 1.41\,\text{m}$，槽内水深 $h_2 = 1.0\,\text{m}$，则：

进口抬高值：$y_1 = h_1 - z - h_2 = 1.41 - 0.135 - 1.00 = 0.275(\text{m})$

出口降低值：$y_2 = h_3 - z_2 - h_2 = 1.41 - 0.045 - 1.00 = 0.365(\text{m})$

进口渠底高程：已知 $\nabla_3 = 765.556\,\text{m}$

进口槽底高程：$\nabla_1 = \nabla_3 + y_1 = 765.556 + 0.275 = 765.831(\text{m})$

出口槽底高程：$\nabla_2 = \nabla_1 - z_1 = 765.831 - 0.186 = 765.645(\text{m})$

出口渠底高程：$\nabla_4 = \nabla_2 - y_2 = 765.645 - 0.365 = 765.280(\text{m})$

校核：$\nabla_3 - \nabla_4 = 765.556 - 765.280 = 0.276(\text{m}) = \Delta z$，无误。

（7）进出口渐变段长度的确定：按中小型渡槽设计

进口渐变段长度：$L_1 = 4h_1 = 4 \times 1.41 = 5.64(\text{m})$，取 $L_1 = 6.0\text{m}$。

出口渐变段长度：$L_2 = 6h_3 = 6 \times 1.41 = 8.46(\text{m})$，取 $L_2 = 8.5\text{m}$。

3. 槽身横向结构计算

（1）横断面尺寸拟定

安全超高按下式计算（水深 h 取 1m，即 100cm）：

$$\Delta h = \frac{h}{12} + 5 = \frac{100}{12} + 5 = 13.3\text{cm} = 0.133\text{m}$$

$$h + \Delta h = 1.00 + 0.133 = 1.133(\text{m})$$

由 2. 水力计算的第（1）项可知加大流量时的水深为 1.27m，大于 1.33m，故按不影响加大流量拟定槽身高度，设拉杆断面为 $150\text{mm} \times 150\text{mm}$，间距 1.0m，则槽内深度为 $1.27 + 0.08 = 1.35\text{m}$，其他部分的尺寸根据已讲原则拟定如图 7-16 所示。

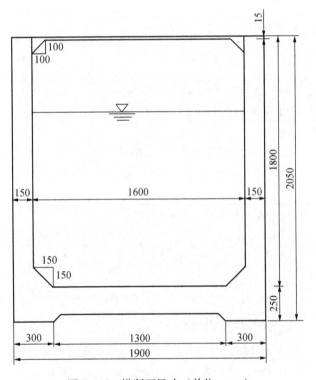

图 7-16 横断面尺寸（单位：mm）

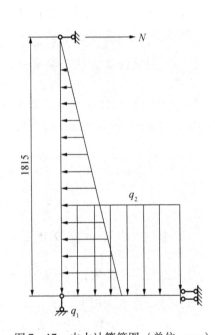

图 7-17 内力计算简图（单位：mm）

（2）计算简图

沿槽身取单位长度为脱离体进行计算。按满水计算，计算简图如图 7-17 所示。

图中 $L = 1.6 + 0.15 = 1.75(\text{m})$；

$H = 1.815\text{m}$；

$q_1 = \gamma H = 10 \times 1.815 = 18.15(\text{kN/m})$；

$q_2 = q_1 + \gamma_h t_{板} = 18.15 + 25 \times 0.15 = 21.9(\text{kN/m})$ 。

（3）拉杆的轴向拉力

用下式计算

$$N = \frac{0.2q_1H^2 + 0.5q_1HL - 0.25q_2L^3/H}{3L + 2H} = 1.85 \ (\text{kN})$$

（4）侧墙内力计算

拉杆内力求得后，侧墙可按底端固定的悬臂板计算内力，距墙顶 y 处的弯矩为：

$$M_y = Ny - \frac{1}{6}\gamma y^3$$

最大正弯矩（外侧受拉）位置在 $Q = N - \frac{1}{2}\gamma y^2 = 0$ 处，

即

$$y = \sqrt{\frac{2N}{\gamma}} = \sqrt{\frac{2 \times 1.85}{10}} = 0.608(\text{m})$$

$$M_{ymax} = Ny - \frac{1}{6}\gamma y^3 = 1.85 \times 0.608 - \frac{1}{6} \times 10 \times 0.608^3 = 0.75 \ (\text{kN} \cdot \text{m})$$

侧墙底端弯矩：$M_A = 1.85 \times 1.815 - \frac{1}{6} \times 10 \times 1.815^3 = -6.6(\text{kN} \cdot \text{m})$

（5）侧墙配筋

侧墙由于竖向轴力很小，按受弯构件进行配筋计算。外侧受力钢筋按最大正弯矩 M_{max} 计算，内侧钢筋考虑补角的作用，按补角弯矩 $M = 1.86$ （kN·m）计算。

混凝土标号为 C25 号，Ⅰ级钢，Ⅳ级建筑物 $K = 1.35$，经计算内外侧需要的钢筋均很少，故按构造要求内外侧均配置 $\phi 8@200$ 钢筋，$A_g = 209$ （mm²/m）。经过抗裂计算亦合乎要求。水平分布钢筋采用 $\phi 6@25$。

（6）底板内力计算

计算简图如图 7-18。图中的轴向拉力等于侧墙底端的剪力，即

$$N_A = N_B = \frac{1}{2}\gamma H^2 - N = \frac{1}{2} \times 10 \times 1.815^2 - 1.85 = 14.62(\text{kN})$$

端弯矩：$M_A = M_B = 6.6(\text{kN} \cdot \text{m})$ ，作用方向如图。

跨中弯矩：$M_{中} = \frac{1}{8}q_2L^2 - M_A = \frac{1}{8} \times 22.9 \times 1.75^2 - 6.6 = 6.632(\text{kN} \cdot \text{m})$

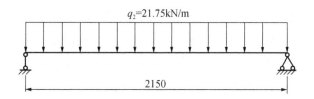

图 7-18　底板内力计算图（单位：mm）

（7）底板配筋计算

考虑补角的作用，端弯矩按补角内缘处的弯矩计算，由于其值较跨中内力小很多，可只按跨中内力进行配筋计算。已知 $M = 6.632\text{kN} \cdot \text{m}$，$N = 14.62\text{kN}$，取 $a = a' = $

0.02m，$h_0 = 0.13\text{m}$。

$$e_0 = \frac{M}{N} = \frac{6.632}{14.62} = 0.454 > \frac{h}{2} - a = \frac{0.15}{2} - 0.02 = 0.055(\text{m})$$

按大偏心受拉计算。

$$e = e_0 - \frac{h}{2} = 0.339(\text{m})$$

$$A_g' = \frac{KNe - 0.4bh_0^2 R_w}{R_g'(h_0 - a')} = \frac{1.35 \times 14.62 \times 0.399 - 0.4 \times 1.0 \times 0.13^2 \times 14\,000}{240\,000(0.13 - 0.02)} < 0$$

按构造配筋，取 $\mu_{min} = 0.5\%$，则 $A_g' = 100 \times 13 \times 0.0015 = 195(\text{mm}^2)$，选用 $\phi 8@200$。

按 $A_g' = 0$，求得：

$$A_g' = \frac{KNe}{bh_0^2 R_w} = \frac{1.35 \times 8.95 \times 0.301}{1 \times 0.13^2 \times 14\,000} = 0.0332$$

$$a = 1 - \sqrt{1 - 2A_0} = 0.0338$$

$$A_g = a\frac{R_w}{R_g}bh_0 + \frac{KN}{R_g} = 0.0155\frac{14\,000}{240\,000} \times 1.0 \times 0.13 + \frac{1.35 \times 14.62}{240\,000}$$

$$= 342(\text{mm}^2)$$

选用 $\phi 8@150$，$A_g' = 335\text{mm}^2$（说明不计 A_g' 的作用可以）

（8）底板抗裂验算

取底板跨中截面进行验算，计算公式为：

$$\frac{M(h - x_0)}{I_0} + \frac{\gamma N}{A_0} \leq \frac{\gamma R_f}{[K_f]}$$

近似式：

$$\frac{6M}{bh^2} + \frac{\gamma N}{bh} \leq \frac{\gamma R_f}{[K_f]}$$

或

$$[K_f] = \frac{\gamma R_f bh^2}{6M + \gamma Nh} \geq [K_f]$$

式中 $\gamma = 1.55(1.1 - 0.1h) = 1.682$，$R_f = 1600\text{kPa}$，$[K_f] = 1.05$，$h = 0.15\text{m}$，$b = 1.00\text{m}$，$M = 6.63\text{kN} \cdot \text{m}$，$N = 14.62\text{kN}$。代入上式得

$$K_f = 2.83 \geq [K_f] = 1.05$$

满足抗裂要求。

4. 槽身纵向结构计算

槽身纵向为一简支梁，按通过加大流量情况进行计算。（设计情况略）

（1）内力计算

设槽身与支柱搭接长 a 为 0.5m，故槽身净跨为 $L_0 = 11 - 1.1 = 9.9$（m）。

计算跨度取 $L_0 + a$ 和 $1.05L_0$ 中较小者。

$$L = L_0 + A = 9.9 + 0.55 = 10.45(\text{m})$$

$$L = 1.05L_0 = 1.05 \times 9.9 = 10.4(\text{m})（\text{取用值}）$$

拉杆自重 $q_1 = 25 \times 0.12 \times 0.15 \times 2.0 \times 1.0 = 0.9(\text{kN/m})$

侧墙自重 $q_2 = 25\left(0.15 \times 2.05 + \frac{1}{2} \times 0.15^2 + \frac{1}{2} \times 0.12\right) \times 2$

$$= 16.1(\text{kN/m})$$

底板自重 $q_3 = 25 \times 0.15 \times 2.0 \times 1.0 = 7.5(\text{kN/m})$

槽内水重 $q_4 = 10 \times 2.0 \times 1.8 = 36(\text{kN/m})$（未扣除补角排开的水重）

总荷载 $q = q_1 + q_2 + q_3 + q_4 = 60.5(\text{kN/m})$

计算简图如图 7 – 19 所示。

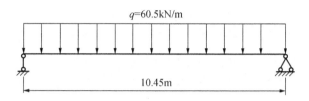

图 7 – 19　槽身纵向计算

跨中最大弯矩：　$M_{\max} = \dfrac{1}{8}qL^2 = \dfrac{1}{8} \times 60.5 \times 10.4^2 = 818(\text{kN} \cdot \text{m})$

最大剪力：　$Q = \dfrac{1}{2}qL_0 = \dfrac{1}{2} \times 818 \times 10.4 = 314.6(\text{kN/m})$

（2）纵向配筋计算

因渡槽底板在受拉区，故槽身在纵向按 $h = 2.05\text{m}$、$b = 0.30\text{m}$ 的矩形梁进行配筋计算。考虑排两排钢筋，$h_0 = 2.05 - 0.07 = 1.98(\text{m})$。

$$A_0 = \frac{KM}{bh_0^2 R_w} = \frac{1.35 \times 818}{0.3 \times 1.98^2 \times 14\,000} = 0.067$$

$$a = 1 - \sqrt{1 - 2A_0} = 1 - \sqrt{1 - 2 \times 0.067} = 0.0694$$

$$A_g = a\frac{R_w}{R_g}bh_0 = 0.0694 \times \frac{14\,000}{240\,000} \times 0.3 \times 1.98$$
$$= 2\,401(\text{mm}^2)$$

选用 $6\,\phi\,22$　$A_g' = 2281\text{mm}^2$

（3）抗裂验算

忽略补角的作用，将槽身横断面简化为图 7 – 19 所示。可先设 $A_g = A_g' = 0$，验算抗裂度，若不满足要求时，再计入钢筋的作用重新验算。

截面面积：　$A_0 = 0.3 \times 1.55 + 1.6 \times 0.15 = 0.705(\text{m}^2)$

中性轴位置：$x_0 = \left[\dfrac{bh^2}{2} + (b_i' - b)h_i'(h_i - \dfrac{h_i'}{2})\right]/A_0$

$$= \left[\frac{0.3 \times 1.55^2}{2} + (1.9 - 0.3) \times 0.15(1.5 - \frac{0.15}{2})\right]/0.705$$
$$= 0.996(\text{m})$$

对中性轴的惯性矩：

$$I_0 = \frac{1}{3}bx_0^3 + \frac{1}{3}b(h - x_0)^3 + \frac{1}{12}(b_i' - b)h_i'^3 + (b_i' - b)h_i'(h_i - x_0 - \frac{h_i'}{2})^2$$

$$= \frac{1}{3} \times 0.3 \times 0.996^3 + \frac{1}{3} \times 0.3(1.55 - 0.996)^3 + \frac{1}{12}(1.9 - 0.3)$$

$$\times 0.15^3 + (1.9 - 0.3) \times 0.15(1.5 - 0.996 - \frac{0.15}{2})^2$$

$$= 0.160(\text{m}^4)$$

边缘拉应力：$\sigma_l = \dfrac{M(h - x_0)}{I_0} = \dfrac{440.38(1.55 - 0.996)}{0.160} = 1524.82(\text{kPa})$

根据 $\dfrac{b_i'}{b} = \dfrac{1.9}{0.3} = 6.3 > 2$ 和 $\dfrac{h_i'}{h} = \dfrac{0.15}{1.55} = 0.096 < 0.2$，

查得 $\gamma' = 1.4, \gamma = \gamma'(1.1 - 0.1h) = 1.4(1.1 - 0.1 \times 1.55) = 1.32$，所以允许边缘拉应力 $[\sigma_l]$ 为

$$[\sigma_l] = \dfrac{\gamma R_f}{K_f} = \dfrac{1.32 \times 1600}{1.05} = 2011(\text{kPa}) > \sigma_l = 1524.82\text{kPa}$$

抗裂安全。

（4）斜截面强度验算

已知剪力 $Q = 314.6\text{kN}, KQ = 1.4 \times 314.6 = 440.44\text{kN}$。

验算截面尺寸是否合适：

$$0.3R_a bh_0 = 0.3 \times 11\,000 \times 0.3 \times 1.98 = 1960.2\text{kN} > KQ（合适）$$

验算是否需要按计算配置腹筋：

$$0.07R_a bh_0 = 0.07 \times 11\,000 \times 0.3 \times 1.98 = 462.57\text{kN} > KQ（不需要）$$

实际侧墙的竖向受力筋可以起腹筋作用，但为固定纵向受力筋位置，仍在两侧均配置 $\phi 6@33$ 的封闭箍筋。如图 7-20 所示。

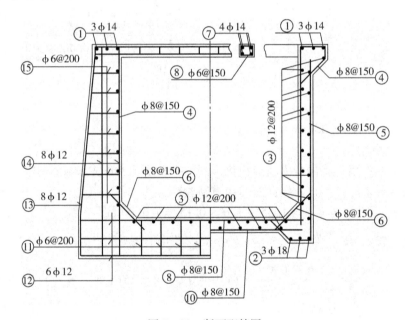

图 7-20　断面配筋图

（5）槽身吊装验算

设置四个吊点，按双悬臂梁计算。吊点位置均在距槽身两端 2m 处，即第三根拉杆处。由于吊点处产生负弯矩，上部受拉，故按 T 形梁校核上部配筋。

已知槽身每米长自重 $q_0 = (q_1 + q_2 + q_3) = 24.5\text{kN/m}$，考虑动力系数为 1.2，故计算荷载 $q = 1.2 \times 24.5 = 29.4(\text{kN/m})$。计算简图如图 7-21。为简化计算，忽略槽底突出部

分的作用，即取 $h = 1.95\text{m}, b = 0.3\text{m}, b_i = 2.30\text{m}, h_i = 0.15\text{m}$ 的 T 形梁计算。

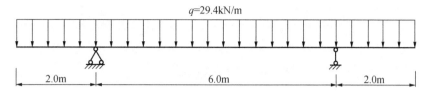

图 7 - 21　吊装验算

计算弯矩　　　　　　　　$M = \dfrac{1}{2} \times 29.4 \times 2^2 = 58.8(\text{kN} \cdot \text{m})$

设侧墙顶部共有 8 根 $\phi 6$ 的钢筋，$A_g = 2.264\text{cm}^2$

则 $A_g R_g = 2.264 \times 10^{-4} \times 240\,000 = 54.34 < b_i h_i R_w = 2.3 \times 0.15 \times 14\,000 = 4\,830(\text{kN})$

为第一种情况的 T 形梁。按梁宽为 b_i 的矩形梁计算。

$$a = \frac{A_g R_g}{b_i h R_w} = \frac{54.34}{2.3 \times 1.95 \times 140\,000} = 0.00142$$

$$A_0 = a(1 - 0.5a) = 0.00142$$

$$K = \frac{A_0 b_i h_0^2 R_w}{M} = \frac{0.00142 \times 2.3 \times 1.95^2 \times 14\,000}{58.8} = 1.7 > [K]([K] = 1.35)$$

起吊可用钢丝绳兜槽底吊装，也可以吊环，若设吊环需验算吊环的抗拉、抗剪及挤压强度，并需有一定的锚固长度。计算过程略，计算结果为：单肢吊环用 $\phi 25$ 钢筋，双肢吊环用 $\phi 20$ 钢筋即可。

7.4　倒虹吸管

　　倒虹吸管是当渠道横跨山谷、河流、道路时，为连接渠道而设置的压力管道，其形状如倒置的虹吸管。渠道与山谷、河流等相交，既可用渡槽，也可用倒虹吸管。当所穿越的山谷深而宽，采用渡槽不经济时，或交叉高差不大，或高差虽大，但允许有较大的水头损失时，一般来说采用倒虹吸管比渡槽工程量小，造价低，施工方便。但是倒虹吸管水头损失大，维修管理不如渡槽方便。

7.4.1　倒虹吸管的布置

　　选定倒虹吸管位置应遵循的原则与渡槽基本相同，即：①管路与所穿过的河流、道路等保持正交，以缩短长度；②进、出口力求与挖方渠道相连，如为填方渠道，则需做好夯实加固和防渗排水设施；③为减少开挖，管身宜随地形坡度敷设，但弯道不能过多，以减少水头损失，也不宜过陡，以便施工。

　　倒虹吸管可做如下布置：对高差不大的小倒虹吸管，常用斜管式和竖井式；对高差较大的倒虹吸管，当跨越山沟时，管路一般沿地面敷设，当穿过深河谷时，可在深槽部分建桥，见图 7 - 22。

　　倒虹吸管由进口段、管身和出口段 3 部分组成。

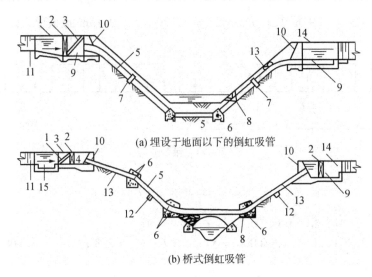

(a) 埋设于地面以下的倒虹吸管

(b) 桥式倒虹吸管

图 7 - 22　倒虹吸管的布置

1—进口渐变段；2—闸门；3—拦污栅；4—进水口；5—管身；6—镇墩；
6—伸缩接头；8—冲沙放水孔；9—消力池；10—挡水墙；11—进水渠道；
12—中间支墩；13—原地面线；14—出口段；15—沉沙池

（1）进口段

进口段包括渐变段、闸门、拦污栅，有的工程还设有沉沙池。进口段要与渠道平顺衔接，以减少水头损失。渐变段可以做成扭曲面或八字墙等形式（参见"水闸"），长度为3～4倍渠道设计水深。闸门用于管内清淤和检修。不设闸门的小型倒虹吸管，可在进口侧墙上预留检修门槽，需用时可临时插板挡水。拦污栅用于拦污和防止人畜落入渠内被吸进倒虹吸管。

在多泥沙河流上，为防止渠道水流携带的粗颗粒泥沙进入倒虹吸管，可在闸门与拦污栅前设置沉沙池，如图 7 - 23 所示。对含沙量较小的渠道，可在停水期间进行人工清淤；对含沙量大的渠道，可在沉沙池末端的侧面设冲沙闸，利用水力冲淤。沉沙池底板及侧墙可用浆砌石或混凝土建造。

（2）出口段

出口段的布置形式与进口段基本相同。单管可不设闸门；若为多管，可在出口段侧墙上预留检修门槽。出口渐变段比进口渐变段稍长。由于倒虹吸管的作用水头一般都很小，管内流速仅在 2m/s 左右，因而渐变段的主要作用在于调整出口水流的流速分布，使水流均匀平顺地流入下游渠道。

（3）管身

管身断面可为圆形或矩形。圆形管因水力条件和受力条件较好，大、中型工程多采用这种形式。矩形管仅用于水头较低的中、小型工程。根据流量大小和运用要求，倒虹吸管可以设计成单管、双管或多管。管身与地基的连接形式及管身的伸缩缝和止水构造等与土坝坝下埋设的涵管基础相同。在管路弯坡或转弯处应设置镇墩。为防止管内淤沙和放空管内积水，应在管段上或镇墩内设冲沙放水孔，其底部高程一般与河道枯水位齐平。管路常埋入地下或在管身上填土。当管路通过冰冻地区时，管顶应在冰冻层以下；穿过河床时，

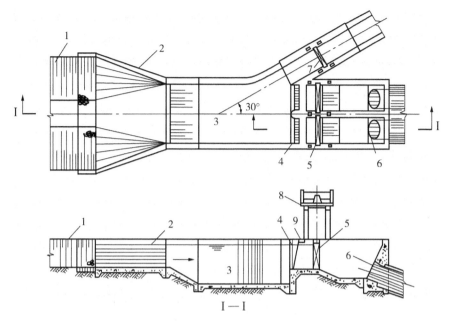

图 7 - 23   带有沉沙池的倒虹吸管进口布置

1—上游渠道；2—渐变段；3—沉沙池；4—拦污栅；5—进口闸门；

6—进水口；7—冲沙闸；8—启闭台；9—便桥

应置于冲刷线以下。管路所用材料可根据水头、管径及材料供应情况选定，常用浆砌石、混凝土、钢筋混凝土及预应力钢筋混凝土等，其中，后两种应用较广。

7.4.2   倒虹吸管的水力计算

水力计算的任务是在给定的设计流量和最大、最小流量，允许的水位降落值，渠道断面，上游渠底高程和水位流量关系的条件下，利用压力流公式，选定虹吸管的断面尺寸，检验上、下游水位差和进口水位的衔接情况。

$$Q = \mu\omega\sqrt{2gz} \qquad (7 - 14)$$

式中 Q——通过虹吸管的流量，m^3/s；

ω——倒虹吸管的断面面积，m^2；

z——上、下游水位差，m；

μ——计入局部损失和沿程摩阻损失的流量系数；

g——重力加速度，m/s^2。

计算步骤：

（1）根据给定的设计流量和初选的管内流速，算出需要的管身断面面积。加大流速，可以缩小管身断面，减少工程量，但流速过大，将会增加水头损失和冲刷下游渠道；流速过小，管内可能出现泥沙淤积。一般选用管内流速为 1. 5 ～ 2. 5 m/s，最大不超过 3.5m/s。

（2）利用式（7 - 14）计算通过倒虹吸管的水位降落值 z，如果 z 等于或略小于允许值，即认为满足要求，并据以确定下游水位及渠底高程。否则，应重新拟定管内流速，再行计算，直到满足要求为止。

（3）校核通过最小流量时管内流速是否满足不淤流速的要求，即管内流速应不小于挟沙流速。当流速过小时，可以采用双管或多管，这样，既可在通过小流量时，关闭 1 ～ 2 条管路，以利冲沙，又能保证检修时不停水。

（4）计算通过最大流量时进口处的壅水高度，以确定挡水墙和上游渠顶的高程。

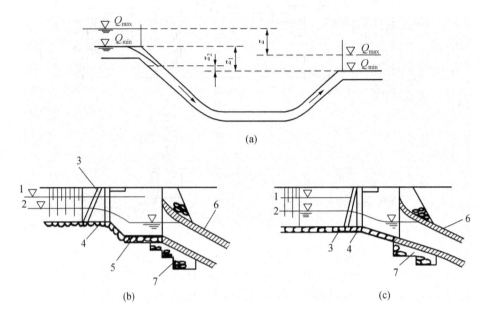

图 7 – 24　倒虹吸管进口水面衔接

1—最高水位；2—最低水位；3—拦污栅；4—检修门槽；
5—消力池；6—管身；6—挡水墙

（5）验算通过最小流量时进口段的水面衔接情况。设通过最小流量时上、下游渠道水面间的水位差为 z_1，而按式（7 – 14）计算通过最小流量时所需要的水位差为 z_2（图 7 – 24a）。如 $z_2 < z_1$，则表明进口水位低于上游渠道水位，这样，渠道水流将跌入管道，可能引起管身振动，破坏倒虹吸管的正常工作。为消除这种现象，可做如下布置：①当 z_1 与 z_2 相差较大时，可降低管路进口底高程，并在管口前设消力池（图 7 – 24b）；②当 z_1 与 z_2 相差不大时，可在管口前设斜坡段（图 7 – 24c）。

关于倒虹吸管的结构计算和细部设计可参阅有关论著。

7.5　涵洞

当渠道与道路相交而又低于路面时可设置输水用的涵洞，称为输水涵洞。当渠道穿过山沟或小溪，而沟溪流量又不大时，可用一段填方渠道，下面埋设用于排泄沟溪水流的涵洞，称为排水涵洞。如图 7 – 25。

涵洞由进口段、洞身和出口段 3 部分组成。进口、出口段是洞身与渠身或沟溪的连接部分，其形式选择应使水流平顺地进出洞身，以减小水头损失，常用的形式如图 7 – 26 所示。为防止水流冲刷，进口段需做一段浆砌石或干砌石护底与护坡，长度不小于 3 ～ 5m。出口段应结合工程的实际情况决定是否需要采取适当的消能防冲措施。

洞内水流形态可以是无压的、有压或半有压的。输水涵洞为减小水头损失，多是无

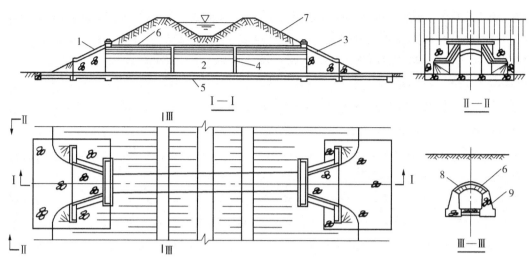

图 7-25 填方渠道下的石拱涵洞
1—进口；2—洞身；3—出口；4—沉降缝；
5—砂垫层；6—防水层；7—填方渠道；8—拱圈；9—侧墙

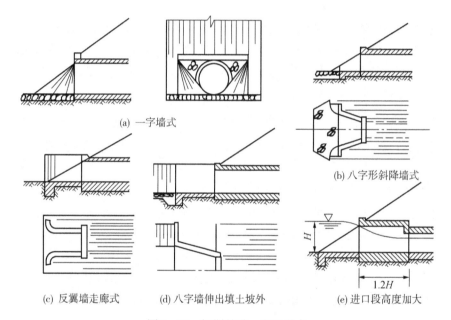

(a) 一字墙式

(b) 八字形斜降墙式

(c) 反翼墙走廊式　　(d) 八字墙伸出填土坡外　　(e) 进口段高度加大

图 7-26 涵洞的进、出口形式

压的。排水涵洞可以是无压的，有时为缩小洞径，也可设计有压或半有压的，但对有压涵洞泄洪时，可能出现明、满流交替作用的水流状态而引起振动，应予注意。

小型涵洞的进、出口段都用浆砌石建造。大、中型工程可采用混凝土或钢筋混凝土结构。为适应不均匀沉降，常用沉降缝与洞身分开，缝间设止水。

按洞身断面形状，涵洞可以做成圆管涵、盖板涵、拱涵或箱涵，见图 7-27。圆管涵因水力条件和受力条件较好，且有压、无压均可，是普遍采用的一种形式，管材多用混凝土或钢筋混凝土。盖板涵的断面呈矩形，其底板、侧墙可用浆砌石或混凝土，盖板多为钢筋混凝土结构，当跨度小时，也可用条石，适用于洞顶铅直荷载较小、跨度较小的无压涵洞。拱涵由拱圈、侧墙及底板组成，可用浆砌石或混凝土建造，适用于填土高度大、跨度较大的无压涵洞。箱涵为四周封闭的钢筋混凝土结构，适用于填土高度大、跨度大和地基较差的无压和低压涵洞。当洞身较长，为适应地基不均匀沉降，应设沉降缝，间距不大于10m，也不小于2～3倍洞高，缝间设止水。

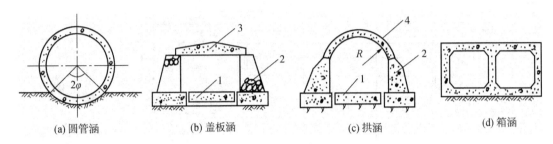

图7－27　涵洞的断面形式
(a) 圆管涵　　(b) 盖板涵　　(c) 拱涵　　(d) 箱涵
1—底板；2—侧墙；3—盖板；4—拱圈

涵洞轴线一般应与渠堤或道路正交，以缩短洞身长度，并尽量与来水流向一致。为防止涵洞上、下游水道遭受冲刷或淤积，洞底高程应等于或接近于原水道的底部高程，洞底纵坡一般为1％～3％。当涵洞穿过土渠时，其顶部至少应低于渠底0.6～0.7m，否则渠水下渗，容易沿管周围产生集中渗流，引起建筑物破坏。洞线应选在地基承载能力较大的地段，在松软的地基上，常设置刚性支座或用桩基础，以加强涵洞的纵向刚度。

7.6　跌水及陡坡

当渠道通过地面坡度较陡的地段或天然跌坎时，在落差集中处可建跌水或陡坡。

7.6.1　跌水

根据落差大小，跌水可做成单级或多级。单级跌水的落差较小，一般不超过5m。

单级跌水由跌水口、进口连接段、跌水墙、侧墙、消力池和出口连接段组成，如图7－28所示。

（1）跌水口。又称控制缺口，用于控制上游水位，使通过不同流量时，上游渠道水面不致过分壅高或降低。跌水口可做成矩形或梯形。梯形缺口较能适应流量变化，在实际工程中用得较广。有时在缺口处设闸门，以调节上游水位。

（2）进口连接段。是上游渠道和跌水口的连接部分，常做成扭曲形或八字形。连接段应做防渗铺盖，长度不小于2～3倍跌水口前水深，为防止冲刷，表面应加护砌。

（3）跌水墙。用于承受墙后填土的土压力，可做成竖直的或倾斜的。

（4）消力池。用于消除水流中的多余能量，消力池断面可做成矩形或梯形，其深度和长度由水跃条件确定。

（5）出口连接段。位于消力池出口和下游渠道之间，用于调整流速和进一步消除余能。出口连接段的长度应比进口连接段略长。出口段及其以后的一段渠道（一般不小于消力池长度）需加护砌。

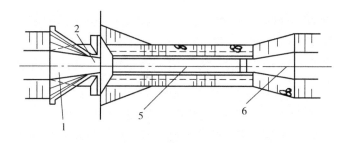

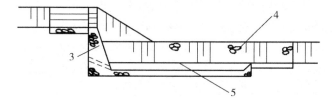

图 7-28　单级跌水

1—进口连接段；2—跌水口；3—跌水墙；4—侧墙；5—消力池；6—出口连接段

如跌差较大，可采用多级跌水，如图 7-29 所示。多级跌水的组成与单级相似，级数及每级的高差，应结合地形、工程量及管理运用等条件比较确定。

跌水多用浆砌石或混凝土建造。

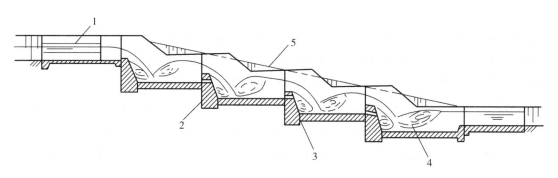

图 7-29　多级跌水

1—进口连接段；2—跌水墙；3—沉降缝；4—消力池；5—原地面

7.6.2　陡坡

陡坡和跌水的主要区别在于前者是以斜坡代替跌水墙。一般来说，当落差较大时，陡坡比跌水经济。

技能训练

（1）渠系建筑物按其作用可分为哪几种类型？

（2）简述渡槽的作用及组成。

（3）简述倒虹吸管、跌水、陡坡及涵洞的适用条件。

参考文献

[1] 祁庆和. 水工建筑物 [M]. 北京：中国水利水电出版社，1998.

[2] 杨邦柱，焦爱萍. 水工建筑物 [M]. 北京：中国水利水电出版社，2005

[3] 林继镛. 水工建筑物 [M]. 北京：中国水利水电出版社，2009.

[4] 张光斗，王光纶等. 水工建筑物（上、下册）[M]. 北京：中国水利水电出版社，1992、1994.

[5] 潘家铮. 水工建筑物设计丛书（土石坝）[M]. 北京：中国水利水电出版社，1983.

[6] 陈胜宏. 水工建筑物 [M]. 北京：中国水利水电出版社，2000.

[7] 麦家煊. 水工建筑物 [M]. 北京：清华大学出版社，2005.

[8] 混凝土重力坝设计规范 SL319—2005.

[9] 混凝土重力坝设计规范 DL5108—1999.

[10] 碾压式土石坝设计规范 SL271—2001.

[11] 水工隧洞设计规范 SL279—2002.

[12] 水工建筑物荷载设计规范 DL5077—1997.

[13] 溢洪道设计规范 SL253—2000.

[14] 水工钢筋混凝土结构设计规范 DL/T5057—1996.

[15] 水工建筑物抗震设计规范 SL203—97.

[16] 水利水电工程等级划分及洪水标准 SL252—2000

[17] 谈松曦. 水闸设计 [M]. 北京：中国水利电力出版社，1986

[18] 毛昶曦. 渗流计算分析与控制 [M]. 北京：中国水利电力出版社，1990.

[19] 混凝土结构设计规范 GB50010—2002.

[20] 汤能见，吴伟民. 水工建筑物 [M]. 北京：中国水利水电出版社，2005.

[21] 郭宗闵. 水工建筑物 [M]. 北京：中国水利水电出版社，1995.

[22] 王英华. 水工建筑物 [M]. 北京：中国水利水电出版社，2002.